新学習指導要領対応

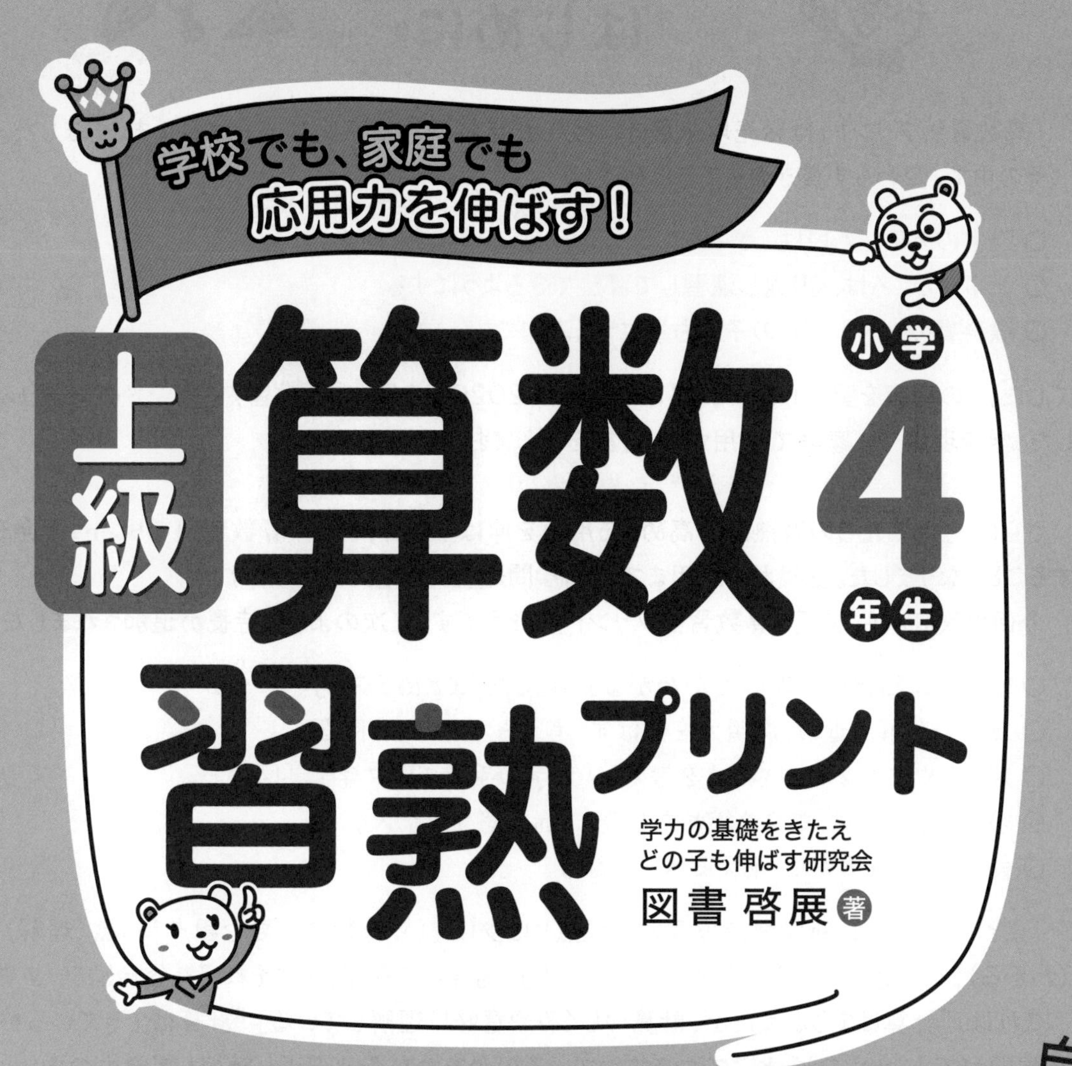


自信がついた!

清風堂書店

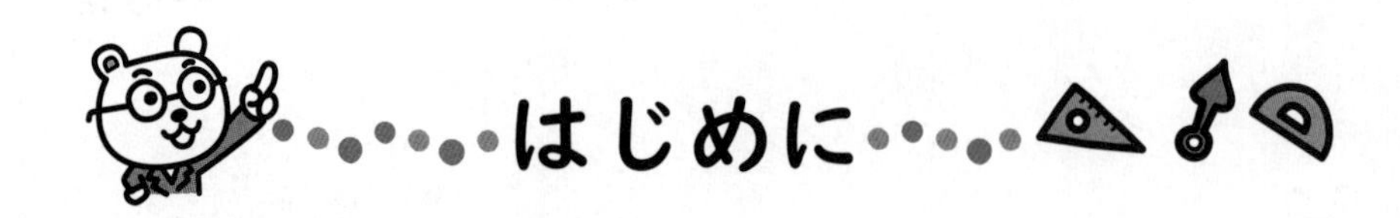


「算数習熟プリント」は発売以来長きにわたり、学校現場や家庭で支持されてまいりました。

その中で、変わらず貫き通してきた特長は

○ 通常のステップよりも、さらに細かくスモールステップにする
○ 大事なところは、くり返し練習して習熟できるようにする
○ 教科書のレベルがどの子にも身につくようにする

でした。この内容を堅持し、新たなくふうを加え、2020年4月に「算数習熟プリント」を出版しました。学校現場やご家庭で活用され、好評を博しております。

さらに、子どもたちの習熟度を高め、応用力を伸ばすため、「上級算数習熟プリント」を発刊することとなりました。基礎から応用まで豊富な問題量で編集してあります。

今回の改訂から、前著「算数習熟プリント」もそうですが、次のような特長が追加されました。

○ 観点別に到達度や理解度がわかるようにした「まとめテスト」
○ 算数の理解が進み、応用力を伸ばす「考える力をつける問題」
○ 親しみやすさ、わかりやすさを考えた「太字の手書き風文字」、「図解」
○ 解答のページは、本文を縮めたものに「赤で答えを記入」
○ 使いやすさを考えた「消えるページ番号」

「まとめテスト」は、新学習指導要領の観点とは少し違い、算数の主要な観点「知識（理解）」（わかる）、「技能」（できる）、「数学的な考え方」（考えられる）問題にそれぞれ分類しています。

これは、「計算はまちがえたが、計算のしくみや意味は理解している」「計算はできているが、文章題ができない」など、どこでつまずいているのかをつかみ、くり返し練習して学力の向上へと導くものです。十分にご活用ください。

「考える力をつける問題」は、他の分野との融合、発想の転換を必要とする問題などで、多くの子どもたちが不得意としている活用問題にも対応しています。また、算数のおもしろさや、子どもたちがやってみようと思うような問題も入れました。

本文には、小社独自の手書き風のやさしい文字を使っています。子どもたちに見やすく、きれいな字のお手本にもなるようにしました。

また、学校で「コピーして配れる」プリントです。コピーすると、プリント下部の「ページ番号が消える」ようにしました。余計な時間を省き、忙しい中でも「そのまま使える」ようにしました。

本書「上級算数習熟プリント」を活用いただき、応用力をしっかり伸ばしていただければ幸いです。

学力の基礎をきたえどの子も伸ばす研究会

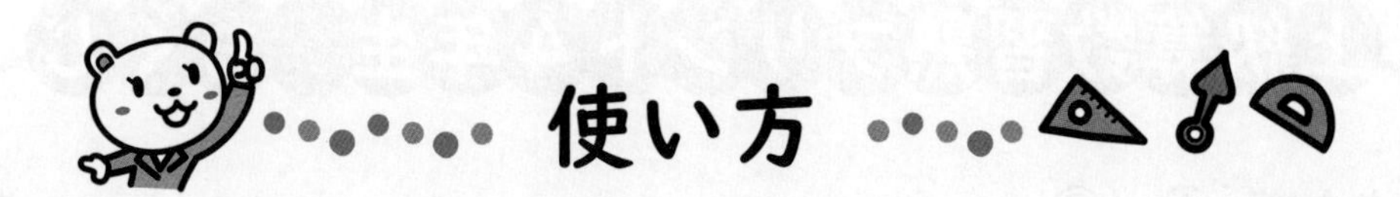

# 使い方

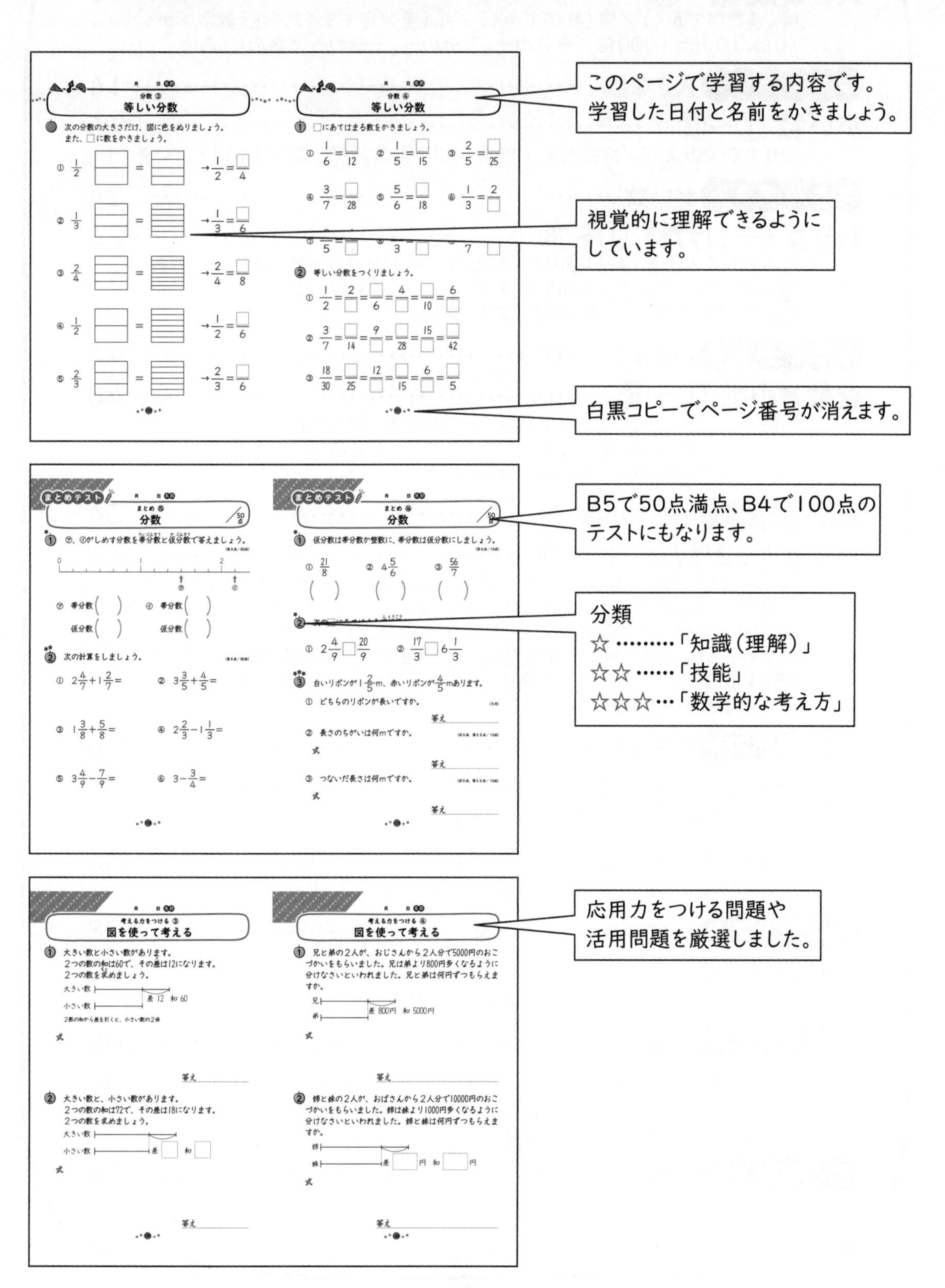
このページで学習する内容です。
学習した日付と名前をかきましょう。
視覚的に理解できるように
しています。
白黒コピーでページ番号が消えます。
B5で50点満点、B4で100点の
テストにもなります。
分類
☆ ………「知識（理解）」
☆☆ ……「技能」
☆☆☆…「数学的な考え方」
応用力をつける問題や
活用問題を厳選しました。
等しい分数
まとめテスト
分数
図を使って考える

# 上級算数習熟プリント4年生　もくじ

大きな数 ①～⑧ …… 6
億（漢数字でかく）／億（数字でかく）／兆（漢数字でかく）／兆（数字でかく）
10倍、100倍、1000倍／十分の一、百分の一、千分の一／数のしくみ

まとめテスト 大きな数 …… 14

がい数 ①～⑧ …… 16
切りすて・切り上げ／四捨五入／以上・以下・未満／がい数のはんい／がい算

まとめテスト がい数 …… 24

わり算（÷1けた） ①～⑱ …… 26
基本わり算の筆算（あまりあり）／商2けた（あまりなし）／商2けた（あまりあり）
商3けた（あまりなし）／商3けた（あまりあり）／商3けた、0がたつ
商2けた（あまりなし）／商2けた（あまりあり）

まとめテスト わり算（÷1けた） …… 44

整数と小数 ①～⑧ …… 46
小数の表し方／小数のしくみと大きさ／小数と整数のしくみ
10倍、100倍、1000倍／十分の一、百分の一、千分の一
小数第二位のたし算／小数第二位のひき算

まとめテスト 整数と小数 …… 54

わり算（÷2けた） ①～⑳ …… 56
仮商修正なし（あまりなし）／仮商修正なし（あまりあり）／仮商修正1回（あまりあり）
仮商修正2回（あまりあり）／仮商修正なし（あまりなし）／仮商修正なし（あまりあり）
商が9（あまりなし）／商が9（あまりあり）／仮商修正1回（あまりなし）
仮商修正1回（あまりあり）／仮商修正2回（あまりなし）／仮商修正2回（あまりあり）
仮商修正2～3回／文章題／仮商修正なし（あまりなし）／仮商修正なし（あまりあり）
仮商修正あり（あまりあり）／文章題

まとめテスト わり算（÷2けた） …… 76

小数のかけ算 ①～⑧ …… 78
小数×整数／真小数×整数／小数×整数

小数のわり算 ①～⑫ …… 86
小数÷整数／あまりを出す／わり進み／商の四捨五入

まとめテスト 小数のかけ算・わり算 …… 98

計算のきまり ①～⑥ …… 100
計算の順番／分配のきまり／25を使って／文章題

まとめテスト 計算のきまり …… 106

分数 ①～⑩ …… 108
帯分数→仮分数／仮分数→帯分数／等しい分数／たし算／ひき算
帯分数のたし算／帯分数のひき算

まとめテスト 分数 …… 118

角度 ①～⑧ …………………………… 120
大きさをはかる／計算で求める／分度器と計算で求める／角度をかく／三角じょうぎ

まとめテスト 角度 …………………………… 128

垂直と平行 ①～⑩ …………………………… 130
垂直／垂直な直線の引き方／平行／平行な直線の引き方／平行線のせいしつ

まとめテスト 垂直と平行 …………………………… 140

いろいろな四角形 ①～⑥ …………………………… 142
平行四辺形／台形／ひし形／四角形の対角線

まとめテスト いろいろな四角形 …………………………… 148

立体 ①～⑧ …………………………… 150
直方体と立方体／見取り図／展開図／辺や面の垂直と平行／ものの位置の表し方

まとめテスト 立体 …………………………… 158

面積 ①～⑩ …………………………… 160
面積（1cm²）／長方形／正方形／辺の長さ／組み合わせた図形
面積（1m²）／長方形・正方形／面積（1km²）／1a・1ha

まとめテスト 面積 …………………………… 170

折れ線グラフ ①～④ …………………………… 172
グラフを読む／グラフをかく

変わり方 ①～④ …………………………… 176
表を使って

考える力をつける ①～⑩ …………………………… 180
図を使って考える／時計と角度／三角形の面積

別冊解答

月　　日 名前

大きな数 ①

# 億（漢数字でかく）

読み方を漢字でかきましょう。

①　　1 3 4 2 5 3 4 2 5

| 千 | 百 | 十 | 一 | 千 | 百 | 十 | 一 | 千 | 百 | 十 | 一 |
|---|---|---|---|---|---|---|---|---|---|---|---|
| | | | 億（おく） | | | | 万 | | | | |

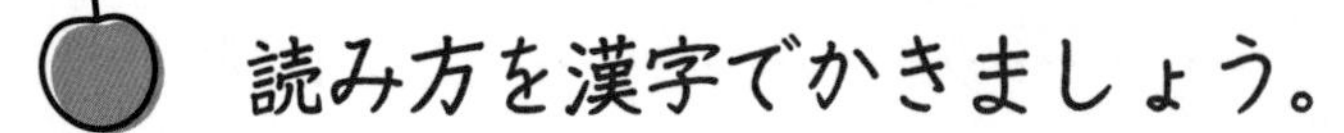

（一億三千四百二十五万三千四百二十五）

②　1 5 6 4 3 3 2 4 9 6 0

（　　　　　　　　　　　　）

③　3 6 7 5 4 2 4 5 0 8 3 9

（　　　　　　　　　　　　）

④　2 7 8 6 5 3 1 6 0 0 4 2

（　　　　　　　　　　　　）

⑤　4 9 7 6 4 0 0 4 0 5 6 0

（　　　　　　　　　　　　）

月　　日 名前

## 大きな数 ②
# 億（数字でかく）

数字でかきましょう。

① 一億

| 千 | 百 | 十 | 一 | 千 | 百 | 十 | 一 | 千 | 百 | 十 | 一 |
|---|---|---|---|---|---|---|---|---|---|---|---|
| | | | 億 | | | | 万 | | | | |

（　　　　　　　　　　　　　　　　）

② 五十九億三千七百二十一万八千四百十六

（　　　　　　　　　　　　　　　　）

③ 三百七十五億二千六百八十九万四千百三十

（　　　　　　　　　　　　　　　　）

④ 四千六百億二千五百八十万

（　　　　　　　　　　　　　　　　）

⑤ 八千二百五十四億六十七万

（　　　　　　　　　　　　　　　　）

月　　日 名前

大きな数 ③

# 兆（漢数字でかく）

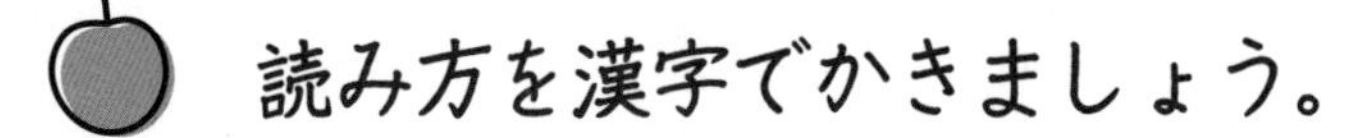

読み方を漢字でかきましょう。

① 1 7 5 8 3 6 2 9 4 5 6 3 7

| 千 | 百 | 十 | 一 | 千 | 百 | 十 | 一 | 千 | 百 | 十 | 一 | 千 | 百 | 十 | 一 |
|---|---|---|---|---|---|---|---|---|---|---|---|---|---|---|---|
| | | | 兆(ちょう) | | | | 億(おく) | | | | 万 | | | | |

（　　　　　　　　　　　　　　　　　）

② 2 6 7 5 4 4 3 5 9 7 1 8 9 2 0

（　　　　　　　　　　　　　　　　　）

③ 7 8 6 5 3 5 6 1 9 0 4 8 3 0 0

（　　　　　　　　　　　　　　　　　）

④ 4 3 2 7 0 0 5 3 1 7 9 0 0 6 4

（　　　　　　　　　　　　　　　　　）

⑤ 6 8 7 5 0 0 5 7 8 0 0 0 0 0 0

（　　　　　　　　　　　　　　　　　）

大きな数 ④

# 兆（数字でかく）

数字でかきましょう。

① 一兆

| 千 | 百 | 十 | 一 | 千 | 百 | 十 | 一 | 千 | 百 | 十 | 一 | 千 | 百 | 十 | 一 |
|---|---|---|---|---|---|---|---|---|---|---|---|---|---|---|---|
| | | | 兆 | | | | 億 | | | | 万 | | | | |

（　　　　　　　　　　　　　　　　）

② 八兆七千三十六億

（　　　　　　　　　　　　　　　　）

③ 四十七兆四百六十二億

（　　　　　　　　　　　　　　　　）

④ 二百六十三兆七十万

（　　　　　　　　　　　　　　　　）

⑤ 五十兆八百五十九億千八百九十二万三百

（　　　　　　　　　　　　　　　　）

月　日 名前

大きな数 ⑤

# 10倍、100倍、1000倍

整数を10倍するごとに、数字の位(くらい)は1けたずつ上がります。10倍することは、10をかけることと同じです。

100倍するごとに、2けたずつ上がり、1000倍するごとに、3けたずつ上がります。

次の数をかきましょう。

① 2億(おく)の10倍　(　　　　　)

② 4億×10　(　　　　　)

③ 32億の100倍　(　　　　　)

④ 51億×100　(　　　　　)

⑤ 6兆(ちょう)の1000倍　(　　　　　)

⑥ 8兆×1000　(　　　　　)

⑦ 31兆の100倍　(　　　　　)

⑧ 43兆×100　(　　　　　)

月　　日 名前

大きな数 ⑥

# 十分の一、百分の一、千分の一

整数を$\frac{1}{10}$にするごとに、数字の位は1けたずつ下がります。$\frac{1}{10}$にすることは、10でわることと同じです。

$\frac{1}{100}$にするごとに、2けたずつ下がり、$\frac{1}{1000}$にするごとに、3けたずつ下がります。

次の数をかきましょう。

① 20億の$\frac{1}{10}$　（　　　　）

② 40億÷10　（　　　　）

③ 500億の$\frac{1}{100}$　（　　　　）

④ 600億÷100　（　　　　）

⑤ 7000兆の$\frac{1}{1000}$　（　　　　）

⑥ 8000兆÷1000　（　　　　）

⑦ 2兆の$\frac{1}{100}$　（　　　　）

⑧ 3兆÷100　（　　　　）

大きな数 ⑦

# 数のしくみ

□にあてはまる数をかきましょう。

① 1000万を10こ集めた数は、□です。

② 1000億(おく)を10こ集めた数は、□です。

③ 1億は、1万を□こ集めた数です。

④ 1兆(ちょう)は、1億を□こ集めた数です。

⑤ 1億を40こと、1万を3600こ合わせた数は、□です。

⑥ 1000億を30こと、100億を40こ合わせた数は、□です。

⑦ 1兆を60こと、1億を2730こ合わせた数は、□です。

⑧ 10兆を７こと、1000億を３こと、100億を４こ合わせた数は、□です。

月　　日 名前

大きな数 ⑧

# 数のしくみ

**1** 数字でかきましょう。

① 1億より1大きい数

(　　　　　　　　　　)

② 1億より1小さい数

(　　　　　　　　　　)

③ 3億より10万小さい数

(　　　　　　　　　　)

④ 次の㋐、㋑の数

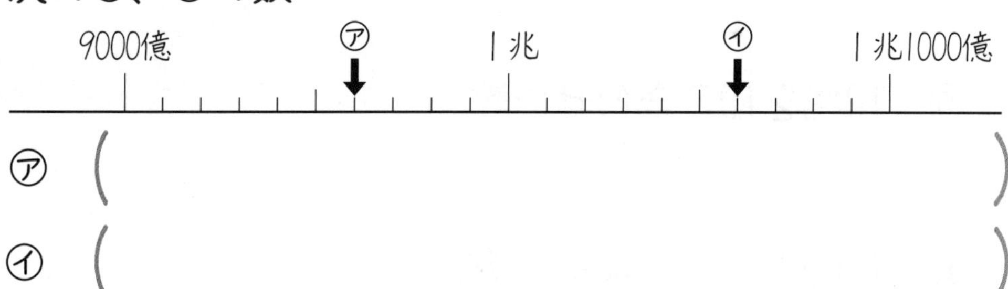


㋐ (　　　　　　　　　　)

㋑ (　　　　　　　　　　)

**2** 次の数の和（たし算の答え）と差（ひき算の答え）をかきましょう。

① 34億と23億　　和 (　　　　)

差 (　　　　)

② 76兆と58兆　　和 (　　　　)

差 (　　　　)

まとめテスト　　月　　日 名前

まとめ ①

# 大きな数

## 1 次の数を数字でかきましょう。

（各５点／30点）

① １億を６こと100万を５こ合わせた数。

（　　　　　　）

② １兆を８こ、10億を４こ、１億を３こ合わせた数。

（　　　　　　）

③ １億を70こ集めた数。

（　　　　　　）

④ 1000億を10こ合わせた数。

（　　　　　　）

⑤ 10兆を10こ合わせた数。

（　　　　　　）

⑥ 1000万を39こ集めた数。

（　　　　　　）

## 2 大きい順に番号をつけましょう。

（完答・各10点／20点）

① 273514280　　27356903　　275300094

（　）　（　）　（　）

② 432109876　　342109876　　442109876

（　）　（　）　（　）

まとめテスト　月　日　名前

まとめ ②

# 大きな数

/50点

## 1 次の数を見て、答えましょう。

23418764350000

① 8は、何の位(くらい)の数ですか。（5点）（　　　）

② 一兆の位の数字は何ですか。（5点）（　　　）

③ この数を10でわった数をかきましょう。（10点）

（　　　）

## 2 [0] から [9] までのカードを1まいずつ使って、10けたの数字をつくります。

① つくれる数の中で、1番目に大きい数は何ですか。（10点）

（　　　）

② 1番目に小さい数は何ですか。（10点）

（　　　）

③ 2番目に小さい数は何ですか。（10点）

（　　　）

月　　日 名前

がい数 ①

# 切りすて・切り上げ

**1** 百の位(くらい)の数を切りすてて、千の位までのがい数にしましょう。

① 5342　（　　　）　② 7456　（　　　）　③ 18575　（　　　）

**2** 千の位の数を切りすてて、一万の位までのがい数にしましょう。

① 24137　（　　　）　② 877659　（　　　）

③ 740089　（　　　）

**3** 百の位の数を切り上げて、千の位までのがい数にしましょう。

① 4725　（　　　）　② 6234　（　　　）　③ 37671　（　　　）

**4** 千の位の数を切り上げて、一万の位までのがい数にしましょう。

① 56189　（　　　）　② 484329　（　　　）

③ 603527　（　　　）

月　　日 名前

がい数 ②

# 四捨五入

**1** 百の位を四捨五入して、千の位までのがい数にしましょう。

① 3207 (　　　)　② 6538 (　　　)

③ 4961 (　　　)　④ 5372 (　　　)

⑤ 6430 (　　　)

**2** 千の位を四捨五入して、一万の位までのがい数にしましょう。

① 55089 (　　　)　② 43682 (　　　)

③ 24817 (　　　)　④ 82765 (　　　)

⑤ 97243 (　　　)

月　　日 名前

がい数 ③

# 四捨五入

**1** 千の位（くらい）までのがい数にしましょう。

① 4396
（　　　　）

② 5741
（　　　　）

③ 6238
（　　　　）

④ 7968
（　　　　）

⑤ 42638
（　　　　）

**2** 一万の位までのがい数にしましょう。

① 36541
（　　　　）

② 42886
（　　　　）

③ 53461
（　　　　）

④ 78603
（　　　　）

⑤ 537200
（　　　　）

がい数 ④

# 四捨五入

**1** 四捨五入(ししゃごにゅう)して、上から１けたのがい数にしましょう。

① 4126
(　　　)

② 5883
(　　　)

③ 20861
(　　　)

④ 85703
(　　　)

⑤ 597180
(　　　)

**2** 四捨五入して、上から２けたのがい数にしましょう。

① 576791
(　　　)

② 352403
(　　　)

③ 6783305
(　　　)

④ 1358429
(　　　)

⑤ 49348276
(　　　)

がい数 ⑤

# 以上・以下・未満

以上(いじょう)…ある数をふくんで、それより大きい数をさす。
以下(いか)…ある数をふくんで、それより小さい数をさす。
未満(みまん)…ある数に満(み)たない(ある数より小さい)数をさす。

ある数が3のとき

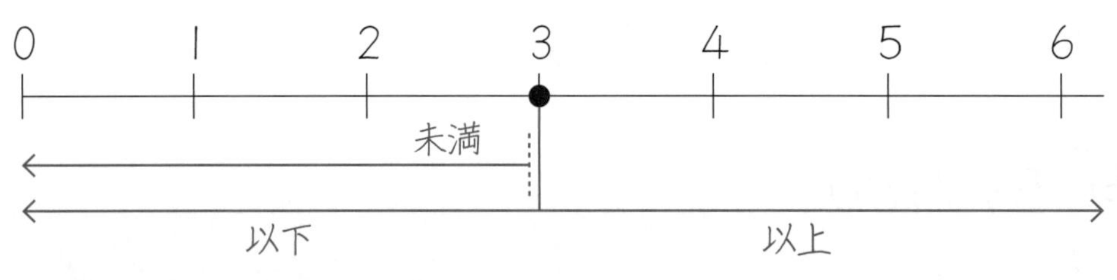


3以上…（3，4，5，6……）
3以下…（3，2，1，0）
3未満…（2，1，0）　　　　となります。

次の数を整数でかきましょう。

1～10の数で答えましょう。

① 7以上（　　　　　　　　　　　）

② 5未満（　　　　　　　　　　　）

③ 6以下（　　　　　　　　　　　）

④ 10以上（　　　　　　　　　　　）

がい数 ⑥

# がい数のはんい

**1** 次の数の中で、十の位(くらい)を四捨五入(ししゃごにゅう)して1300になる数に○をつけましょう。

| | | | |
|---|---|---|---|
| 1300 | 1325 | 1351 | 1349 |
| 1237 | 1258 | 1243 | 1274 |
| 1364 | 1260 | 1338 | 1299 |

**2** ア～クの数のうち、一の位を四捨五入して、260になる数の記号すべてに○をつけましょう。

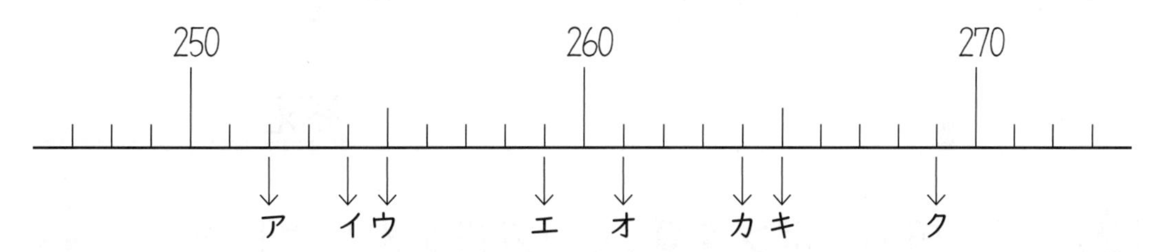


**3** 十の位を四捨五入すると6500になる整数のうち、もっとも大きい数と、もっとも小さい数をかきましょう。

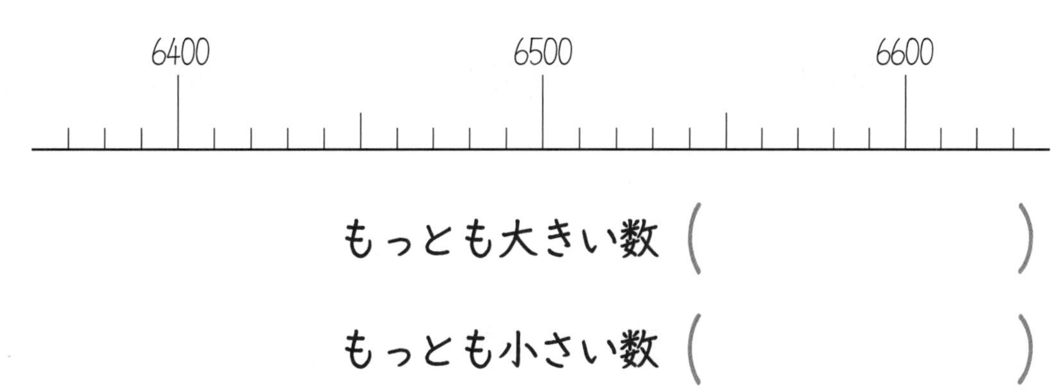


もっとも大きい数（　　　　　）

もっとも小さい数（　　　　　）

月　　日 名前

## がい数 ⑦

# がい算

**1** 1300円のタオルと、5900円のシャツを買いました。およそ何円になるか計算します。

① タオルの代金と、シャツの代金を上から1けたのがい数で表しましょう。

タオル　1300円→約（やく）（　　　　　　）円

シャツ　5900円→約（　　　　　　）円

② およその代金を求め（もと）ましょう。

（　　　　）＋（　　　　）＝（　　　　）

答え ＿＿＿＿＿＿

**2** 7040円のズボンを買い、1万円を出しました。四捨五入（ししゃごにゅう）して上から1けたのがい数にしておよそのおつりの金がくを求めましょう。

10000　　　　7040 ← 上から1けたのがい数

（　　　　）－（　　　　）＝（　　　　）

答え ＿＿＿＿＿＿

月　　日 名前

がい数 ⑧

# がい算

**1** 子ども会のハイキングで、280円のおやつを、38人分用意します。おやつを買うのに、およそ何円必要(ひつよう)ですか。

① おやつのねだんと子どもの人数をそれぞれ四捨五入して上から1けたのがい数で表しましょう。

おやつ　280円→約（　　　）円

人　数　38人→約（　　　）人

② おやつを買うのに必要な代金を見積(みつ)もりましょう。

（　　　）×（　　　）＝（　　　）

答え ＿＿＿＿＿＿

**2** 社会見学に行くのに、バス1台を59800円で借(か)りました。参加(さんか)人数は29人でした。1人いくらぐらいになるか、四捨五入して上から1けたのがい数にして見積もりましょう。

59800←　　　29　← 上から1けたのがい数

↓

（　　　）÷（　　　）＝（　　　）

答え ＿＿＿＿＿＿

まとめテスト　月　日 名前

まとめ ③

# がい数

/50点

## 1 四捨五入して、[　　] のがい数にしましょう。(各5点／15点)

① 56482 [千の位まで]　(　　　　)

② 28175 [一万の位まで]　(　　　　)

③ 497320 [一万の位まで]　(　　　　)

## 2 四捨五入して、[　　] のがい数にしましょう。(各5点／15点)

① 35174 [上から1けた]　(　　　　)

② 80621 [上から2けた]　(　　　　)

③ 975140 [上から2けた]　(　　　　)

## 3 四捨五入して、百の位までのがい数にして、答えを見積もりましょう。(完答・各5点／20点)

① 372＋465

式

答え ＿＿＿＿＿＿＿＿

② 1470－383

式

答え ＿＿＿＿＿＿＿＿

③ 841－（542＋328）

式

答え ＿＿＿＿＿＿＿＿

④ 634×386

式

答え ＿＿＿＿＿＿＿＿

まとめテスト

月　日　名前

まとめ ④

# がい数

/50点

① (　)にあてはまる数をかきましょう。 (各5点／20点)

① 四捨五入して、十の位までのがい数にすると270になる整数は(　)から(　)までのはんいです。

② 十の位で四捨五入して、がい数にすると2600mになる長さのはんいは(　)以上(いじょう)(　)未満(みまん)です。

② 次の数は、四捨五入して百の位までのがい数で表すと、5600になる数です。□にあてはまる数を(　)にすべてかきましょう。 (各5点／10点)

① 55□7 (　)

② 56□8 (　)

③ 右の表は、3つの町の人口を表しています。 (式5点、答え5点／20点)

| 町 | 人数(人) |
|---|---|
| A町 | 2531 |
| B町 | 1967 |
| C町 | 1753 |

① 3つの町の人口を上から2けたのがい数で表し、合計を求(もと)めましょう。

式

答え

② B町とC町の人口のちがいを上から2けたのがい数で表し、求めましょう。

式

答え

月　日　名前

わり算（÷１けた）①

# 基本わり算の筆算（あまりあり）

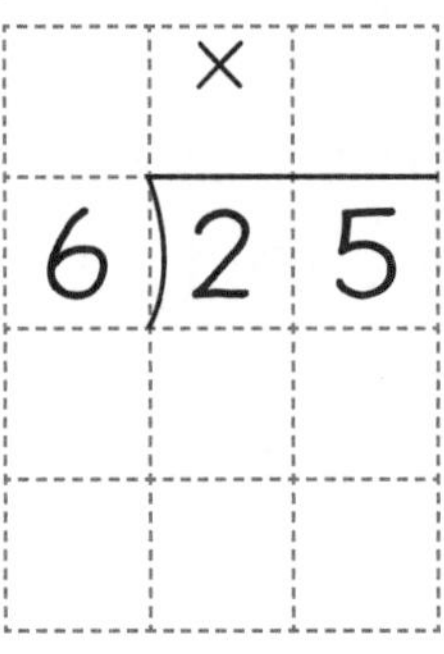

| | | |
|---|---|---|
| | × | |
| 6 | )2 | 5 |
| | | |
| | | |

２の中に６はない。２の上に商はたたない

| | | |
|---|---|---|
| | | 4 |
| 6 | )2 | 5 |
| | 2 | 4 |
| | | 1 |

⇐6×4（かける）

⇐25−24＝1（ひく）

25で考える。25の中に６は４回、商４をたてる

大きな数のわり算をするときは、筆算でする と、まちがいをへらせます。わり算は、たてる→かける→ひく、のくり返しです。

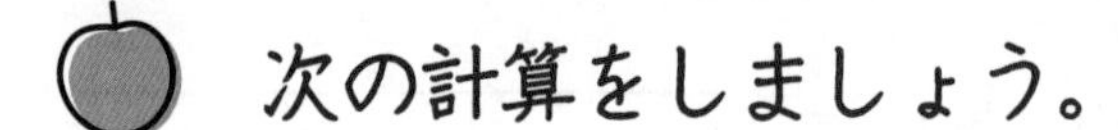

次の計算をしましょう。

① 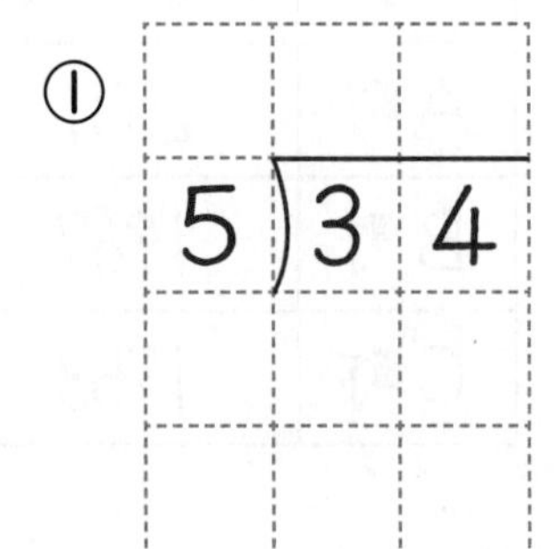

$5\overline{)34}$

② 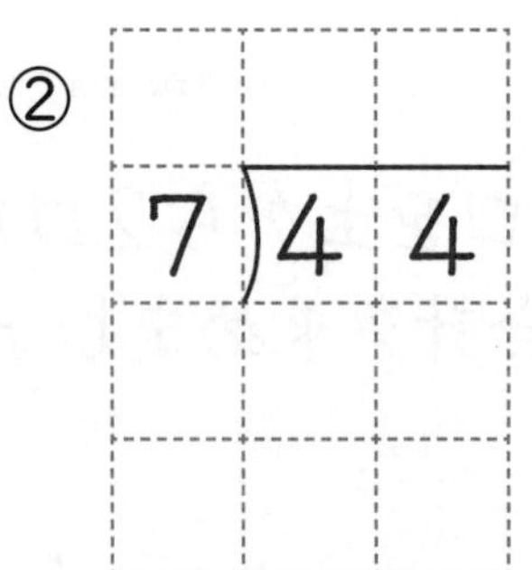

$7\overline{)44}$

③ $5\overline{)38}$

④ $9\overline{)69}$

⑤ $8\overline{)49}$

⑥ $7\overline{)48}$

月　　日 名前

わり算（÷１けた）②

# 基本わり算の筆算（あまりあり）

次の計算をしましょう。

① 4)19

② 2)15

③ 9)58

④ 8)44

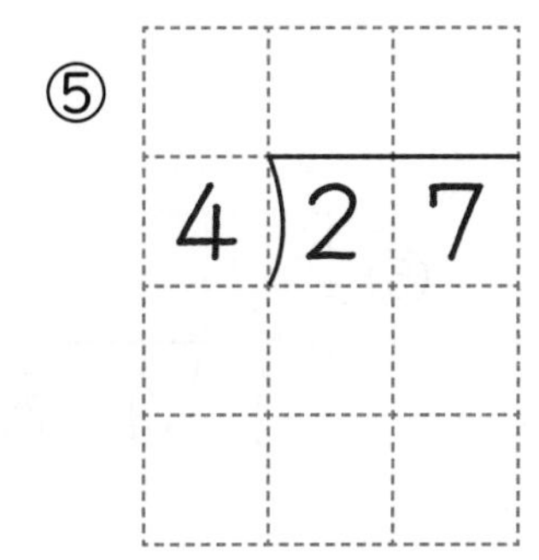

⑤ 4)27

⑥ 6)39

⑦ 5)42

⑧ 9)73

⑨ 7)46

⑩ 6)28

⑪ 7)38

⑫ 8)59

月　日 名前

## わり算（÷１けた）③

# 商２けた（あまりなし）

次の計算をしましょう。

① $33 \div 3$

② $98 \div 7$

③ $96 \div 2$

④ $82 \div 2$

⑤ $48 \div 4$

⑥ $75 \div 5$

⑦ $78 \div 3$

⑧ $56 \div 4$

⑨ $72 \div 6$

わり算（÷１けた）④

# 商２けた（あまりなし）

次の計算をしましょう。

① $48 \div 3$（3)48）

② $90 \div 6$（6)90）

③ $44 \div 2$（2)44）

④ $96 \div 3$（3)96）

⑤ $85 \div 5$（5)85）

⑥ $76 \div 2$（2)76）

⑦ $64 \div 4$（4)64）

⑧ $51 \div 3$（3)51）

⑨ $84 \div 6$（6)84）

月　　日 名前

わり算（÷１けた）⑤

# 商２けた（あまりあり）

次の計算をしましょう。

① $4 \overline{)95}$

② $3 \overline{)79}$

③ $5 \overline{)73}$

④ $3 \overline{)44}$

⑤ $6 \overline{)95}$

⑥ $3 \overline{)53}$

⑦ $5 \overline{)81}$

⑧ $3 \overline{)77}$

⑨ $6 \overline{)92}$

月　日 名前

わり算（÷１けた）⑥

# 商２けた（あまりあり）

次の計算をしましょう。

① $63 \div 5$（5）63）

② $75 \div 2$（2）75）

③ $66 \div 4$（4）66）

④ $35 \div 3$（3）35）

⑤ $85 \div 7$（7）85）

⑥ $46 \div 3$（3）46）

⑦ $82 \div 6$（6）82）

⑧ $58 \div 4$（4）58）

⑨ $71 \div 6$（6）71）

月　　日 名前

わり算（÷１けた）⑦

# 商３けた（あまりなし）

次の計算をしましょう。

① $3\overline{)444}$

② $5\overline{)945}$

③ $2\overline{)374}$

④ $4\overline{)536}$

⑤ $6\overline{)852}$

⑥ $7\overline{)924}$

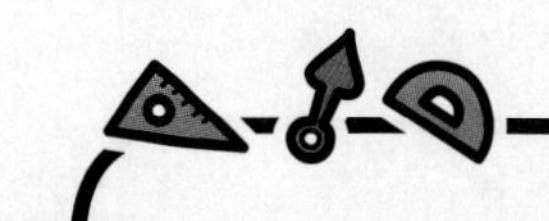

月　日 名前

わり算（÷１けた）⑧

# 商３けた（あまりなし）

次の計算をしましょう。

① $574 \div 2$ （2)574）

② $625 \div 5$ （5)625）

③ $882 \div 7$ （7)882）

④ $465 \div 3$ （3)465）

⑤ $792 \div 6$ （6)792）

⑥ $576 \div 4$ （4)576）

わり算（÷１けた）⑨

# 商３けた（あまりあり）

次の計算をしましょう。

① $523 \div 3$

② $997 \div 5$

③ $993 \div 2$

④ $537 \div 2$

⑤ $853 \div 3$

⑥ $736 \div 5$

わり算（÷１けた）⑩

# 商３けた（あまりあり）

次の計算をしましょう。

①
$$7\overline{)970}$$

②
$$2\overline{)973}$$

③
$$3\overline{)539}$$

④
$$6\overline{)989}$$

⑤
$$5\overline{)968}$$

⑥
$$6\overline{)919}$$

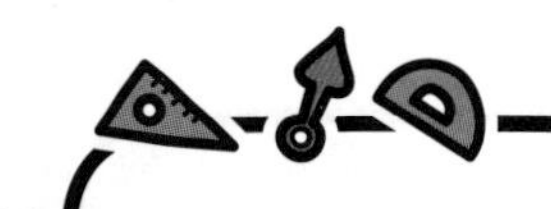

月　　日 名前

わり算（÷１けた）⑪

# 商３けた、０がたつ

次の計算をしましょう。

① 3)612

② 4)824

③ 5)535

④ 2)608

⑤ 6)630

⑥ 4)428

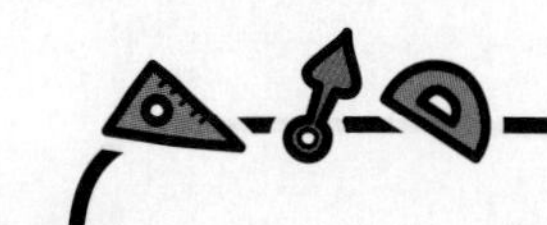

わり算（÷１けた）⑫

# 商３けた、０がたつ

次の計算をしましょう。

① $835 \div 4$

② $623 \div 3$

③ $547 \div 5$

④ $813 \div 2$

⑤ $709 \div 7$

⑥ $659 \div 6$

月　　日 名前

わり算（÷１けた）⑬

# 商３けた、０がたつ

次の計算をしましょう。

① $8\overline{)960}$

② $4\overline{)640}$

③ $2\overline{)840}$

④ $6\overline{)960}$

⑤ $4\overline{)840}$

⑥ $7\overline{)910}$

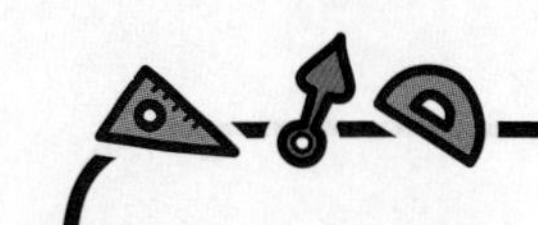

わり算（÷１けた）⑭

# 商３けた、０がたつ

次の計算をしましょう。

① $962 \div 3$

② $961 \div 4$

③ $481 \div 2$

④ $553 \div 5$

⑤ $845 \div 6$

⑥ $842 \div 4$

月　　日 名前

わり算（÷１けた）⑮

# 商２けた（あまりなし）

次の計算をしましょう。

① $204 \div 6$

② $333 \div 9$

③ $315 \div 7$

④ $184 \div 4$

⑤ $192 \div 3$

⑥ $675 \div 9$

月　日 名前

わり算（÷１けた）⑯

# 商２けた（あまりなし）

次の計算をしましょう。

① $203 \div 7$（7）2 0 3

② $552 \div 8$（8）5 5 2

③ $546 \div 7$（7）5 4 6

④ $136 \div 8$（8）1 3 6

⑤ $402 \div 6$（6）4 0 2

⑥ $504 \div 8$（8）5 0 4

月　　日 名前

わり算（÷１けた）⑰

# 商２けた（あまりあり）

次の計算をしましょう。

① 8)142

② 6)103

③ 7)128

④ 6)236

⑤ 9)227

⑥ 7)415

月　　日 名前

わり算（÷１けた）⑱

# 商２けた（あまりあり）

次の計算をしましょう。

① $8\overline{)615}$

② $9\overline{)128}$

③ $7\overline{)107}$

④ $9\overline{)145}$

⑤ $7\overline{)337}$

⑥ $9\overline{)604}$

月　　日 名前

まとめ ⑤

# わり算（÷１けた）

／50点

## ① 次の計算をしましょう。

（各10点／20点）

① 320÷8＝　　② 6300÷7＝

## ② 次の計算をしましょう。

（各５点／30点）

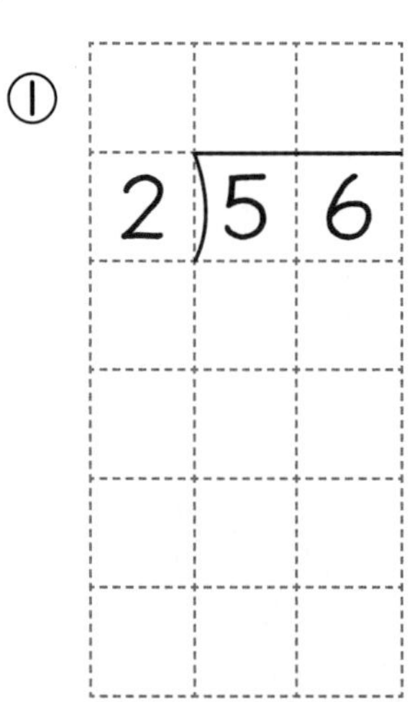

① 2)56

② 4)58

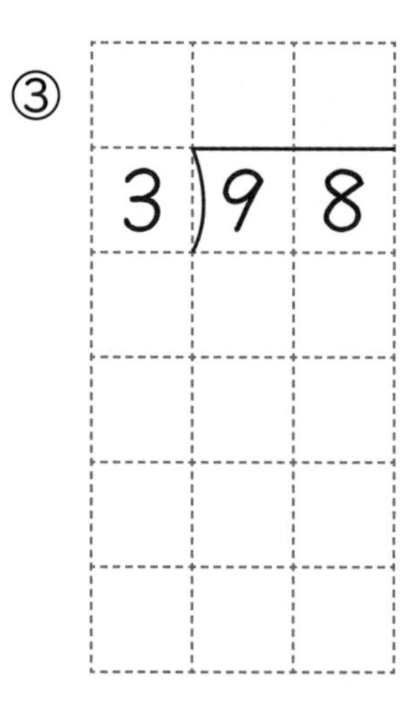

③ 3)98

④ 5)679

⑤ 8)835

⑥ 7)472

まとめテスト　月　日　名前

まとめ ⑥

# わり算（÷１けた）

／50点

① 次のわり算をして、けん算で答えをたしかめましょう。（10点）

7)983

けん算の式

7×［　　］＋［　］＝［　　］

② 305ページの本を1日６ページずつ読みます。読み終わるのに何日かかりますか。（式10点、答え10点／20点）

式

答え

③ スケッチブックは500円で、ノートのねだんの４倍（ばい）です。ノートはいくらですか。（式10点、答え10点／20点）

式

答え

整数と小数 ①

# 小数の表し方

ジュースの量(りょう)を、Lますと0.1Lます(デシリットルます)を使ってはかりました。

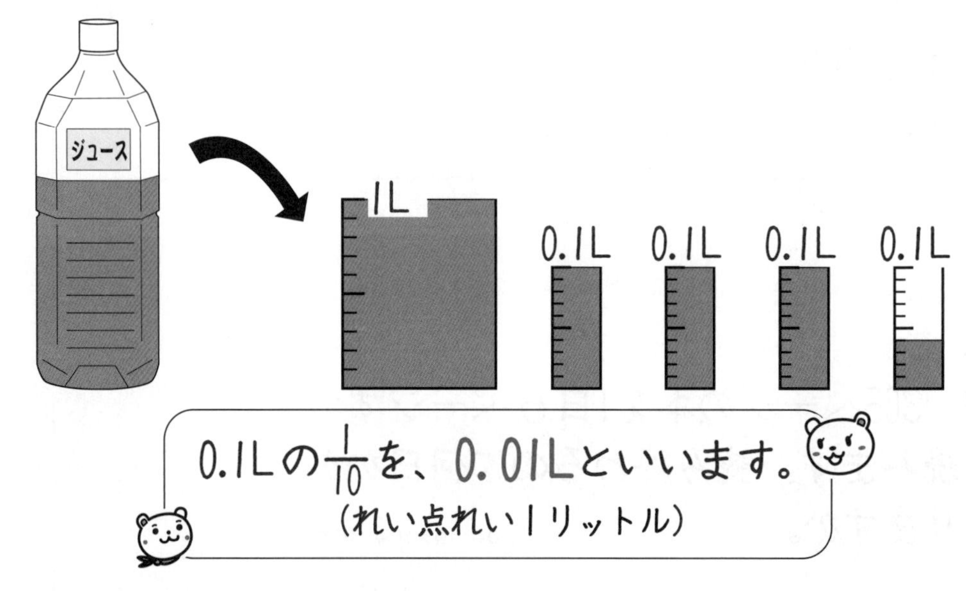


0.1Lの$\frac{1}{10}$を、0.01Lといいます。
(れい点れい1リットル)

ジュースの量は、1.34Lです。

次の量は、何Lですか。

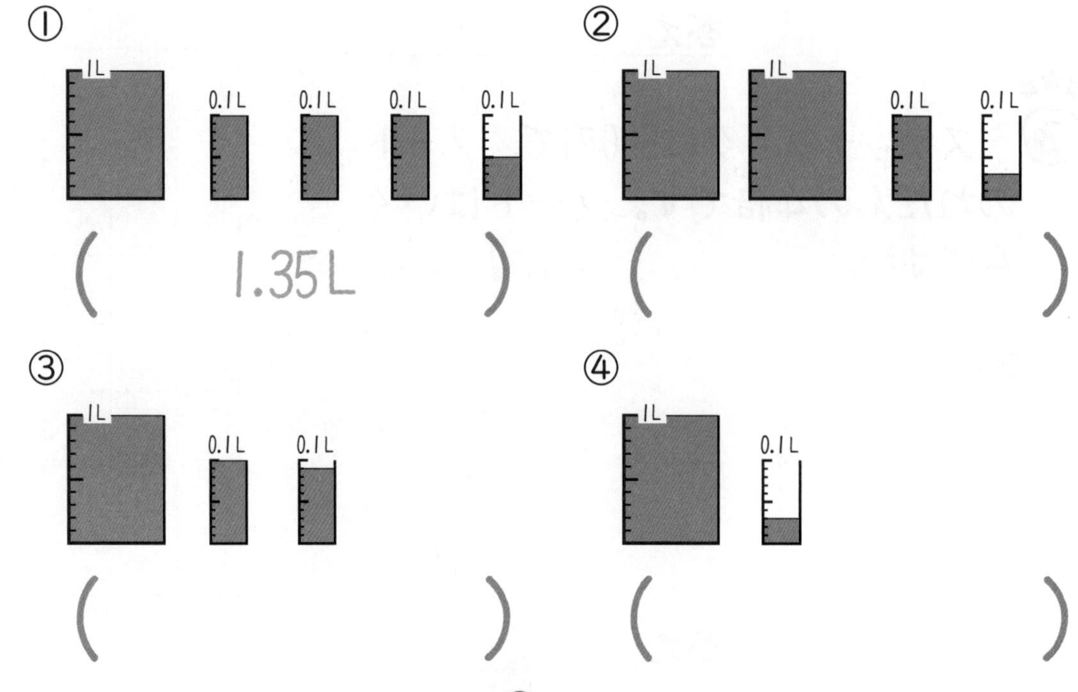

整数と小数 ②

# 小数のしくみと大きさ

**1** □にあてはまる数をかきましょう。

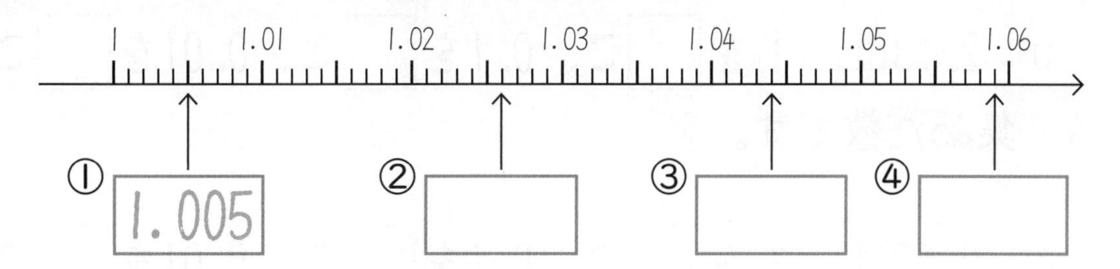


**2** 小数で表しましょう。

① 2643m ⟶ （ 2.643 ） km

② 5071m ⟶ （　　　） km

③ 862m ⟶ （　　　） km

④ 6394g ⟶ （　　　） kg

⑤ 215g ⟶ （　　　） kg

⑥ 92g ⟶ （　　　） kg

月　　日 名前

整数と小数 ③

# 小数と整数のしくみ

**1** □にあてはまる数をかきましょう。

① 2.13は、1を□こ、0.1を□こ、0.01を□こ集めた数です。

② 0.49は、1を□こ、0.1を□こ、0.01を□こ集めた数です。

③ 7.426は、1を□こ、0.1を□こ、0.01を□こ、0.001を□こ集めた数です。

④ 5.008は、1を□こ、0.1を□こ、0.01を□こ、0.001を□こ集めた数です。

**2** □にあてはまる数をかきましょう。

① $2.34 = 1 \times \square + 0.1 \times \square + 0.01 \times \square$

② $0.58 = 0.1 \times \square + 0.01 \times \square$

③ $1 \times 3 + 0.1 \times 7 + 0.01 \times 9 = \square$

④ $10 \times 2 + 0.1 \times 9 + 0.01 \times 4 = \square$

月　　日　名前

整数と小数 ④

# 小数と整数のしくみ

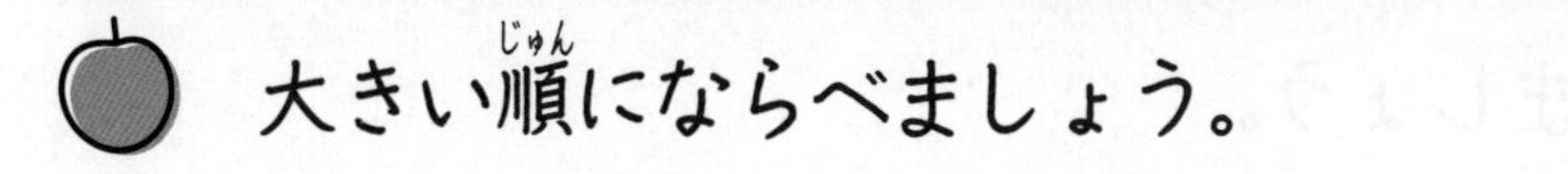

大きい順（じゅん）にならべましょう。

① 2.63　　2.429　　2.71　　2.099

（　　→　　→　　→　　）

② 3.165　　7.36　　5.294　　10.7

（　　→　　→　　→　　）

③ 1.08　　0.13　　0.083　　1.079

（　　→　　→　　→　　）

④ 0.003　　0　　0.103　　0.031

（　　→　　→　　→　　）

⑤ 10.05　　1.599　　0.19　　1.6

（　　→　　→　　→　　）

⑥ 43.21　　4321　　4.321　　432.1

（　　→　　→　　→　　）

月　　日 名前

整数と小数 ⑤

# 10倍、100倍、1000倍

次の数をかきましょう。

① 1.25の10倍 (　　　)

② 23.26の10倍 (　　　)

③ 0.35の10倍 (　　　)

④ 3.467の100倍 (　　　)

⑤ 31.246の100倍 (　　　)

⑥ 0.778の100倍 (　　　)

⑦ 5.367の1000倍 (　　　)

⑧ 31.468の1000倍 (　　　)

⑨ 0.2587の1000倍 (　　　)

⑩ 0.1017の1000倍 (　　　)

月　　日 名前

整数と小数 ⑥

# 十分の一、百分の一、千分の一

次の数をかきましょう。

① 42.19の $\frac{1}{10}$ (　　　　)

② 376.5の $\frac{1}{10}$ (　　　　)

③ 0.392の $\frac{1}{10}$ (　　　　)

④ 54.38の $\frac{1}{100}$ (　　　　)

⑤ 627.48の $\frac{1}{100}$ (　　　　)

⑥ 3.196の $\frac{1}{100}$ (　　　　)

⑦ 4286.51の $\frac{1}{1000}$ (　　　　)

⑧ 365.38の $\frac{1}{1000}$ (　　　　)

⑨ 49.586の $\frac{1}{1000}$ (　　　　)

⑩ 378.49の $\frac{1}{1000}$ (　　　　)

月　　日 名前

整数と小数 ⑦

# 小数第二位のたし算

次の計算をしましょう。

①

| | 2.4 | 6 |
|---|---|---|
| ＋ | 4.8 | 2 |

②

| | 5.0 | 7 |
|---|---|---|
| ＋ | 3.0 | 8 |

③

| | 3.1 | 6 |
|---|---|---|
| ＋ | 2.7 | 5 |

④

| | 2.3 | 9 |
|---|---|---|
| ＋ | 3.8 | 7 |

⑤

| | 4.5 | 6 |
|---|---|---|
| ＋ | 1.7 | 6 |

⑥

| | 6.2 | 8 |
|---|---|---|
| ＋ | 2.9 | 3 |

⑦

| | 5.4 | 9 |
|---|---|---|
| ＋ | 2.5 | 7 |

⑧

| | 3.7 | 6 |
|---|---|---|
| ＋ | 2.2 | 8 |

⑨

| | 4.6 | 7 |
|---|---|---|
| ＋ | 2.3 | 6 |

⑩

| | 0.2 | 6 |
|---|---|---|
| ＋ | 0.3 | 4 |
| | | 0 |

⑪

| | 2.4 | 3 |
|---|---|---|
| ＋ | 3.4 | 7 |

⑫

| | 5.1 | 6 |
|---|---|---|
| ＋ | 2 | |

月　　日 名前

整数と小数 ⑧

# 小数第二位のひき算

次の計算をしましょう。

①
```
  8.67
- 3.03
------
```

②
```
  4.59
- 1.34
------
```

③
```
  0.14
- 0.08
------
```

④
```
  1.27
- 0.58
------
```

⑤
```
  4.36
- 1.47
------
```

⑥
```
  5.21
- 2.68
------
```

⑦
```
  1.01
- 0.04
------
```

⑧
```
  3.02
- 1.89
------
```

⑨
```
  7.05
- 4.67
------
```

⑩
```
  2.46
- 0.76
------
```

⑪
```
  5.33
- 1.43
------
```

⑫
```
  8
- 4.12
------
```

まとめテスト　　月　　日 名前

まとめ ⑦

# 整数と小数

## 1 次の数はいくつですか。

（各5点／25点）

① 0.1を4こ、0.01を8こ合わせた数

（　　　　　）

② 0.073を10倍、100倍した数

10倍（　　　　　）　100倍（　　　　　）

③ 2.19を$\frac{1}{10}$、$\frac{1}{100}$にした数

$\frac{1}{10}$（　　　　　）　$\frac{1}{100}$（　　　　　）

## 2 数直線を見て答えましょう。

（各5点／25点）

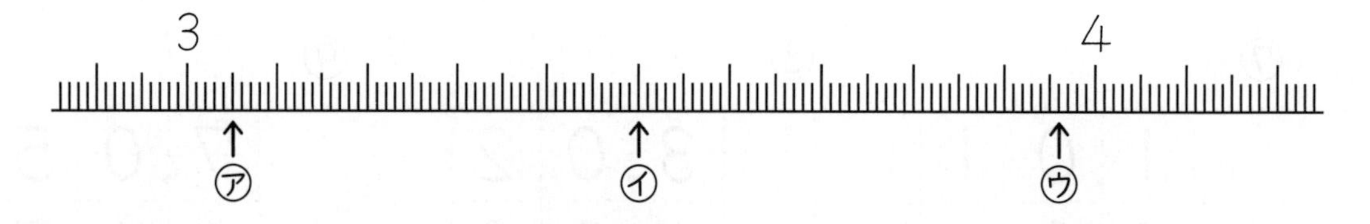


① ア～ウの目もりが表す数をかきましょう。

ア（　　　　）　イ（　　　　）　ウ（　　　　）

② アとウは、それぞれ0.01を何こ集めた数ですか。

ア（　　　　　）　ウ（　　　　　）

まとめテスト　月　日　名前

まとめ ⑧

# 整数と小数

/50点

★

## 1 次の量（りょう）を(　　)の中の単位（たんい）で表しましょう。

(各5点／10点)

① 3km94m (km)　(　　　　　)

② 68g (kg)　(　　　　　)

★★

## 2 次の計算をしましょう。

(各10点／20点)

① 64.37+5.6

② 7−0.083

★★★

## 3 お湯がポットに 2.53 L入っていました。そこに 0.67 L たしました。あわせて何Lですか。

(式5点、答え5点／10点)

式

計算

答え

★★★

## 4 重さが 5.079 kgのスイカ㋐と 3247 gのスイカ㋑があります。どちらのスイカの方が重いですか。

(10点)

考え方

式

答え

わり算（÷2けた）①

# 仮商修正なし（あまりなし）

96÷32 の計算は、十の位（くらい）を見て、9÷3から、商の見当をつけます。商3をたてます。

```
        3              3
3 ○)9 ○    →   32)96
                   96
                   ──
                    0
```

次の計算をしましょう。

① 11)66

② 12)48

③ 21)84

④ 20)80

⑤ 24)96

⑥ 26)52

⑦ 37)74

⑧ 44)88

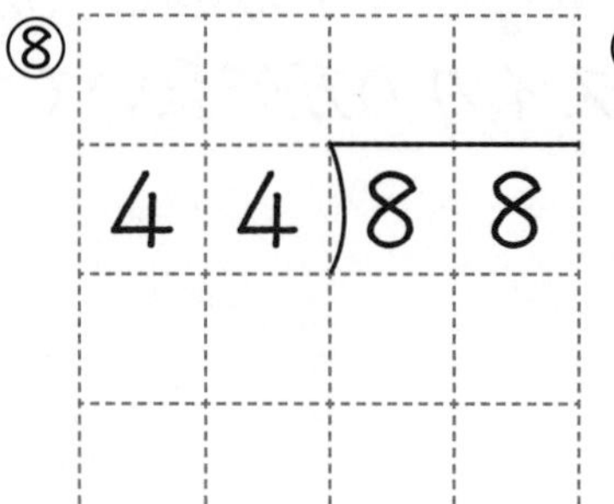

⑨ 23)46

月　　日 名前

わり算（÷２けた）②

# 仮商修正なし（あまりあり）

次の計算をしましょう。

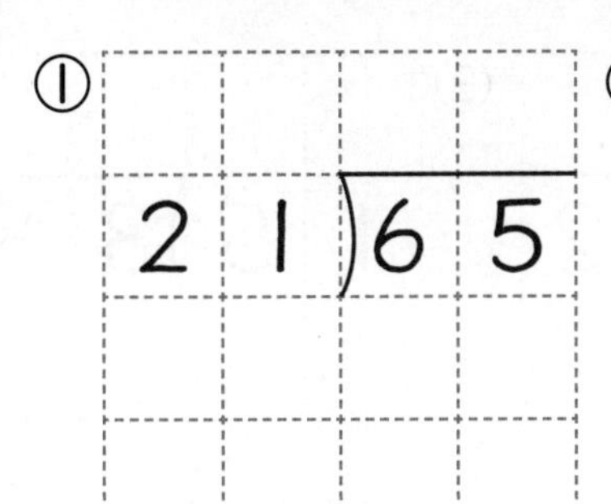

① 21)65

② 10)76

③ 20)85

④ 32)97

⑤ 22)54

⑥ 21)54

⑦ 41)93

⑧ 31)96

⑨ 34)85

⑩ 24)98

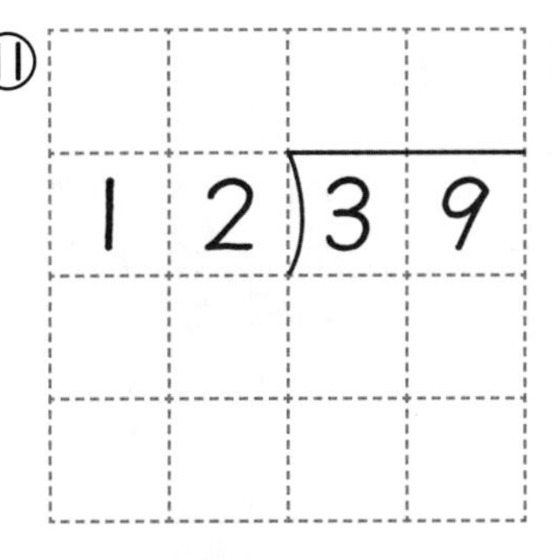

⑪ 12)39

⑫ 42)88

月　　日 名前

わり算（÷2けた）③

# 仮商修正1回（あまりあり）

次の計算をしましょう。

① 14)44

② 12)32

③ 15)38

④ 25)73

⑤ 27)67

⑥ 13)59

⑦ 29)63

⑧ 38)93

⑨ 23)84

⑩ 31)92

⑪ 28)75

⑫ 16)49

わり算（÷2けた）④

# 仮商修正2回（あまりあり）

次の計算をしましょう。

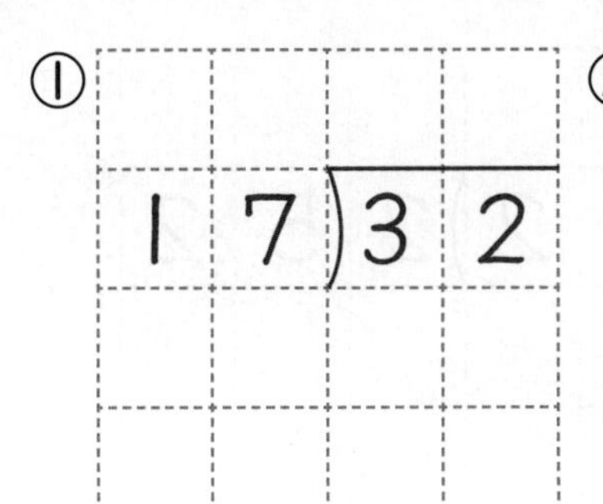

① 17)32　② 14)54　③ 15)44

④ 13)76　⑤ 28)83　⑥ 14)41

⑦ 17)58　⑧ 13)50　⑨ 17)48

⑩ 29)84　⑪ 18)59　⑫ 27)80

月　　日 名前

わり算（÷２けた）⑤

# 仮商修正なし（あまりなし）

次の計算をしましょう。

① 32)256

② 42)252

③ 74)222

④ 57)399

⑤ 46)184

⑥ 56)168

⑦ 34)238

⑧ 67)402

月　　日 名前

わり算（÷2けた）⑥

# 仮商修正なし（あまりあり）

次の計算をしましょう。

① $46\overline{)156}$

② $79\overline{)197}$

③ $93\overline{)381}$

④ $67\overline{)411}$

⑤ $55\overline{)498}$

⑥ $31\overline{)239}$

⑦ $62\overline{)453}$

⑧ $87\overline{)452}$

月　日 名前

わり算（÷2けた）⑦

# 商が9（あまりなし）

次の計算をしましょう。

① $342 \div 38$

② $162 \div 18$

③ $216 \div 24$

④ $306 \div 34$

⑤ $477 \div 53$

⑥ $612 \div 68$

⑦ $387 \div 43$

⑧ $279 \div 31$

わり算（÷２けた）⑧

# 商が９（あまりあり）

次の計算をしましょう。

① $66\overline{)623}$

② $53\overline{)516}$

③ $34\overline{)323}$

④ $86\overline{)824}$

⑤ $43\overline{)426}$

⑥ $16\overline{)151}$

⑦ $58\overline{)569}$

⑧ $37\overline{)362}$

月　　日 名前

わり算（÷2けた）⑨

# 仮商修正１回（あまりなし）

次の計算をしましょう。

① $1 8 4 \div 2 3$（筆算：23）184）

② 25）125

③ 35）280

④ 48）288

⑤ 59）354

⑥ 79）632

⑦ 15）120

⑧ 18）144

月　　日　名前

わり算（÷2けた）⑩

# 仮商修正１回（あまりあり）

次の計算をしましょう。

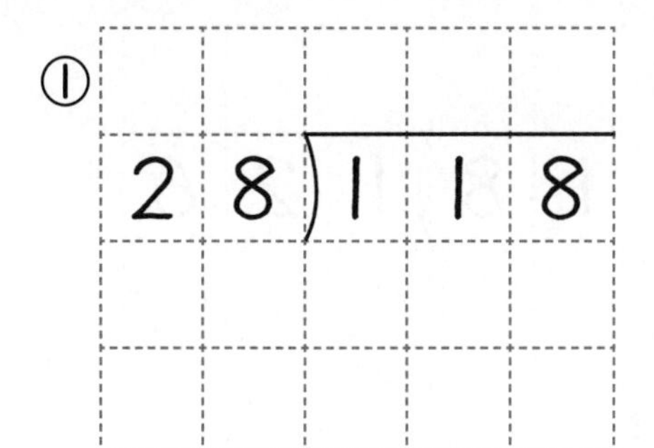

① 28)118

② 25)107

③ 35)293

④ 46)369

⑤ 47)382

⑥ 13)108

⑦ 39)159

⑧ 69)563

月　日 名前

わり算（÷2けた）⑪

# 仮商修正2回（あまりなし）

次の計算をしましょう。

① $1119 \div 17$（17)119 筆算）

② $126 \div 18$（18)126 筆算）

③ 29)203

④ 19)133

⑤ 39)273

⑥ 28)168

⑦ 27)162

⑧ 29)145

わり算（÷２けた）⑫

# 仮商修正２回（あまりあり）

次の計算をしましょう。

① $169 \div 26$

② $284 \div 39$

③ $287 \div 38$

④ $154 \div 29$

⑤ $148 \div 28$

⑥ $193 \div 27$

⑦ $149 \div 19$

⑧ $120 \div 16$

月　　日 名前

わり算（÷２けた）⑬

# 仮商修正２～３回

次の計算をしましょう。

① 19)114

② 18)108

③ 17)102

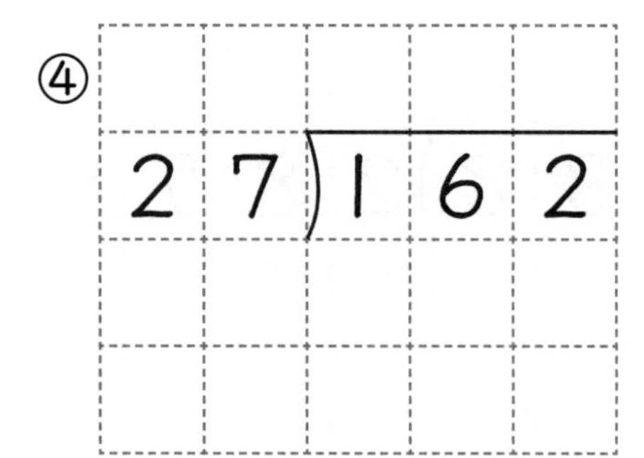

④ 27)162

⑤ 19)121

⑥ 29)191

⑦ 28)192

⑧ 39)271

わり算（÷２けた）⑭

# 文章題

① 189まいの色紙を、27人で同じ数ずつ分けます。1人分は何まいになりますか。

式

計算

答え

② ビー玉が140こあります。17人に同じ数ずつ分けます。1人分は何こになりますか。また、何こあまりますか。

式

計算

答え

③ 108本のえんぴつを12本ずつケースに入れていきます。ケースは何箱になりますか。

式

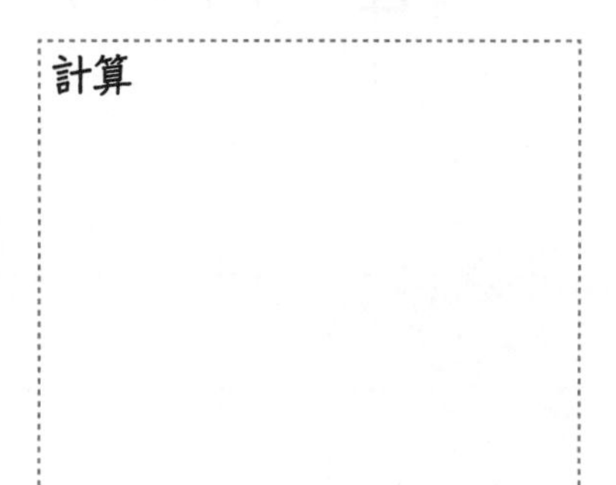

計算

答え

わり算（÷2けた）⑮

# 仮商修正なし（あまりなし）

次の計算をしましょう。

① 45)585

② 72)864

③ 22)242

④ 68)748

⑤ 43)989

⑥ 31)775

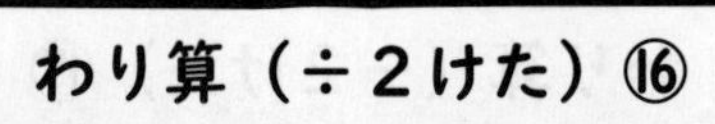
月　日　名前

わり算（÷２けた）⑯

# 仮商修正なし（あまりあり）

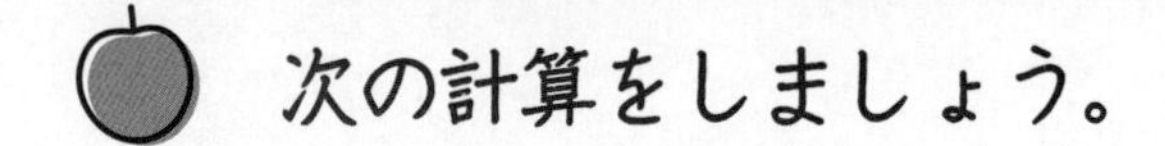
次の計算をしましょう。

① 12)398

② 32)844

③ 38)878

④ 21)466

⑤ 72)804

⑥ 39)821

月　日 名前

わり算（÷2けた）⑰

# 仮商修正あり（あまりあり）

次の計算をしましょう。

① 39)904

② 28)632

③ 38)935

④ 49)806

⑤ 47)807

⑥ 27)626

月　日 名前

わり算（÷2けた）⑱

# 仮商修正あり（あまりあり）

次の計算をしましょう。

① 26)824

② 36)951

③ 38)998

④ 27)428

⑤ 48)804

⑥ 37)657

わり算（÷2けた）⑲

# 仮商修正あり（あまりあり）

次の計算をしましょう。

① 37)924

② 48)827

③ 38)975

④ 29)800

⑤ 29)760

⑥ 17)448

わり算（÷２けた）⑳

# 文章題

① 952このキャンディーを、34人で同じ数ずつ分けます。
１人分は何こになりますか。

式

計算

答え

② 350本のバラを24本ずつ花たばにしていきます。
花たばは何たばできて、バラは何本あまりますか。

式

計算

答え

③ 荷物が500こあります。１回に14こずつ運びます。
全部運び終わるのに、何回かかりますか。

式

計算

答え

まとめテスト　月　日　名前

まとめ ⑨

# わり算（÷２けた）

／50点

次の計算をしましょう。（各５点／50点）

① 630÷90＝

② 480÷80＝

③ 32)98

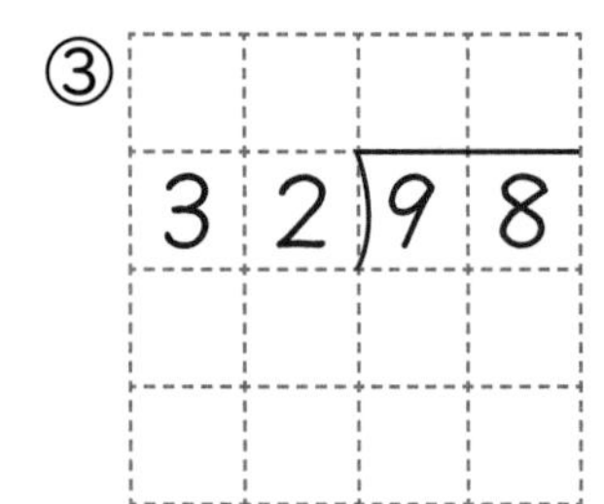

④ 27)83

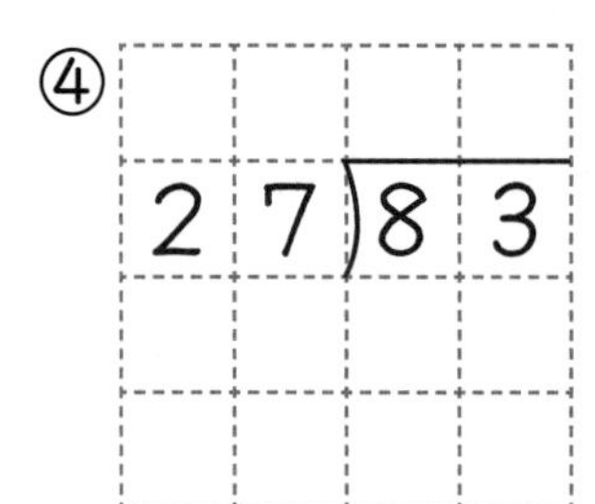

⑤ 54)379

⑥ 21)354

⑦ 49)762

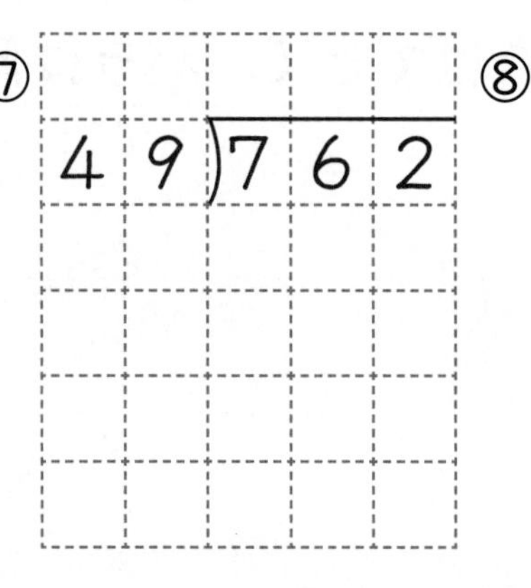

⑧ 32)602

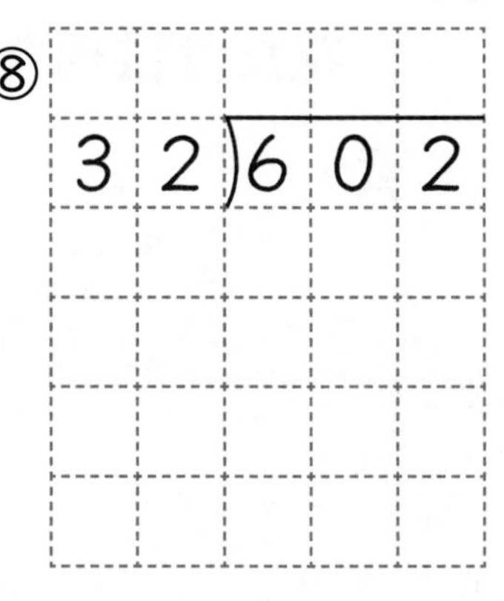

⑨ 42)885

⑩ 25)825

まとめテスト

月　　日 名前

まとめ ⑩

# わり算（÷２けた）

/50点

## ① 次のわり算を計算して、けん算もしましょう。

（答え10点・けん算10点／20点）

$46\overline{)852}$

けん算

## ② 230このりんごを、１箱に24こずつつめると、何箱できて何こあまりますか。

（式５点、答え５点／10点）

式

計算

答え

## ③ ある数を24でわったら、商が16であまりは18になりました。

（式５点、答え５点／20点）

① ある数を求（もと）めましょう。

式

答え

② この数を64でわると、答えはどうなりますか。

式

答え

月　　日 名前

## 小数のかけ算 ①

# 小数×整数

1.2×4の計算は 12×4の計算をして小数点をうつす

| | | |
|---|---|---|
| | 1 | .2 |
| × | | 4 |
| | 4 | 8 |

12×4の計算をする

➡

| | | |
|---|---|---|
| | 1 | .2 |
| × | | 4 |
| | 4 | .8 |

⇐小数点以下は1こ

小数点以下の数だけ小数点をうつす

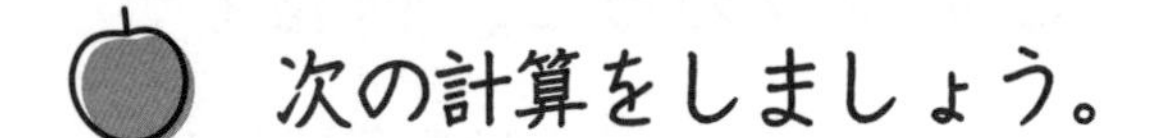

次の計算をしましょう。

①

| | | |
|---|---|---|
| | 4 | .2 |
| × | | 2 |
| | | |

②

| | | |
|---|---|---|
| | 2 | .3 |
| × | | 3 |
| | | |

③

| | | |
|---|---|---|
| | 3 | .1 |
| × | | 2 |
| | | |

④

| | | |
|---|---|---|
| | 2 | .7 |
| × | | 3 |
| | | |

⑤

| | | |
|---|---|---|
| | 4 | .6 |
| × | | 2 |
| | | |

⑥

| | | |
|---|---|---|
| | 1 | .3 |
| × | | 6 |
| | | |

⑦

| | | |
|---|---|---|
| | 1 | .4 |
| × | | 7 |
| | | |

⑧

| | | |
|---|---|---|
| | 4 | .7 |
| × | | 2 |
| | | |

⑨

| | | |
|---|---|---|
| | 2 | .9 |
| × | | 3 |
| | | |

月　　日 名前

## 小数のかけ算 ②
# 小数×整数

次の計算をしましょう。

① 9.2 × 3

② 8.2 × 4

③ 5.2 × 4

④ 5.7 × 4

⑤ 2.8 × 6

⑥ 3.2 × 7

⑦ 4.3 × 6

⑧ 7.4 × 3

⑨ 5.3 × 7

⑩ 6.7 × 4

⑪ 3.4 × 4

⑫ 3.2 × 9

⑬ 4.7 × 3

⑭ 1.9 × 6

⑮ 4.6 × 7

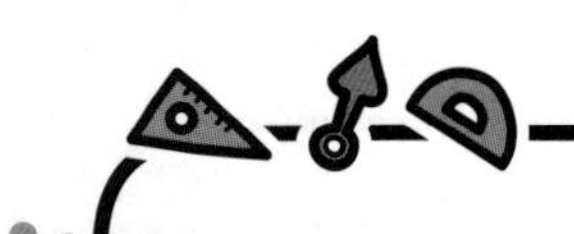

月　　日 名前

小数のかけ算 ③

# 小数×整数

次の計算をしましょう。

① 2.3 × 6

② 7.5 × 3

③ 6.3 × 4

④ 9.4 × 6

⑤ 4.8 × 7

⑥ 7.4 × 6

⑦ 4.8 × 6

⑧ 6.4 × 8

⑨ 2.9 × 9

⑩ 2.5 × 2 = 5.0

⑪ 3.4 × 5

⑫ 2.6 × 5

⑬ 1.5 × 4

⑭ 4.8 × 5

⑮ 3.5 × 4

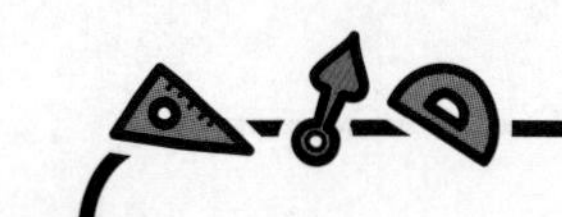

月　日 名前

小数のかけ算 ④

# 真小数×整数

次の計算をしましょう。

① $0.2 \times 4$

② $0.4 \times 4$

③ $0.6 \times 6$

④ $0.7 \times 5$

⑤ $0.6 \times 3$

⑥ $0.8 \times 4$

⑦ $0.9 \times 2$

⑧ $0.7 \times 3$

⑨ $0.8 \times 6$

⑩ $0.8 \times 5$

⑪ $0.4 \times 5$

⑫ $0.5 \times 6$

⑬ $0.5 \times 2$

⑭ $0.5 \times 8$

⑮ $0.2 \times 5$

月　　日 名前

小数のかけ算 ⑤

# 小数×整数

次の計算をしましょう。

①

| | 2 | 4. | 3 |
|---|---|---|---|
| × | | | 2 |
| | | | |

②

| | 7 | 3. | 2 |
|---|---|---|---|
| × | | | 3 |
| | | | |

③

| | 4 | 1. | 2 |
|---|---|---|---|
| × | | | 4 |
| | | | |

④

| | 4 | 7. | 3 |
|---|---|---|---|
| × | | | 3 |
| | | | |

⑤

| | 5 | 4. | 1 |
|---|---|---|---|
| × | | | 8 |
| | | | |

⑥

| | 4 | 6. | 2 |
|---|---|---|---|
| × | | | 4 |
| | | | |

⑦

| | 7 | 2. | 8 |
|---|---|---|---|
| × | | | 6 |
| | | | |

⑧

| | 2 | 5. | 7 |
|---|---|---|---|
| × | | | 5 |
| | | | |

⑨

| | 9 | 2. | 3 |
|---|---|---|---|
| × | | | 7 |
| | | | |

⑩

| | 1 | 2. | 5 |
|---|---|---|---|
| × | | | 8 |
| | | | |

⑪

| | 2 | 8. | 4 |
|---|---|---|---|
| × | | | 5 |
| | | | |

⑫

| | 3 | 8. | 6 |
|---|---|---|---|
| × | | | 5 |
| | | | |

小数のかけ算 ⑥

# 小数×整数

次の計算をしましょう。

① $3.21 \times 3$

② $4.12 \times 3$

③ $2.27 \times 4$

④ $4.69 \times 9$

⑤ $3.73 \times 8$

⑥ $2.97 \times 8$

⑦ $0.32 \times 3$

⑧ $0.14 \times 2$

⑨ $0.77 \times 7$

⑩ $0.25 \times 4$

⑪ $0.08 \times 5$

⑫ $0.75 \times 8$

月　　日 名前

小数のかけ算 ⑦

# 小数×整数

次の計算をしましょう。

①
$$\begin{array}{r} 3.2 \\ \times\ 34 \\ \hline \end{array}$$

②
$$\begin{array}{r} 2.5 \\ \times\ 49 \\ \hline \end{array}$$

③
$$\begin{array}{r} 4.8 \\ \times\ 24 \\ \hline \end{array}$$

④
$$\begin{array}{r} 5.2 \\ \times\ 23 \\ \hline \end{array}$$

⑤
$$\begin{array}{r} 3.9 \\ \times\ 54 \\ \hline \end{array}$$

⑥
$$\begin{array}{r} 7.5 \\ \times\ 63 \\ \hline \end{array}$$

⑦
$$\begin{array}{r} 6.5 \\ \times\ 24 \\ \hline \end{array}$$

⑧
$$\begin{array}{r} 2.8 \\ \times\ 45 \\ \hline \end{array}$$

⑨
$$\begin{array}{r} 7.6 \\ \times\ 25 \\ \hline \end{array}$$

月　日 名前

小数のかけ算 ⑧

# 小数×整数

次の計算をしましょう。

①

$$\begin{array}{r} 15.7 \\ \times\ \ 73 \\ \hline \end{array}$$

②

$$\begin{array}{r} 81.7 \\ \times\ \ 37 \\ \hline \end{array}$$

③

$$\begin{array}{r} 6.19 \\ \times\ \ 52 \\ \hline \end{array}$$

④

$$\begin{array}{r} 7.13 \\ \times\ \ 48 \\ \hline \end{array}$$

⑤

$$\begin{array}{r} 4.18 \\ \times\ \ 65 \\ \hline \end{array}$$

⑥

$$\begin{array}{r} 5.06 \\ \times\ \ 45 \\ \hline \end{array}$$

月　　日 名前

小数のわり算 ①

# 小数÷整数

小数÷整数では、わられる数の小数点の位置をそのまま上に商の小数点を打ちます。

9の中に3は3回。3をたてて、かける、ひく。6を下ろす。

6の中に3は2回。2をたてて、かける、ひく。

$$
\begin{array}{r}
3.2 \\
3\overline{)9.6} \\
9\phantom{.6} \\
\hline
6 \\
6 \\
\hline
0
\end{array}
$$

次の計算をしましょう。

① $2\overline{)4.2}$

② $3\overline{)6.9}$

③ $4\overline{)8.4}$

④ $2\overline{)9.2}$

⑤ $5\overline{)8.5}$

⑥ $3\overline{)5.7}$

月　　日 名前

小数のわり算 ②

# 小数÷整数

次の計算をしましょう。

① 4)3.2

② 3)2.7

③ 9)3.6

④ 5)2.5

⑤
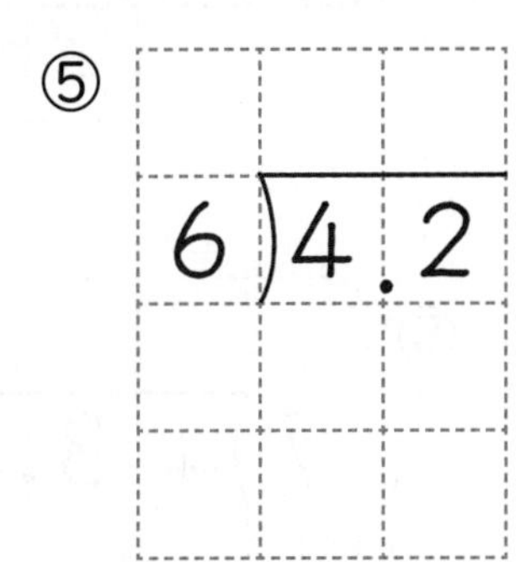


⑥
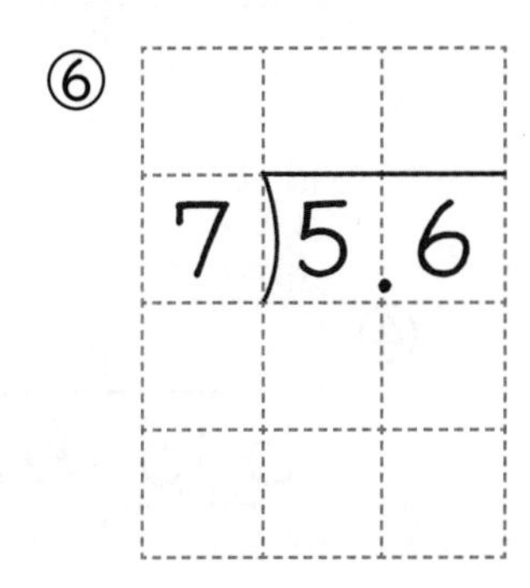


⑦ 4)1.6

⑧ 8)6.4

⑨ 5)3.5

⑩ 4)2.8

⑪
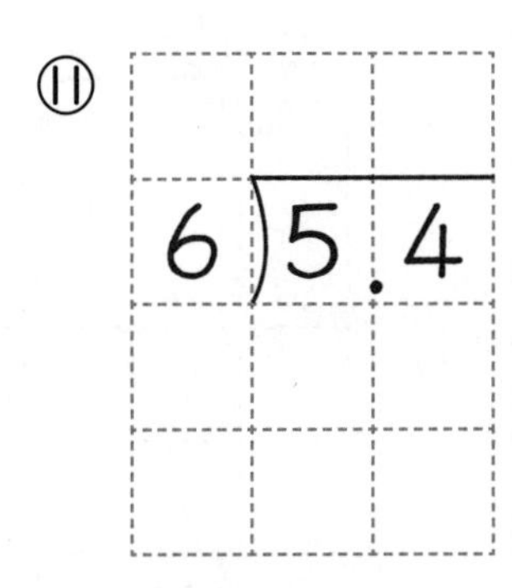


⑫ 9)7.2

月　日 名前

小数のわり算 ③

# 小数÷整数

次の計算をしましょう。

① $15.2 \div 2$

② $19.2 \div 4$

③ $32.4 \div 6$

④ $36.5 \div 5$

⑤ $43.4 \div 7$

⑥ $26.7 \div 3$

⑦ $27.2 \div 8$

⑧ $22.4 \div 4$

⑨ $75.6 \div 9$

月　　日 名前

## 小数のわり算 ④
# 小数÷整数

次の計算をしましょう。

① 2)84.6

② 

③ 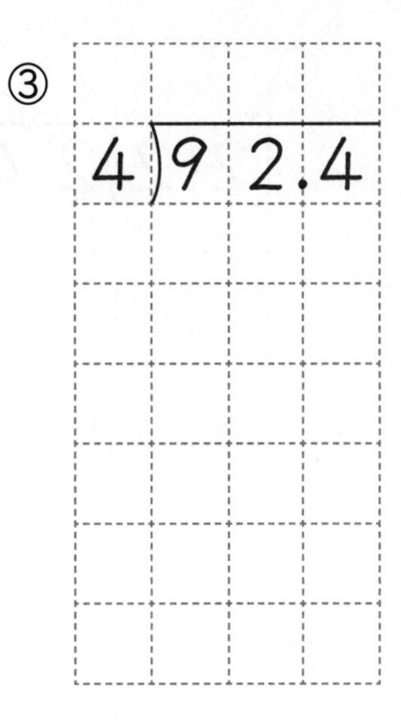


④ 7)86.8

⑤ 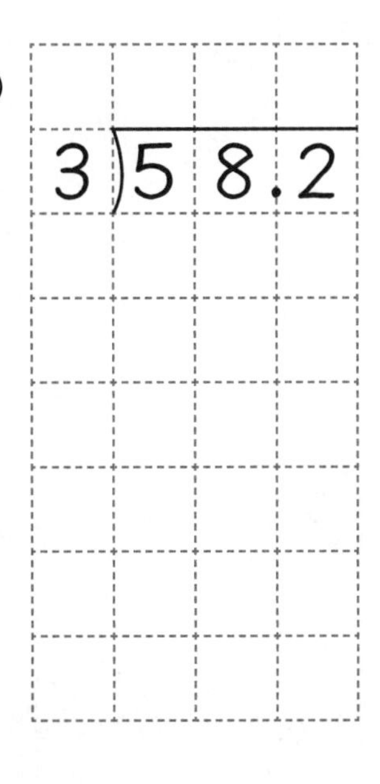


⑥ 5)96.5

月　　日 名前

小数のわり算 ⑤

# 小数÷整数

次の計算をしましょう。

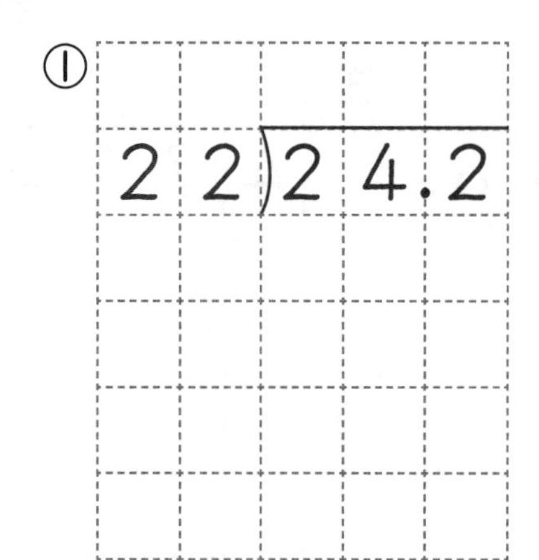

① $24.2 \div 22$

② $16.8 \div 12$

③ $86.4 \div 72$

④ $58.5 \div 45$

⑤ $51.2 \div 32$

⑥ $50.6 \div 23$

月　日 名前

小数のわり算 ⑥

# 小数÷整数

次の計算をしましょう。

① $43.4 \div 62$

② $58.8 \div 84$

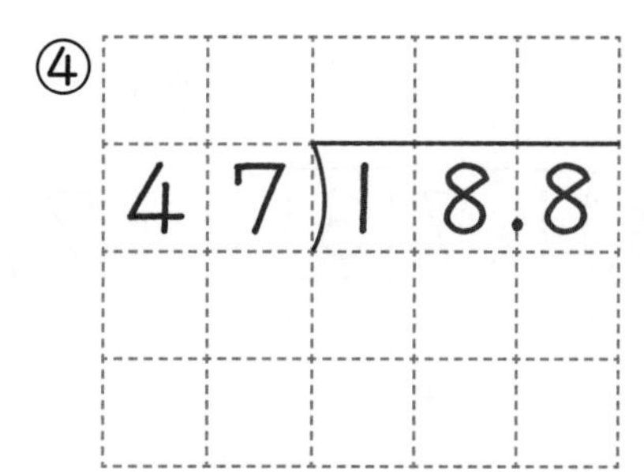

③ $21.2 \div 53$

④ $18.8 \div 47$

⑤ $39.2 \div 98$

⑥ $46.8 \div 78$

⑦ $40.8 \div 68$

⑧ $78.3 \div 87$

月　　日 名前

小数のわり算 ⑦

# あまりを出す

商は一の位まで計算し、あまりを求めます。

あまりの小数点は、わられる数の小数点をそのまま下に下ろします。

商6　　あまり2.1

```
     6.
 6)38.1
   36
    2.1
```

商は一の位まで計算し、あまりを求めましょう。

① 8)17.3

② 7)15.1

③ 6)33.7

④ 2)13.1

⑤ 4)30.3

⑥ 9)31.2

⑦ 3)25.1

⑧ 5)37.2

⑨ 7)57.3

小数のわり算 ⑧

# あまりを出す

商は$\frac{1}{10}$の位まで計算し、あまりを求めましょう。

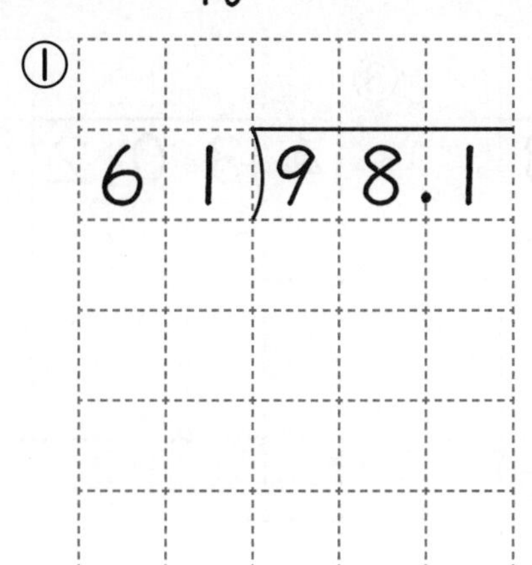

① 61)98.1

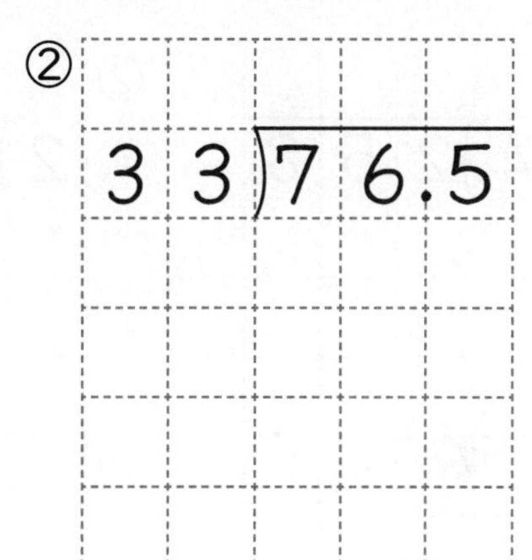

② 33)76.5

③ 53)69.4

④ 76)83.9

⑤ 67)99.7

⑥ 49)81.7

小数のわり算 ⑨

# わり進み

わり切れるまで計算しましょう。

① $25.8 \div 4$

② $16.3 \div 2$

③ $30.2 \div 4$

④ $11.4 \div 4$

⑤ $26.3 \div 5$

⑥ $63.6 \div 8$

月　日 名前

# 小数のわり算 ⑩
# わり進み

わり切れるまで計算しましょう。

① 15)21.9

② 52)70.2

③ 35)76.3

④ 64)86.4

小数のわり算 ⑪

# 商の四捨五入

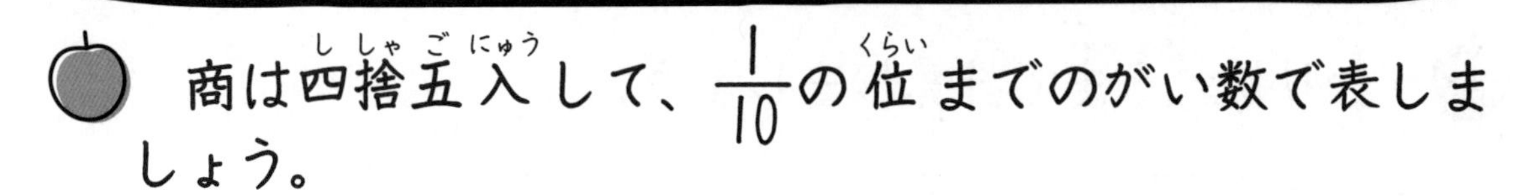

商は四捨五入して、$\frac{1}{10}$の位までのがい数で表しましょう。

① 2)12.35

商＿＿＿＿ → ＿＿＿＿

② 8)59.43

商＿＿＿＿ → ＿＿＿＿

③ 5)17.12

商＿＿＿＿ → ＿＿＿＿

④ 4)27.55

商＿＿＿＿ → ＿＿＿＿

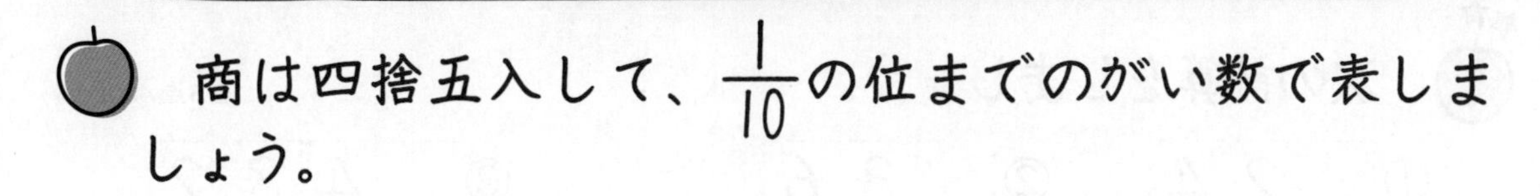

小数のわり算 ⑫

# 商の四捨五入

商は四捨五入して、$\frac{1}{10}$の位までのがい数で表しましょう。

① $45\overline{)95.71}$

商＿＿＿＿ → ＿＿＿＿

② $34\overline{)77.51}$

商＿＿＿＿ → ＿＿＿＿

③ $63\overline{)75.42}$

商＿＿＿＿ → ＿＿＿＿

④ $51\overline{)73.27}$

商＿＿＿＿ → ＿＿＿＿

まとめテスト

月　　日　名前

まとめ ⑪

# 小数のかけ算・わり算

## 1 次の計算をしましょう。

(各5点／30点)

① $2.4 \times 7$

② $3.6 \times 5$

③ $4.82 \times 5$

④ $3.9 \times 18$

⑤ $52.3 \times 31$

⑥ $6.05 \times 64$

## 2 わり切れるまで計算しましょう。

(各5点／10点)

① $53.4 \div 6$

② $72.8 \div 28$

## 3 商は一の位(くらい)まで求(もと)めて、あまりを出しましょう。

(各5点／10点)

① $11.3 \div 9$

② $59.2 \div 24$

まとめテスト　　月　　日 名前

まとめ ⑫

# 小数のかけ算・わり算

**1** 24×3＝72 です。次の□に数をかきましょう。（各10点／20点）

① 2.4×3＝□　　② 0.24×3＝□

**2** 長さが 1.8 mのテープを30本使います。テープは全部で何mいりますか。（式５点、答え５点／10点）

式

計算

答え

**3** 赤リボンは２m、黄リボンは７mです。
黄リボンの長さは、赤リボンの長さの何倍ですか。（式５点、答え５点／10点）

式

計算

答え

**4** 34.7mのリボンがあります。このリボンから４mのリボンは何本取れて、何mあまりますか。（式５点、答え５点／10点）

式

計算

答え

月　日 名前

計算のきまり ①

# 計算の順番

計算は

（　）⇒ ×÷ ⇒ ＋－ の順（じゅん）

にすすめます。

 次の計算をしましょう。

① 26＋8－4＝

② 45－29＋13＝

③ 42－39＋29＝

④ 63＋21－37＝

⑤ 12×3－2＝

⑥ 18＋63÷9＝

⑦ 400－60×5＝

⑧ 200＋350÷7＝

⑨ 25×(8－4)＝

⑩ (80－45)÷5＝

⑪ 81÷(13－4)＝

⑫ (61－7)×5＝

月　　日 名前

計算のきまり ②

# 計算の順番

次の計算をしましょう。

① $6\times8+3\times4=$

② $24\div4+36\div9=$

③ $48\div6+7\times2=$

④ $7\times9-21\div3=$

⑤ $28\div7+7\times6=$

⑥ $8\times8-24\div8=$

⑦ $(14-8)\times(21-16)=$

⑧ $(6+8)\div(5+2)=$

⑨ $35+45\div(7+2)=$

⑩ $(60-30)\div6-5=$

⑪ $8\times7+8\times5=$

月　　日 名前

計算のきまり ③

# 分配のきまり

**1** 図のように、形のちがうクッキーがあります。

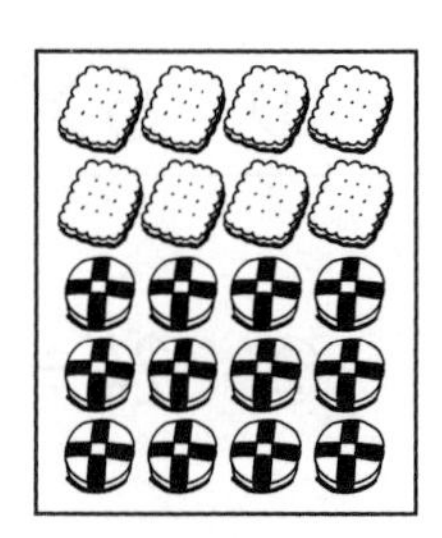

の数　(5−3)×4＝5×4−3×4

の数　(5−2)×4＝5×4−2×4

全部の数　(3＋2)×4＝3×4＋2×4

(2＋3)×4＝2×4＋3×4

のように、いろいろな考え方で、数を求(もと)めることができます。

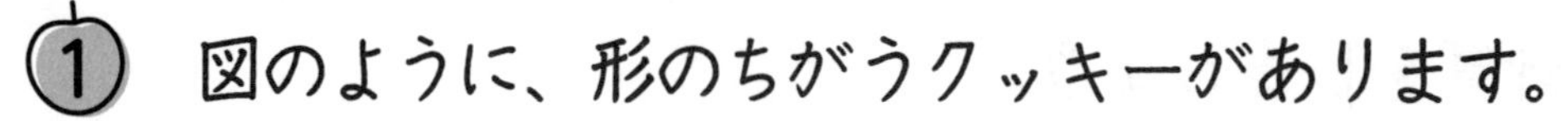

(■＋▲)×○＝■×○＋▲×○

(■−▲)×○＝■×○−▲×○　というきまりがあります。

**2** くふうして計算しましょう。

① 97＝100−3 と考えて

97×12＝(100−3)×12

＝□×12−□×12

＝□

② 204×25＝□×25＋□×25

＝□

③ 98×44＝

④ 404×25＝

計算のきまり ④

# 分配のきまり

くふうして計算しましょう。

① 38×6－8×6 ＝(　－　)×6

＝□

② 185×37－85×37 ＝(　－　)×

＝□

③ 68×72＋32×72 ＝(　＋　)×

＝□

④ 175×43＋25×43 ＝(　＋　)×

＝□

⑤ 29×83＋29×17 ＝　×(　＋　)

＝□

⑥ 99×109－99×9 ＝　×(　－　)

＝□

計算のきまり ⑤

# 25を使って

**1** 48×25＝1200 をもとにして、次のかけ算の積（せき）を求（もと）めましょう。

① 4.8×2.5＝

② 4.8×0.25＝

③ 0.48×2.5＝

④ 0.48×0.25＝

⑤ 0.48×25＝

⑥ 48×2.5＝

**2** 4×25＝100 を利用して、計算しましょう。

① 4×0.7×25＝

② 25×0.9×4＝

③ 0.24×25＝

④ 0.48×25＝

計算のきまり ⑥

# 文章題

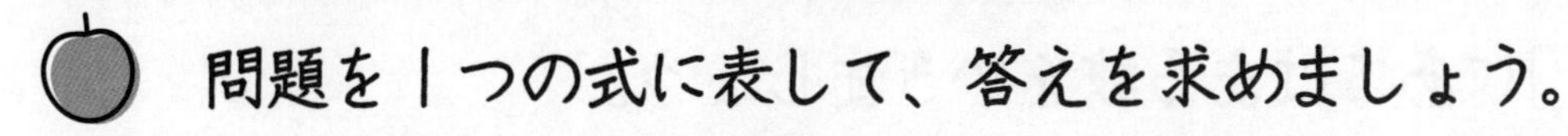

問題を１つの式に表して、答えを求めましょう。

① 160円のパンと80円のジュースを買って、500円玉を出しました。おつりはいくらですか。

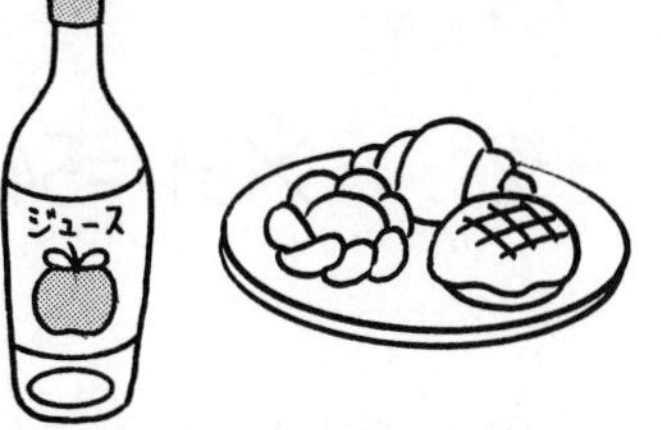


式

答え

② 80円のえんぴつを３本買って、500円玉を出しました。おつりはいくらですか。

式

答え

③ １こ80円のゼリー６こと、１こ120円のクッキーを４こ買いました。代金はいくらになりますか。

式

答え

まとめテスト

月　日 名前

まとめ ⑬

# 計算のきまり

□にあてはまる数をかきましょう。（各5点／50点）

① $12+15=15+\square$

② $6\times54=54\times\square$

③ $32+59+41=32+(\square+41)$

④ $27\times25\times4=27\times(25\times\square)$

⑤ $(8+7)\times6=8\times6+\square\times6$

⑥ $164+2306=\square+164$

⑦ $24\times500=\square\times24$

⑧ $132+495+\square=132+(495+505)$

⑨ $\square\times50\times2=317\times(50\times2)$

⑩ $(64-14)\times4=64\times4-\square\times4$

まとめテスト　　月　　日 名前

まとめ ⑭

# 計算のきまり

## ① 問題を1つの式に表して、答えを求(もと)めましょう。

（各式5点、答え5点／20点）

① 1さつ150円のノートを、1さつについて20円安くしてくれたので、5さつ買いました。何円はらいましたか。

式

答え ＿＿＿＿＿＿

② 5さつ600円のノートを100円安くしてくれました。1さつあたり何円ですか。

式

答え ＿＿＿＿＿＿

## ② くふうして計算しましょう。

（各5点／30点）

① 27×4－7×4＝

② 24×5＋26×5＝

③ 7×45＋7×15＝

④ 42×5＋58×5＝

⑤ 38×4－18×4＝

⑥ 4×302－4×252＝

月　　日 名前

分数 ①

# 帯分数→仮分数

① 数直線の㋐、㋑、㋒、㋓を帯分数(たいぶんすう)で表しましょう。

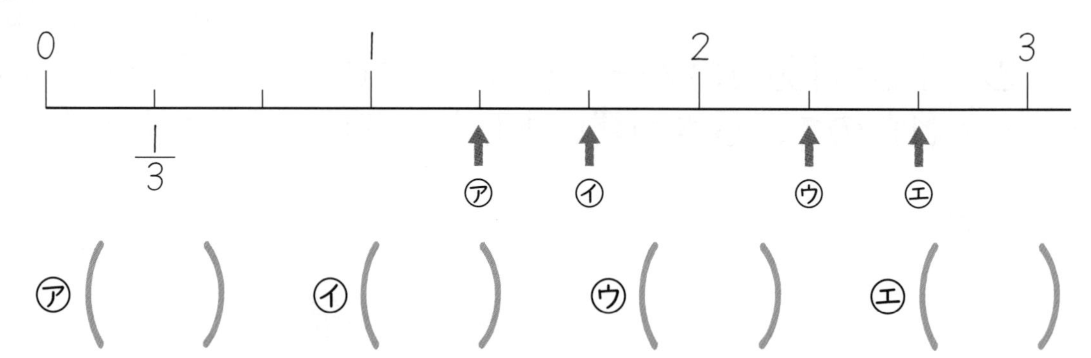


㋐（　　）　㋑（　　）　㋒（　　）　㋓（　　）

② 帯分数を仮分数(かぶんすう)に直しましょう。

$2\frac{3}{4}=\frac{\square}{4}$

※分母は変(か)わりません。

$4 \times 2 + 3 = 11$

（4：分母、2：整数部分、3：分子）

① $2\frac{1}{5}=$　　② $2\frac{5}{6}=$

③ $3\frac{2}{7}=$　　④ $3\frac{3}{4}=$

⑤ $1\frac{3}{4}=$　　⑥ $4\frac{3}{5}=$

⑦ $2\frac{3}{8}=$　　⑧ $4\frac{5}{9}=$

月　　日 名前

分数 ②

# 仮分数→帯分数

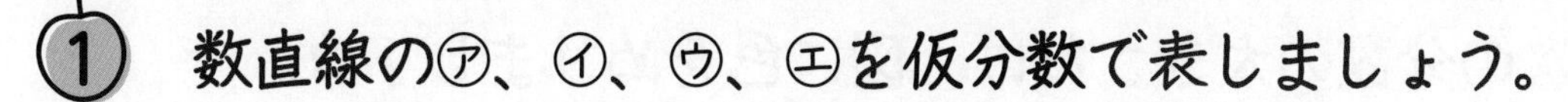

**①** 数直線の㋐、㋑、㋒、㋓を仮分数で表しましょう。

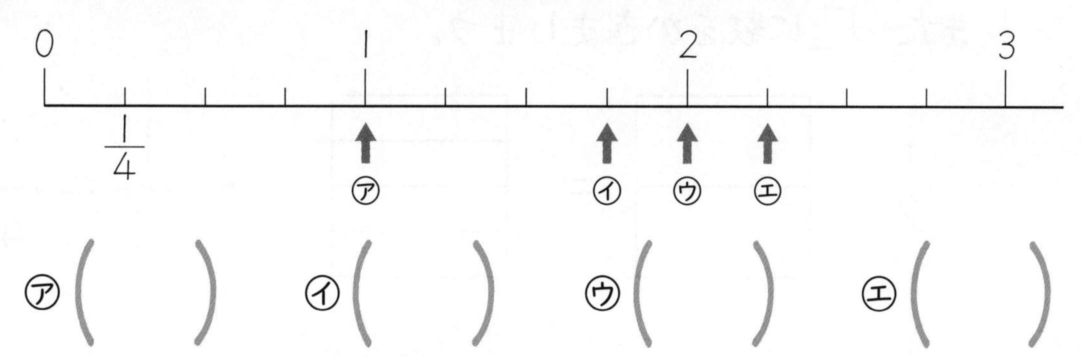


㋐（　　）　㋑（　　）　㋒（　　）　㋓（　　）

**②** 仮分数を帯分数に直しましょう。

$\frac{7}{3}=2\frac{1}{3}$

※分母は変わりません。

$7 \div 3 = 2$あまり$1$

（7：分子　3：分母）

① $\frac{8}{3}=$

② $\frac{7}{4}=$

③ $\frac{11}{4}=$

④ $\frac{8}{5}=$

⑤ $\frac{12}{5}=$

⑥ $\frac{13}{6}=$

⑦ $\frac{10}{7}=$

⑧ $\frac{19}{8}=$

月　　日 名前

分数 ③

# 等しい分数

次の分数の大きさだけ、図に色をぬりましょう。
また、□に数をかきましょう。

① $\frac{1}{2}$ ＝ → $\frac{1}{2}=\frac{\square}{4}$

② $\frac{1}{3}$ ＝ → $\frac{1}{3}=\frac{\square}{6}$

③ $\frac{2}{4}$ ＝ → $\frac{2}{4}=\frac{\square}{8}$

④ $\frac{1}{2}$ ＝ → $\frac{1}{2}=\frac{\square}{6}$

⑤ $\frac{2}{3}$ ＝ → $\frac{2}{3}=\frac{\square}{6}$

月　　日 名前

分数 ④

# 等しい分数

1 □にあてはまる数をかきましょう。

① $\frac{1}{6}=\frac{\square}{12}$　② $\frac{1}{5}=\frac{\square}{15}$　③ $\frac{2}{5}=\frac{\square}{25}$

④ $\frac{3}{7}=\frac{\square}{28}$　⑤ $\frac{5}{6}=\frac{\square}{18}$　⑥ $\frac{1}{3}=\frac{2}{\square}$

⑦ $\frac{2}{5}=\frac{6}{\square}$　⑧ $\frac{2}{3}=\frac{10}{\square}$　⑨ $\frac{3}{7}=\frac{12}{\square}$

2 等しい分数をつくりましょう。

① $\frac{1}{2}=\frac{2}{\square}=\frac{\square}{6}=\frac{4}{\square}=\frac{\square}{10}=\frac{6}{\square}$

② $\frac{3}{7}=\frac{\square}{14}=\frac{9}{\square}=\frac{\square}{28}=\frac{15}{\square}=\frac{\square}{42}$

③ $\frac{18}{30}=\frac{\square}{25}=\frac{12}{\square}=\frac{\square}{15}=\frac{6}{\square}=\frac{\square}{5}$

## 分数 ⑤
# たし算

**1** 次の計算をしましょう。

① $\frac{1}{3}+\frac{1}{3}=\frac{2}{3}$ （1+1、そのまま）

② $\frac{1}{5}+\frac{2}{5}=$

③ $\frac{2}{8}+\frac{5}{8}=$

④ $\frac{4}{7}+\frac{2}{7}=$

⑤ $\frac{3}{9}+\frac{5}{9}=$

⑥ $\frac{2}{10}+\frac{7}{10}=$

**2** 次の計算をしましょう。

① $\frac{5}{6}+\frac{1}{6}=\frac{6}{6}$
$=1$

② $\frac{2}{5}+\frac{3}{5}=$

③ $\frac{3}{8}+\frac{5}{8}=$

④ $\frac{3}{7}+\frac{4}{7}=$

⑤ $\frac{2}{9}+\frac{7}{9}=$

⑥ $\frac{1}{10}+\frac{9}{10}=$

分数 ⑥

# たし算

次の計算をしましょう。（答えは仮分数(かぶんすう)のままでよい。）

① $\frac{3}{5}+\frac{4}{5}=$

② $\frac{6}{8}+\frac{3}{8}=$

③ $\frac{5}{9}+\frac{6}{9}=$

④ $\frac{4}{7}+\frac{5}{7}=$

⑤ $\frac{3}{4}+\frac{2}{4}=$

⑥ $\frac{6}{8}+\frac{7}{8}=$

⑦ $\frac{7}{6}+\frac{4}{6}=$

⑧ $\frac{4}{10}+\frac{9}{10}=$

⑨ $\frac{8}{9}+\frac{5}{9}=$

⑩ $\frac{4}{10}+\frac{7}{10}=$

月　　日 名前

## 分数 ⑦
# ひき算

**1** 次の計算をしましょう。

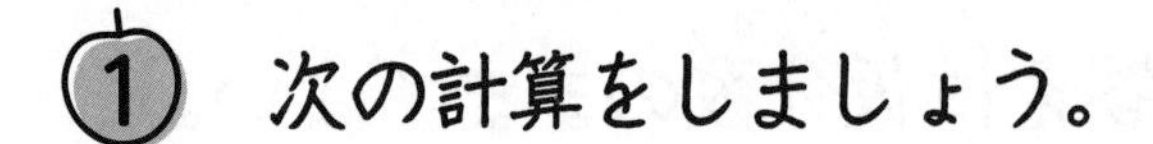


① $\frac{2}{3}-\frac{1}{3}=\frac{1}{3}$

そのまま

② $\frac{3}{5}-\frac{2}{5}=$

③ $\frac{7}{8}-\frac{2}{8}=$

④ $\frac{5}{7}-\frac{2}{7}=$

⑤ $\frac{8}{9}-\frac{4}{9}=$

⑥ $\frac{9}{10}-\frac{6}{10}=$

**2** 次の計算をしましょう。

① $1-\frac{1}{6}=\frac{6}{6}-\frac{1}{6}$

$=\frac{5}{6}$

② $1-\frac{1}{3}=$

③ $1-\frac{3}{5}=$

④ $1-\frac{4}{7}=$

⑤ $1-\frac{5}{8}=$

⑥ $1-\frac{5}{9}=$

分数 ⑧

# ひき算

次の計算をしましょう。

① $1\frac{2}{5}-\frac{3}{5}=\frac{7}{5}-\frac{3}{5}$

$=\frac{4}{5}$

② $1\frac{1}{3}-\frac{2}{3}=$

③ $1\frac{2}{7}-\frac{5}{7}=$

④ $1\frac{1}{5}-\frac{4}{5}=$

⑤ $1\frac{4}{8}-\frac{7}{8}=$

⑥ $1\frac{4}{9}-\frac{5}{9}=$

⑦ $1\frac{8}{10}-\frac{9}{10}=$

⑧ $1\frac{6}{9}-\frac{8}{9}=$

月　　日 名前

分数 ⑨

# 帯分数のたし算

次の計算をしましょう。

① $1\frac{1}{3}+\frac{1}{3}=$

② $\frac{2}{7}+1\frac{4}{7}=$

③ $1\frac{4}{15}+1\frac{7}{15}=$

④ $2\frac{1}{7}+3\frac{3}{7}=$

⑤ $4\frac{1}{5}+3\frac{2}{5}=$

⑥ $1\frac{7}{10}+3\frac{2}{10}=$

⑦ $2\frac{1}{4}+2=$

⑧ $3\frac{5}{6}+1=$

⑨ $1\frac{4}{6}+1\frac{2}{6}=$

⑩ $2\frac{5}{9}+1\frac{4}{9}=$

⑪ $1\frac{5}{7}+\frac{3}{7}=$

⑫ $2\frac{2}{4}+3\frac{3}{4}=$

月　日 名前

分数 ⑩

# 帯分数のひき算

次の計算をしましょう。

① $3\frac{2}{3}-2\frac{1}{3}=$

② $2\frac{2}{5}-1\frac{1}{5}=$

③ $1\frac{4}{8}-1\frac{1}{8}=$

④ $1\frac{7}{10}-1\frac{4}{10}=$

⑤ $2\frac{4}{6}-1\frac{4}{6}=$

⑥ $3\frac{7}{9}-2\frac{2}{9}=$

⑦ $2\frac{7}{10}-1\frac{4}{10}=$

⑧ $8\frac{5}{17}-\frac{2}{17}=$

⑨ $4\frac{2}{9}-2\frac{7}{9}=$

⑩ $3\frac{4}{6}-1\frac{5}{6}=$

⑪ $4-1\frac{4}{5}=$

まとめテスト

月　　日　名前

まとめ ⑮

# 分数

/50点

**1** ㋐、㋑がしめす分数を帯分数（たいぶんすう）と仮分数（かぶんすう）で答えましょう。

（各5点／20点）

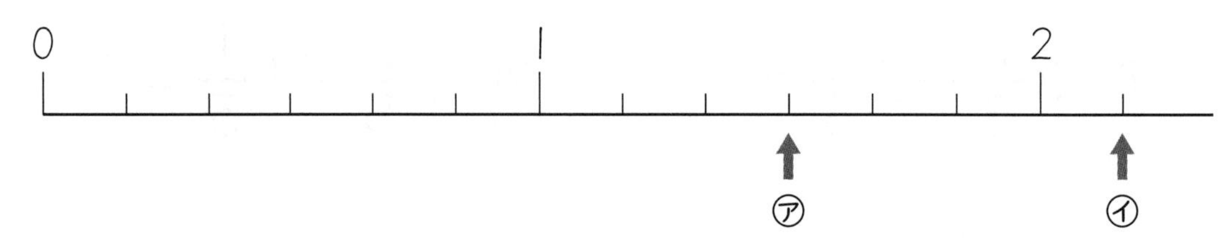


㋐ 帯分数（　　　）　　㋑ 帯分数（　　　）

　 仮分数（　　　）　　　 仮分数（　　　）

**2** 次の計算をしましょう。

（各5点／30点）

① $2\frac{4}{7}+1\frac{2}{7}=$　　② $3\frac{3}{5}+\frac{4}{5}=$

③ $1\frac{3}{8}+\frac{5}{8}=$　　④ $2\frac{2}{3}-1\frac{1}{3}=$

⑤ $3\frac{4}{9}-\frac{7}{9}=$　　⑥ $3-\frac{3}{4}=$

まとめテスト

月　　日 名前

まとめ ⑯

# 分数

50点

**1** 仮分数は帯分数か整数に、帯分数は仮分数にしましょう。

(各5点／15点)

① $\frac{21}{8}$　② $4\frac{5}{6}$　③ $\frac{56}{7}$

(　　)　(　　)　(　　)

**2** 次の□にあてはまる不等号(ふとうごう)をかきましょう。 (各5点／10点)

① $2\frac{4}{9}$ □ $\frac{20}{9}$　② $\frac{17}{3}$ □ $6\frac{1}{3}$

**3** 白いリボンが$1\frac{2}{5}$m、赤いリボンが$\frac{4}{5}$mあります。

① どちらのリボンが長いですか。 (5点)

答え

② 長さのちがいは何mですか。 (式5点、答え5点／10点)

式

答え

③ つないだ長さは何mですか。 (式5点、答え5点／10点)

式

答え

月　　日 名前

角度 ①

# 大きさをはかる

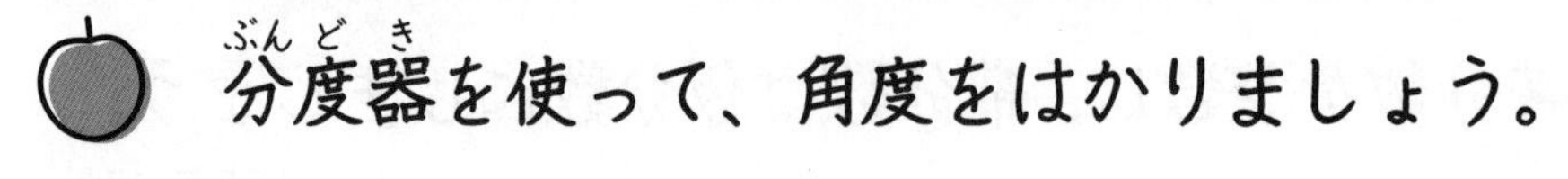

分度器(ぶんどき)を使って、角度をはかりましょう。

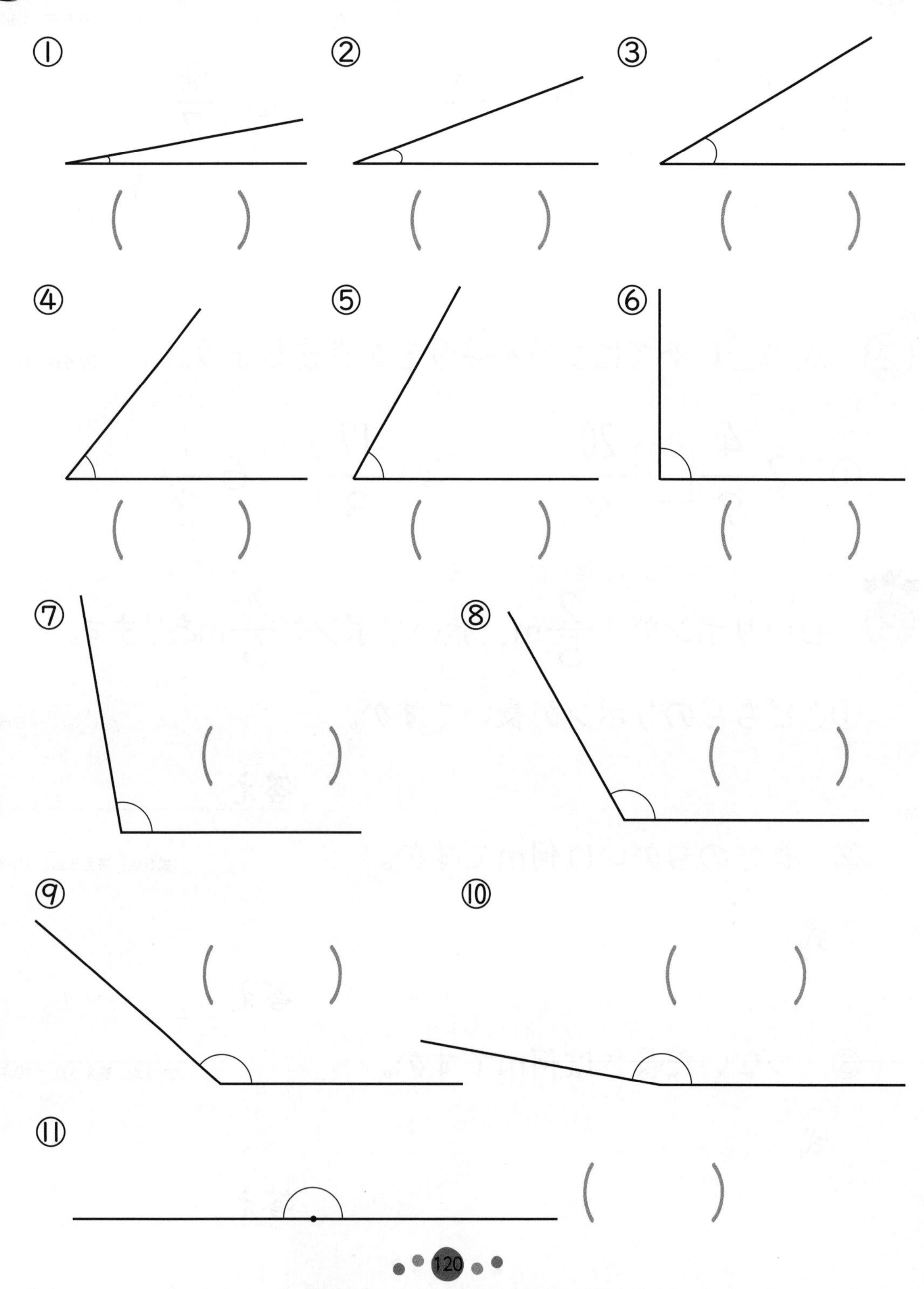

月　　日 名前

角度 ②

# 大きさをはかる

 分度器を使って、角度をはかりましょう。

①

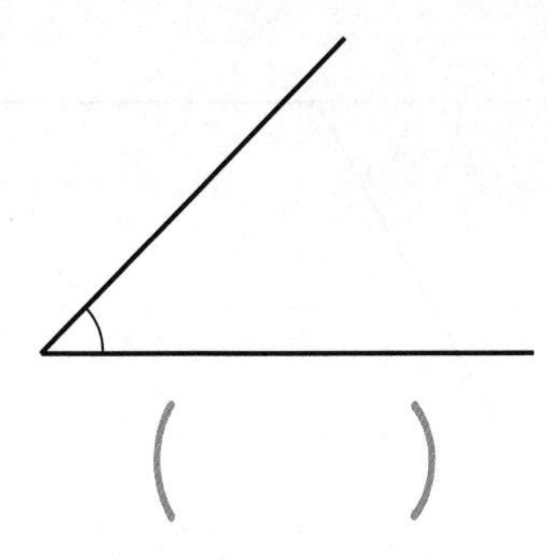

(　　　)

②

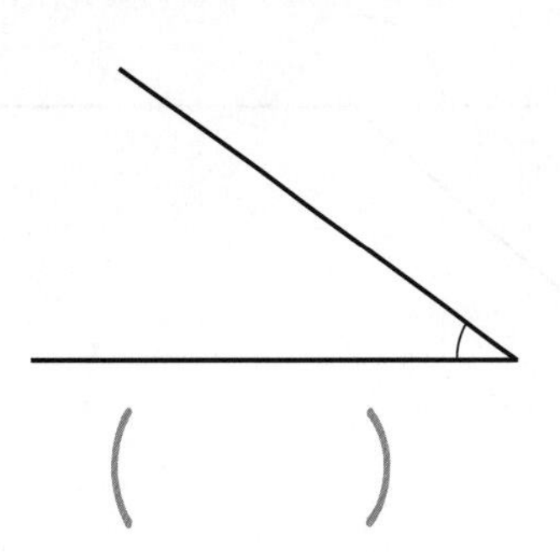

(　　　)

③

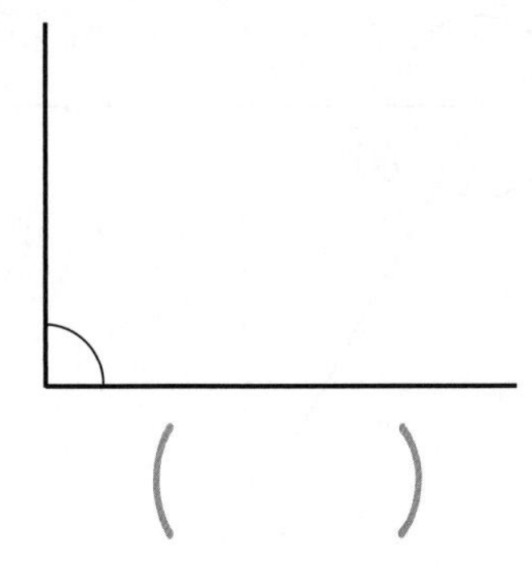

(　　　)

④

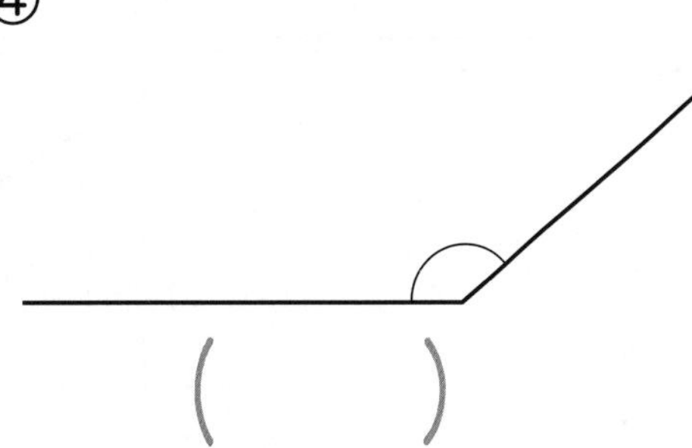

(　　　)

⑤

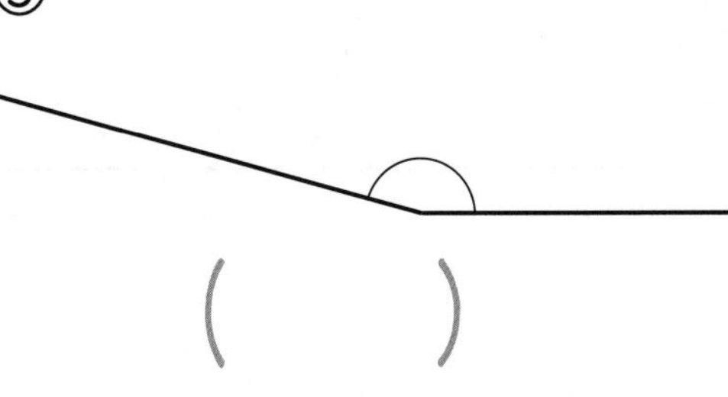

(　　　)

⑥

(　　　)

⑦

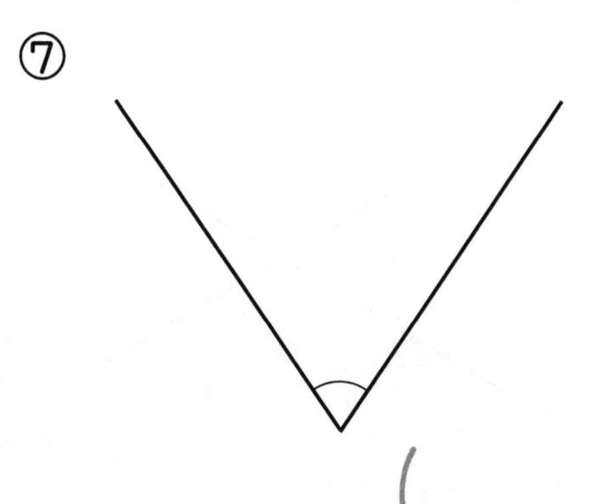

(　　　)

⑧

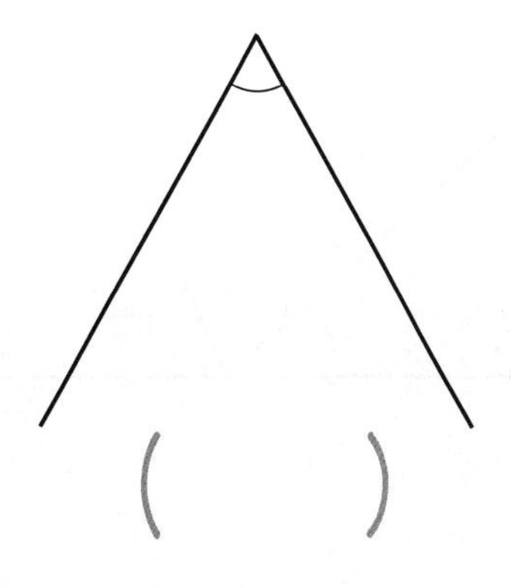

(　　　)

月　　日 名前

角度 ③

# 計算で求める

計算で角度（ ）を求めましょう。

①

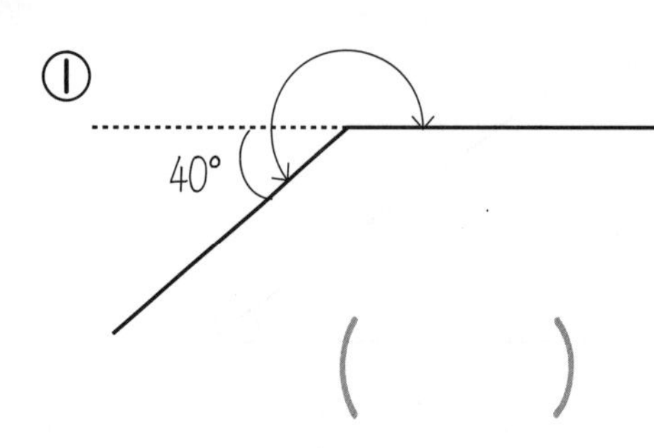


（　　　）

②

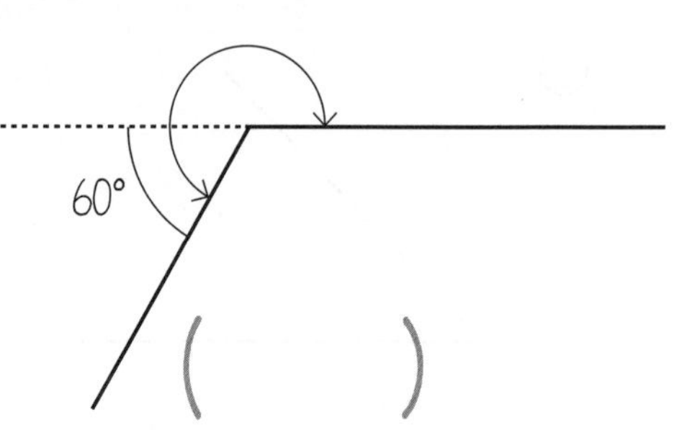


（　　　）

③

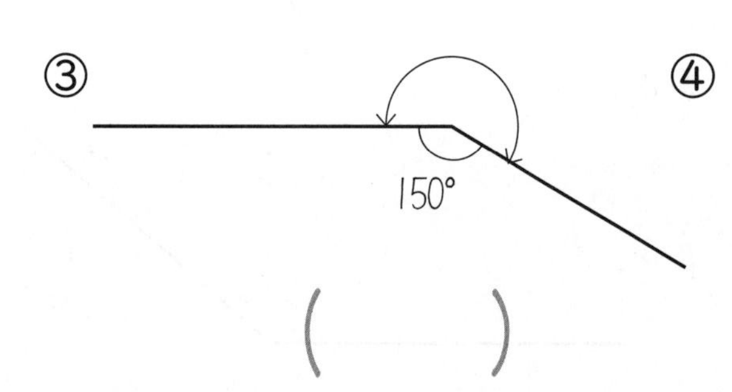


（　　　）

④

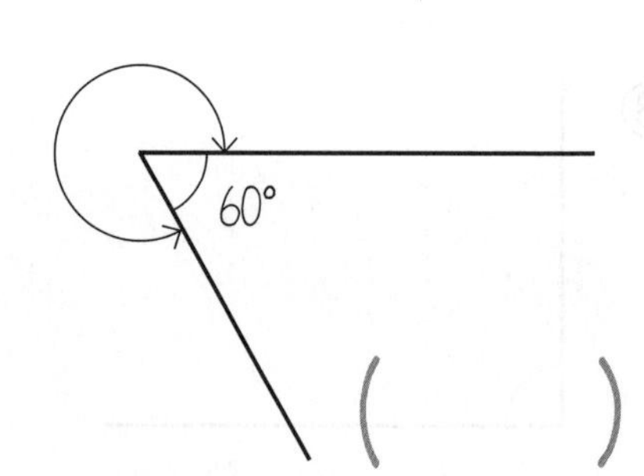


（　　　）

⑤

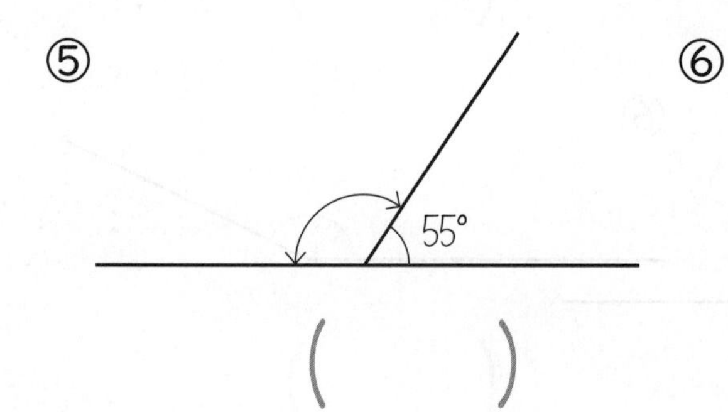


（　　　）

⑥

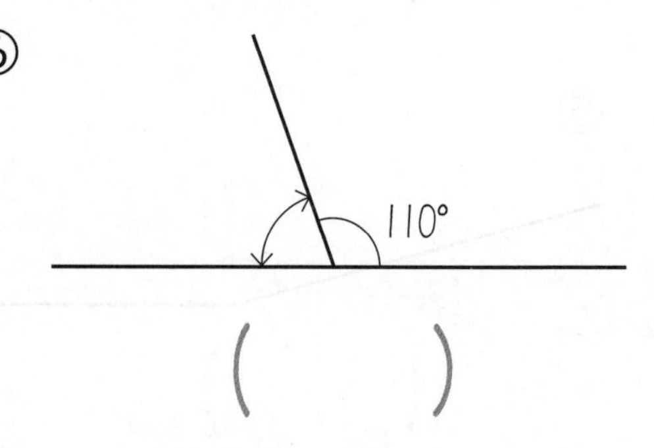


（　　　）

⑦

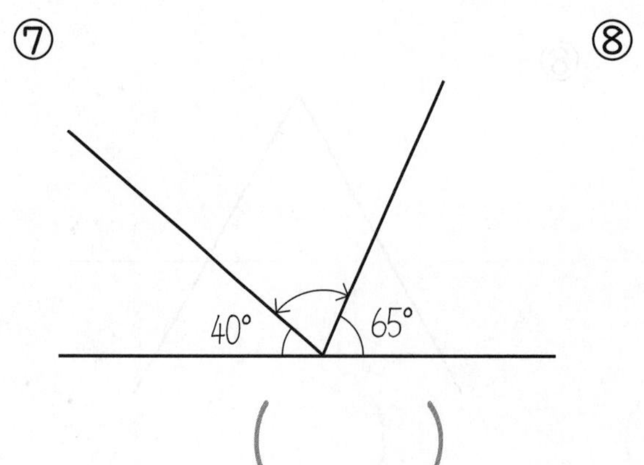


（　　　）

⑧

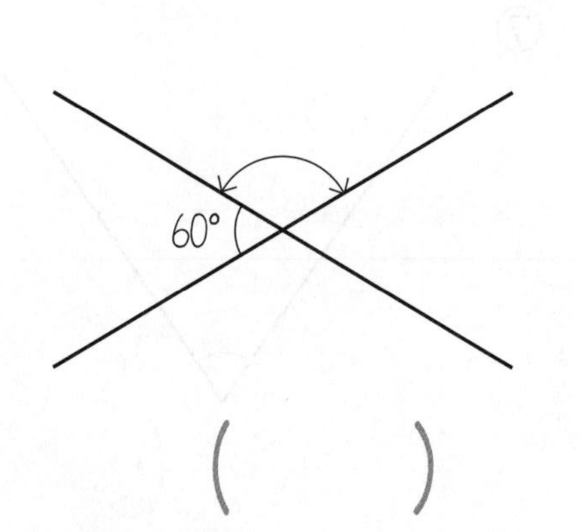


（　　　）

月　　日 名前

角度 ④

# 分度器と計算で求める

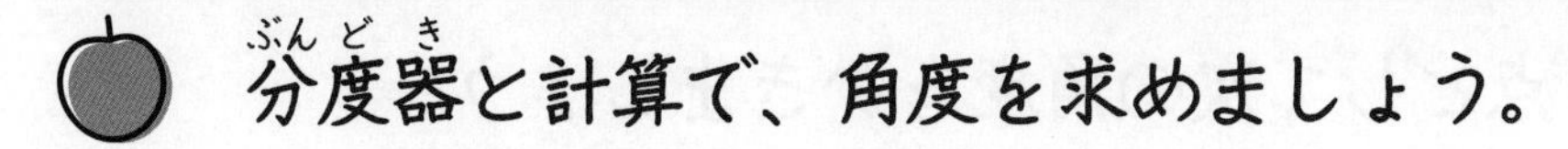

分度器(ぶんどき)と計算で、角度を求めましょう。

① ②

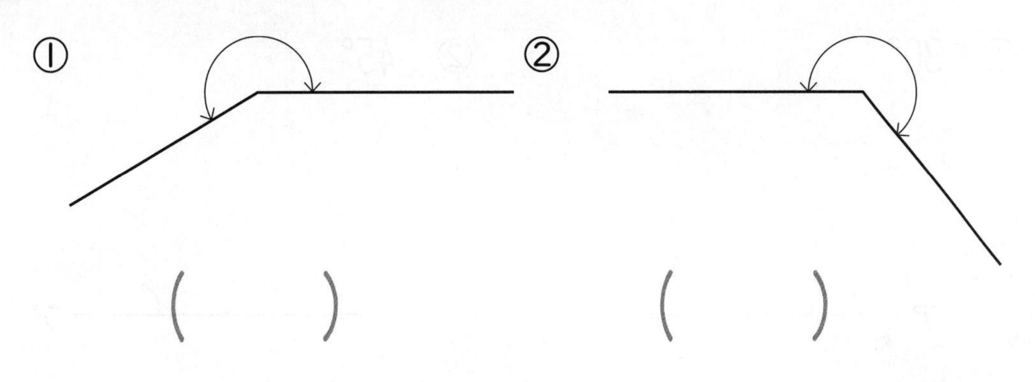

(　　　)　(　　　)

③ ④

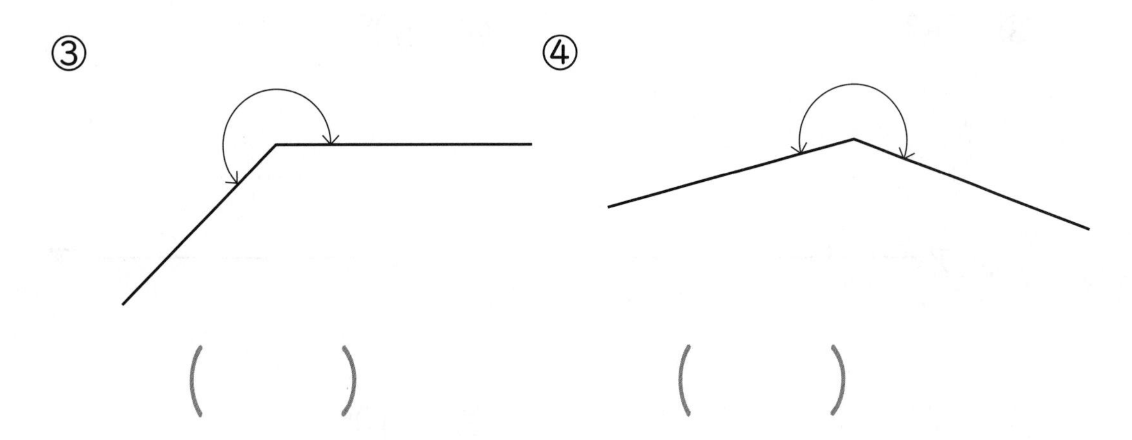

(　　　)　(　　　)

⑤ ⑥

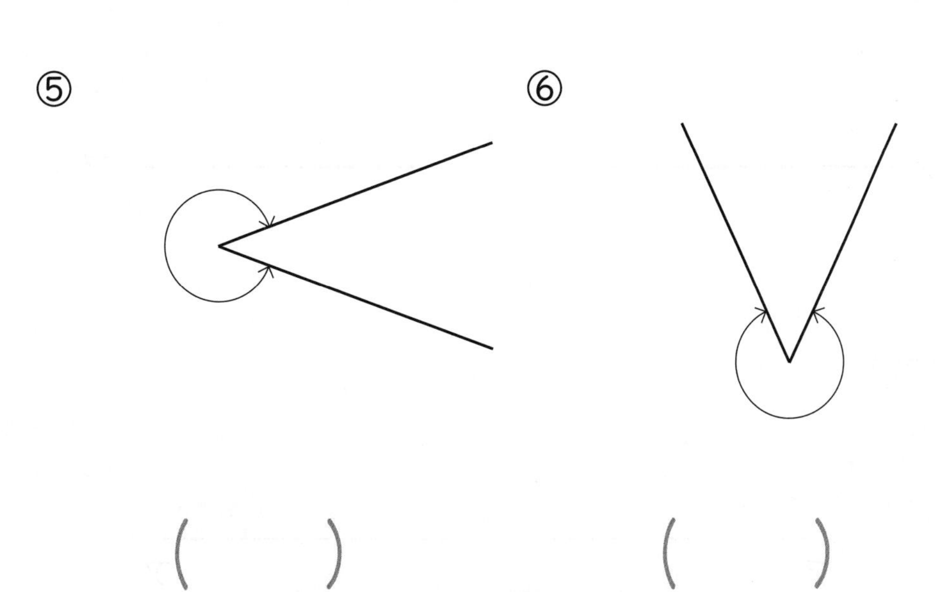

(　　　)　(　　　)

月　　日 名前

角度 ⑤

# 角度をかく

ア をちょう点として次の角度をかきましょう。

① 30°

ア

② 45°

③ 55°

ア

④ 60°

⑤ 90°

ア

⑥ 110°

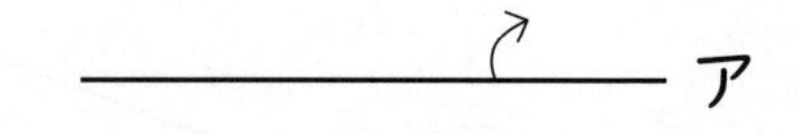


⑦ 135°

ア

⑧ 170°

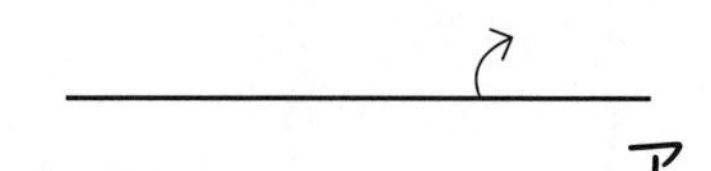

月　　日 名前

# 角度 ⑥
# 角度をかく

アをちょう点として次の角度をかきましょう。

① 180°　　② 200°

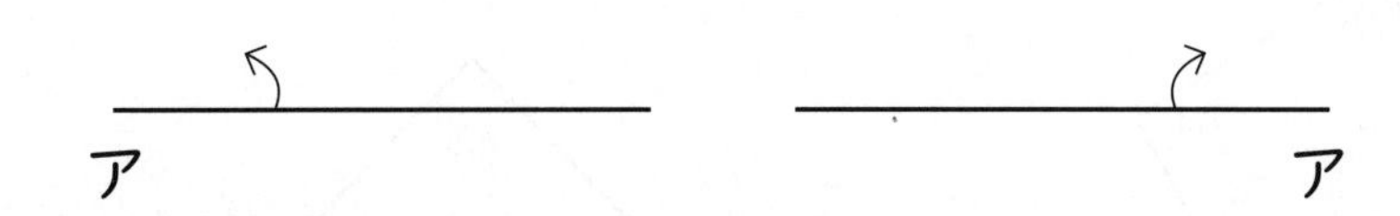

ア　　ア

③ 240°　　④ 270°

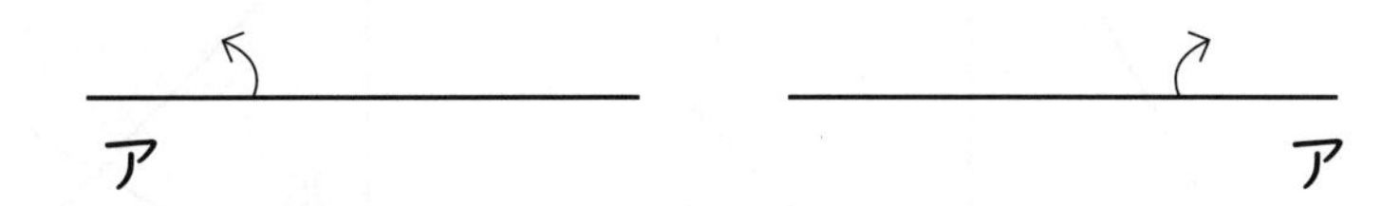

ア　　ア

⑤ 300°　　⑥ 335°

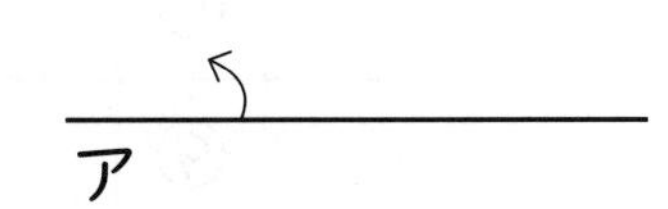

ア

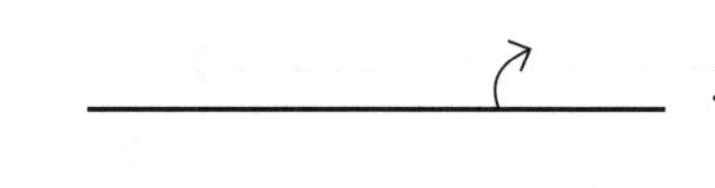

ア

月　　日 名前

角度 ⑦

# 三角じょうぎ

三角じょうぎでできる次の角度は何度ですか。

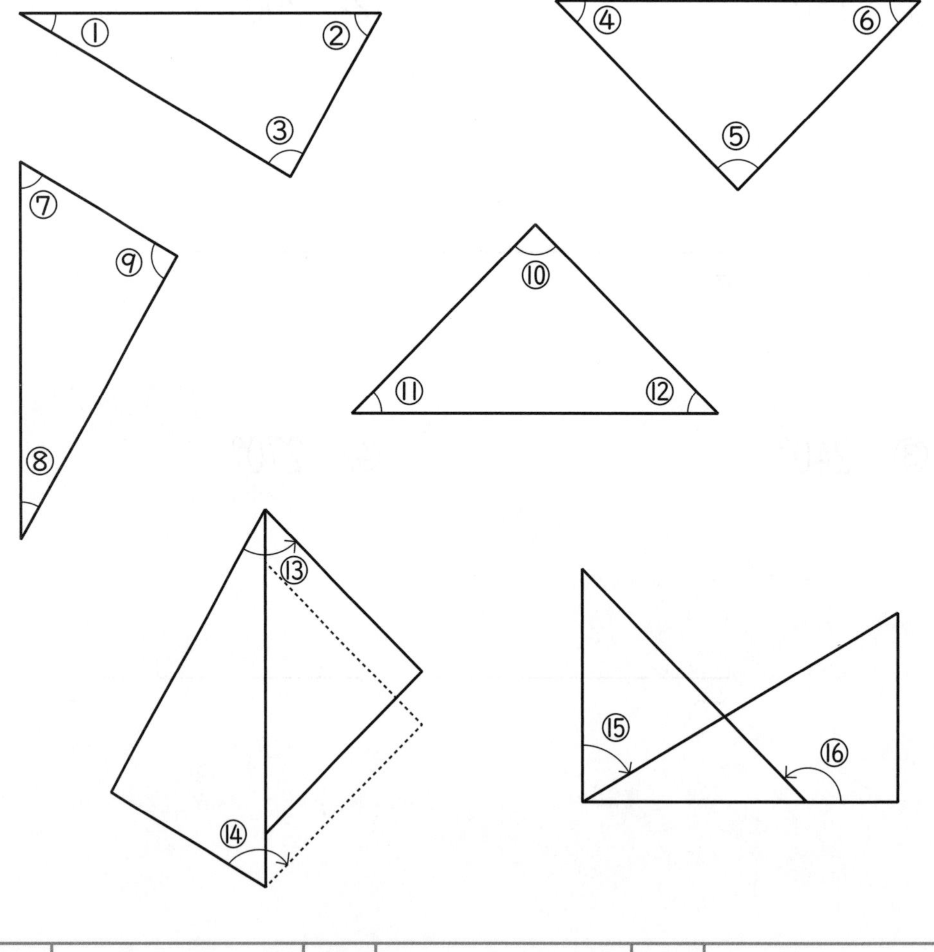


| ① | | ② | | ③ | |
|---|---|---|---|---|---|
| ④ | | ⑤ | | ⑥ | |
| ⑦ | | ⑧ | | ⑨ | |
| ⑩ | | ⑪ | | ⑫ | |
| ⑬ | | ⑭ | | | |
| ⑮ | | ⑯ | | | |

月　　日 名前

角度 ⑧

# 三角じょうぎ

三角じょうぎでできる次の角度は何度ですか。

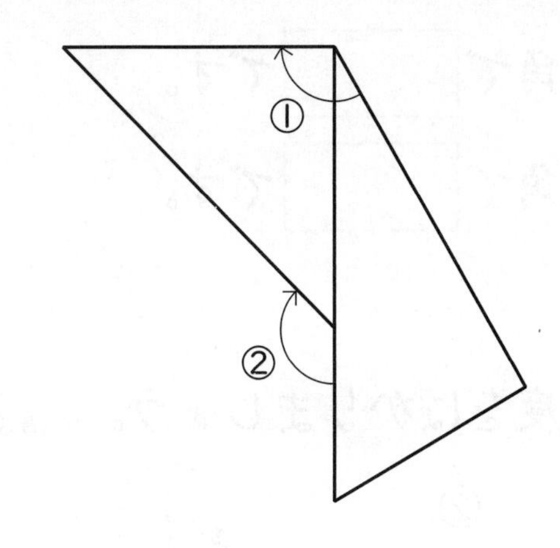


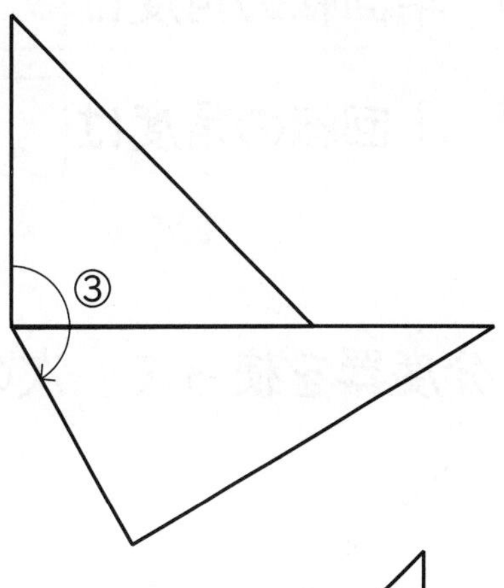


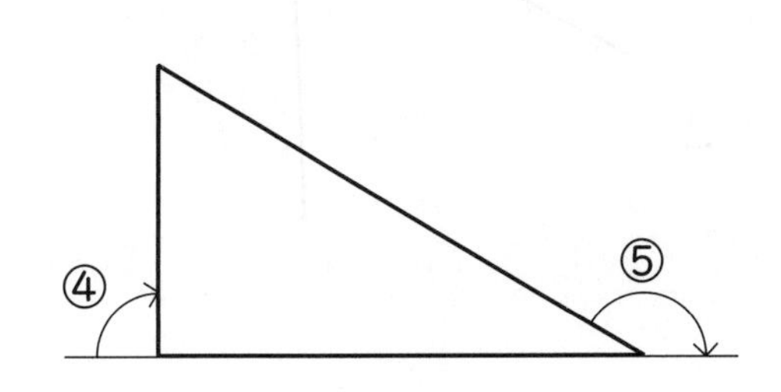


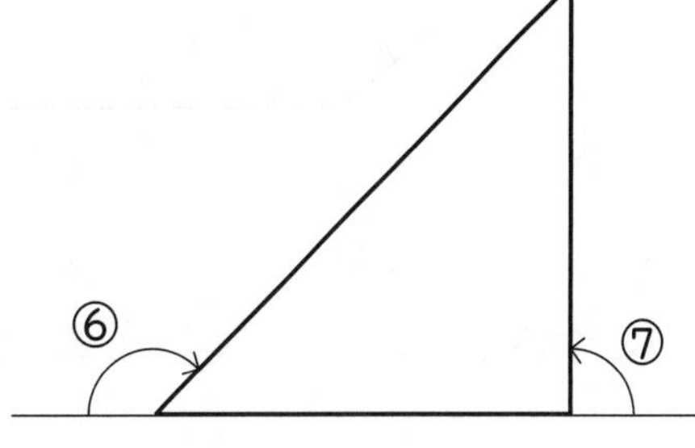


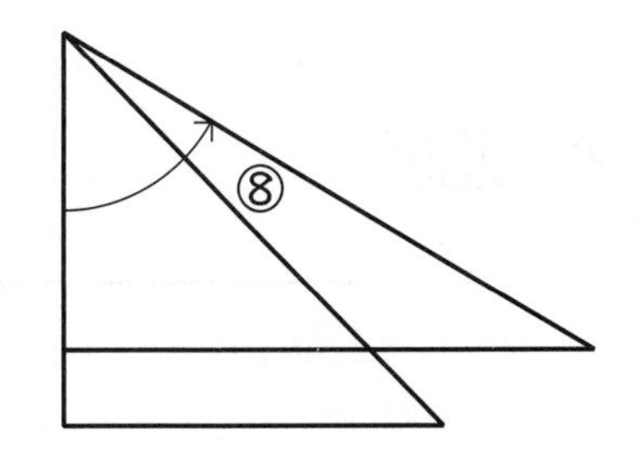


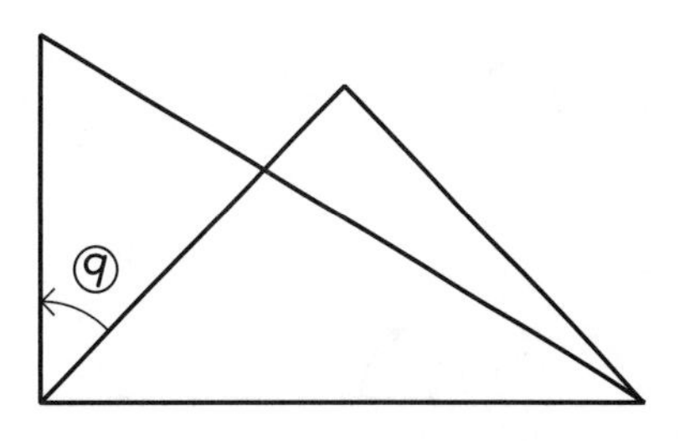


| ① | | ② | | ③ | |
|---|---|---|---|---|---|
| ④ | | ⑤ | | ⑥ | |
| ⑦ | | ⑧ | | ⑨ | |

まとめテスト　　月　　日 名前

まとめ ⑰
# 角度

／50点

## ① □にあてはまる数をかきましょう。 (完答・各５点／10点)

① 半回転の角度は□直角で□です。

② １回転の角度は□直角で□です。

## ② 分度器(ぶんどき)を使って、次の角度をはかりましょう。 (各10点／20点)

①

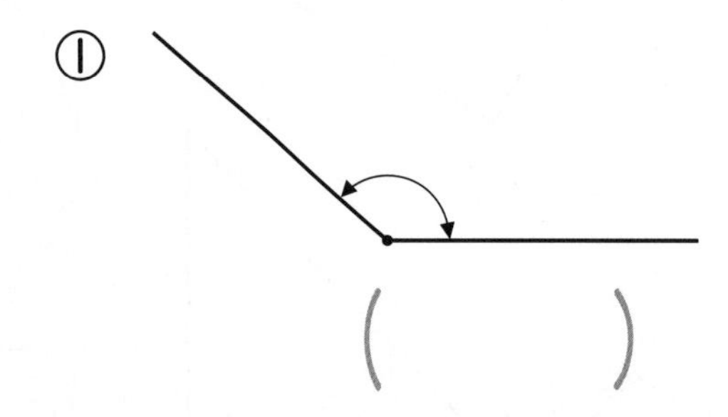

（　　　）

②

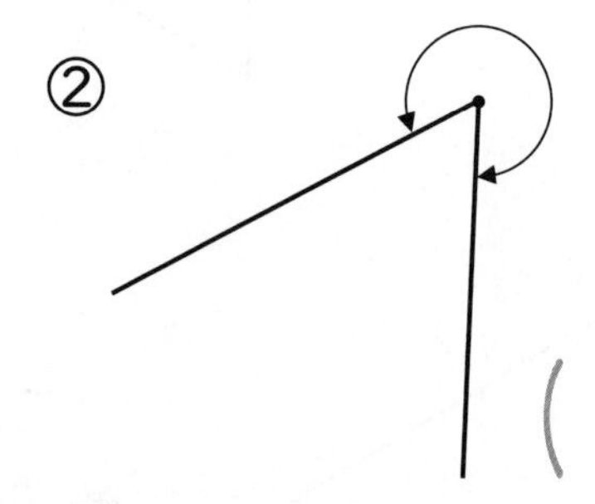

（　　　）

## ③ 分度器とじょうぎで、次の大きさの角をかきましょう。 (各10点／20点)

① 75°

② 280°

まとめテスト　月　日 名前

まとめ ⑱

# 角度

/50点

① ア、イ、ウの角度を分度器を使わずに求(もと)めましょう。

(各5点／15点)

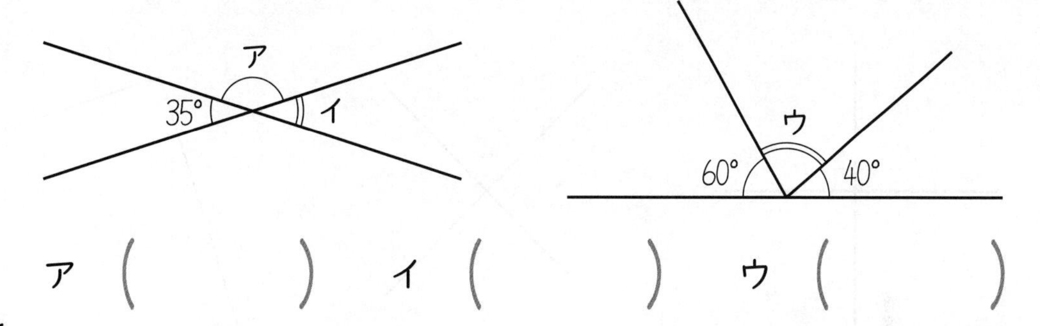


ア（　　　）　イ（　　　）　ウ（　　　）

② 三角じょうぎを組み合わせました。㋕、㋖、㋗は何度ですか。

(各5点／15点)

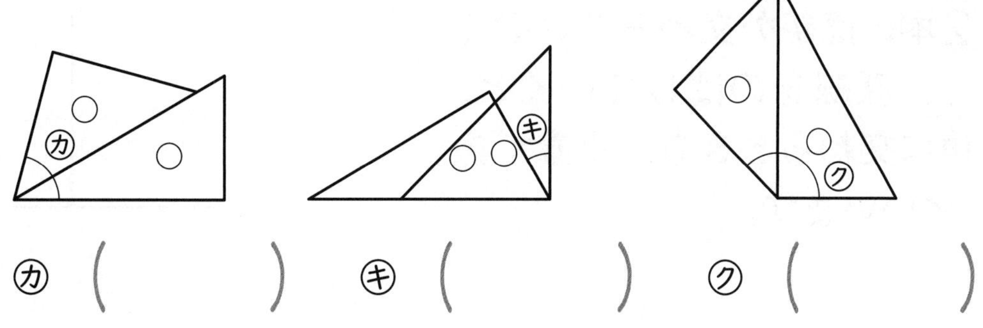


㋕（　　　）　㋖（　　　）　㋗（　　　）

③ 次の図のような三角形をかきましょう。

(各10点／20点)

①

②

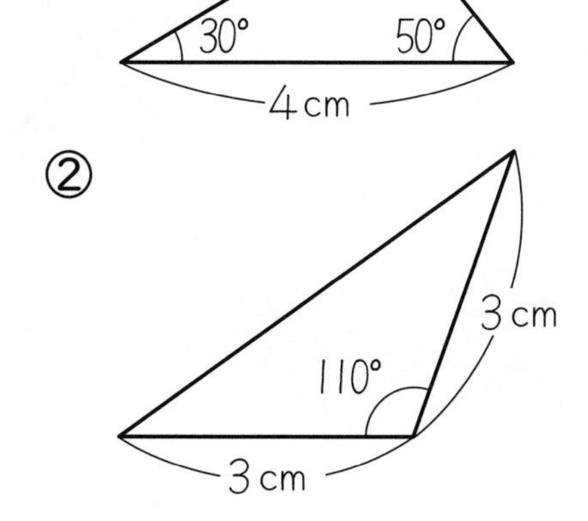

垂直と平行 ①

# 垂直

２本の直線が交わってできる角が直角のとき、この２本の直線は、垂直（すいちょく）である といいます。

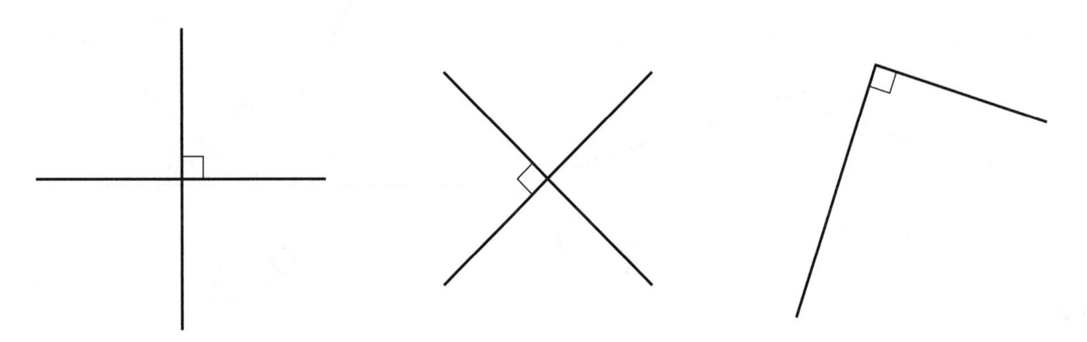

直角は、角の大きさが90°のことだから、2本の直線が90°に交わるともいいます。

２本の直線が交わっていなくても、直線をのばしていくと、直角に交わるときも、垂直である といいます。

垂直に交わっているのはどれですか。

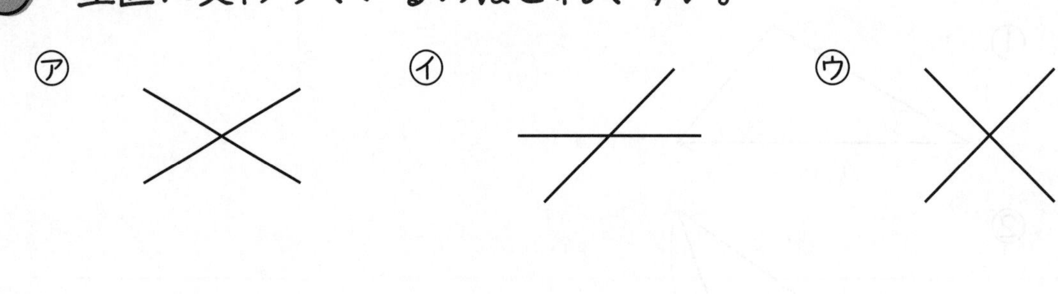


(　　　　)

月　　日 名前

垂直と平行 ②

# 垂直

1　垂直になっているのはどれですか。

㋐　　　　　　㋑　　　　　　㋒

（　　　　　）

2　直線アに垂直な直線はどれとどれですか。

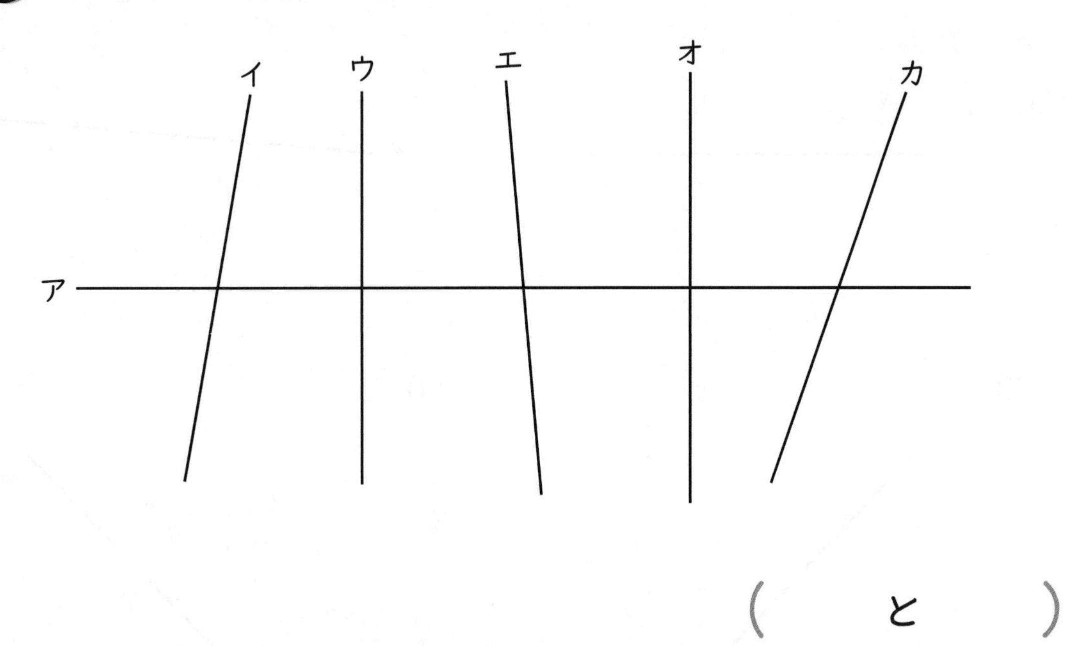


（　　　と　　　）

月　　日 名前

垂直と平行 ③

# 垂直な直線の引き方

## 垂直(すいちょく)な線のかき方

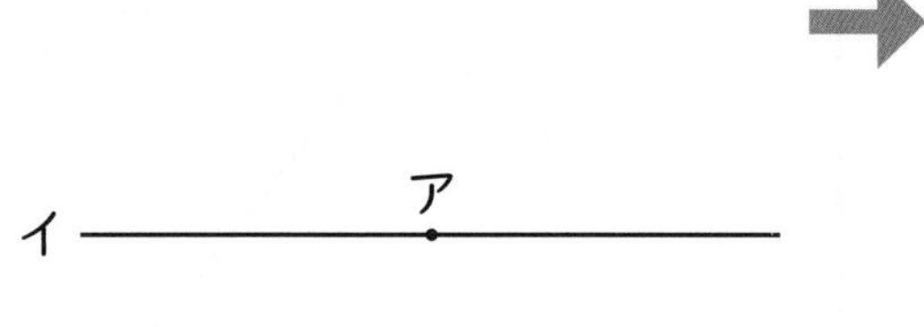


直線イに三角じょうぎを合わせ、
別の三角じょうぎを垂直に合わせ、線を引く。

点アを通って、直線イに垂直な直線を引きましょう。

①



②

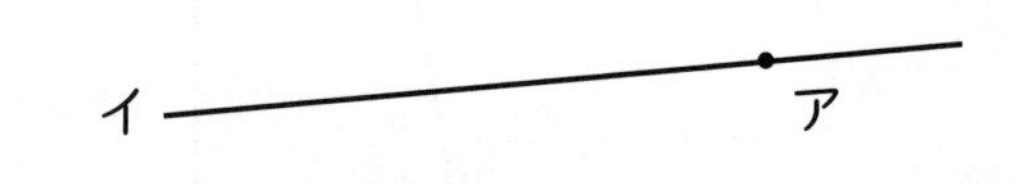


③



④

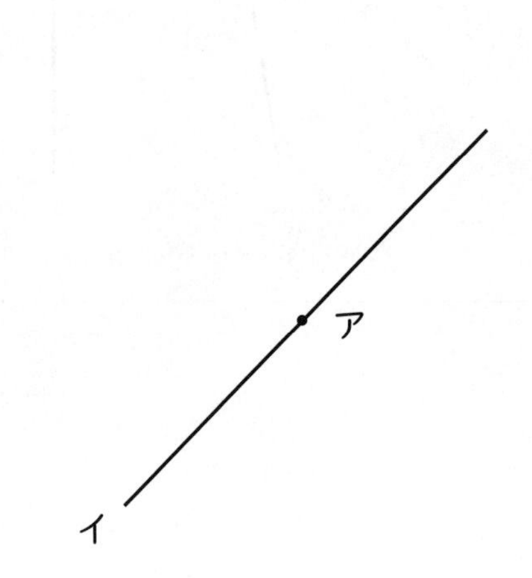

月　　日 名前

垂直と平行 ④

# 垂直な直線の引き方

## 垂直な線のかき方

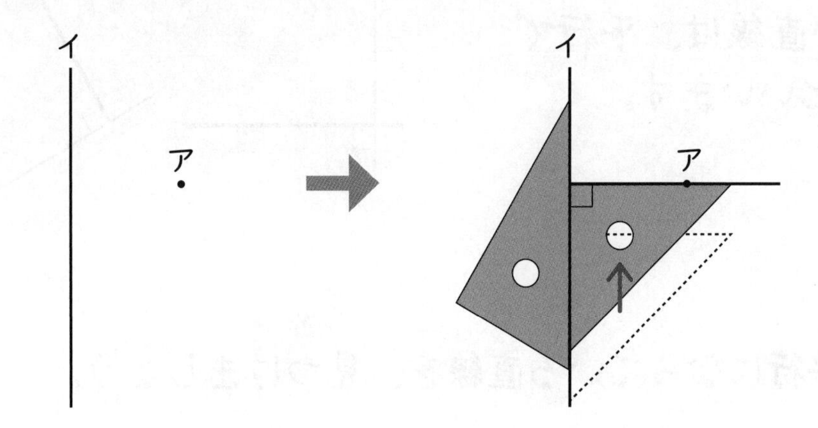


点アを通って、直線イに垂直な直線を引きましょう。

① イ ア

② イ ア

③ ア イ

④ イ ア

月　　日 名前

垂直と平行 ⑤

# 平行

１本の直線に垂直（すいちょく）な２本の直線は、平行であるといいます。

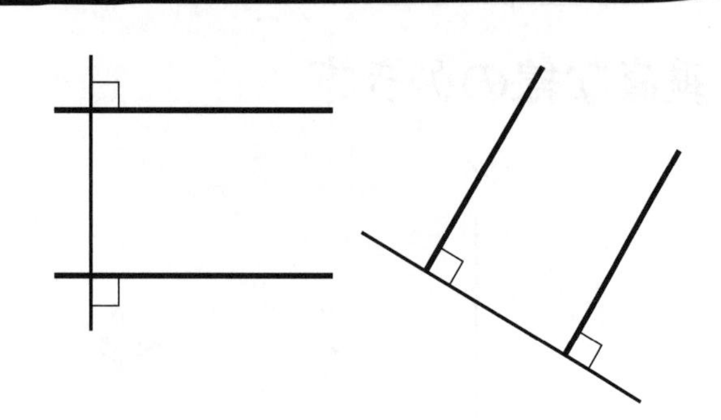

① 平行になっている直線を、見つけましょう。

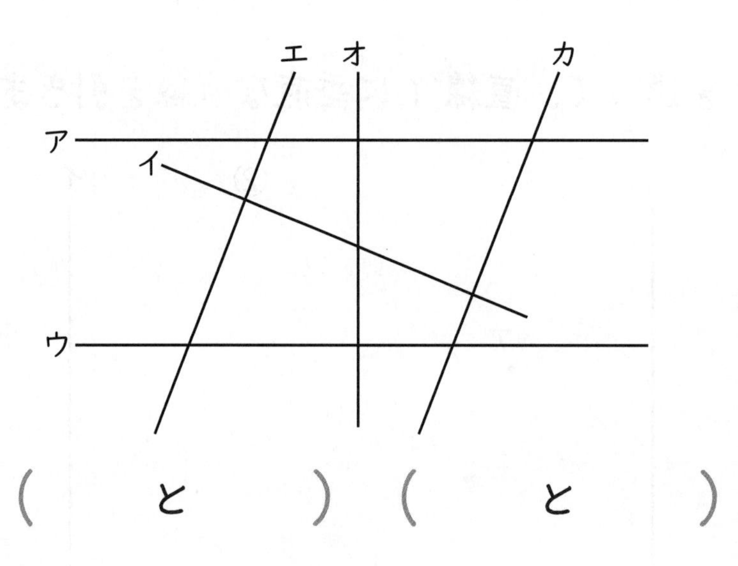


（　　と　　）（　　と　　）

② 長方形ＡＢＣＤがあります。

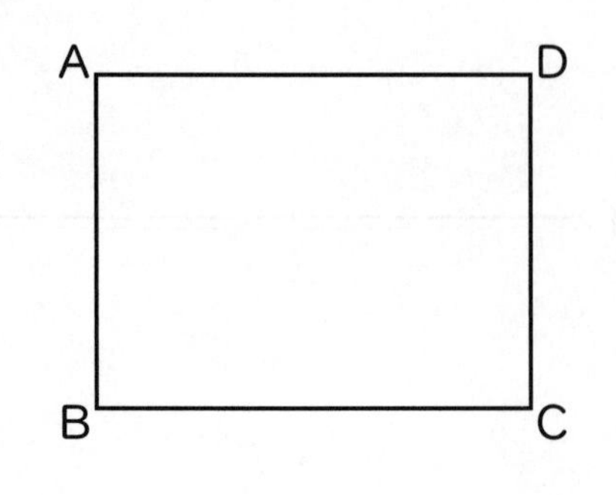


① 辺（へん）ＡＢと垂直な辺はどれですか。（　　　，　　　）

② 辺ＡＢと平行な辺はどれですか。（　　　　）

月　　日 名前

## 垂直と平行 ⑥

# 平行

① 平行な２本の直線アとイのはばを調べます。

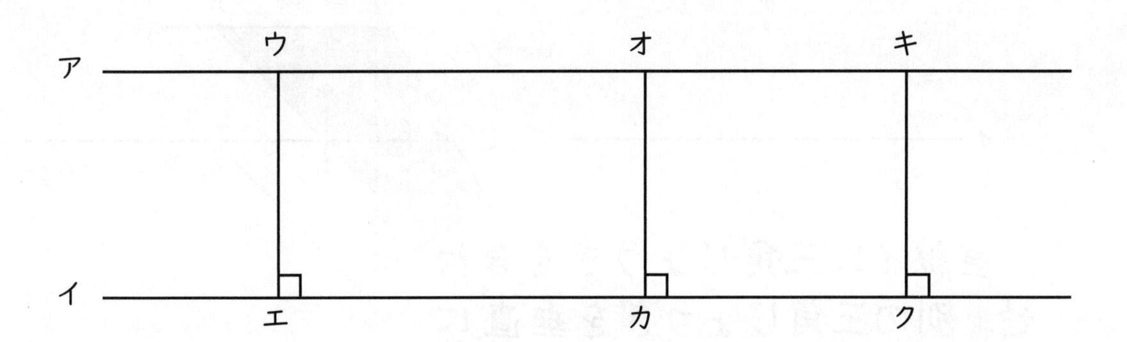


ウエが３cmのとき、オカとキクは何cmですか。

オカ（　　　　　　　　）　キク（　　　　　　　　）

② 直線アと直線イが平行なとき、ウオとオカはそれぞれ何cmですか。

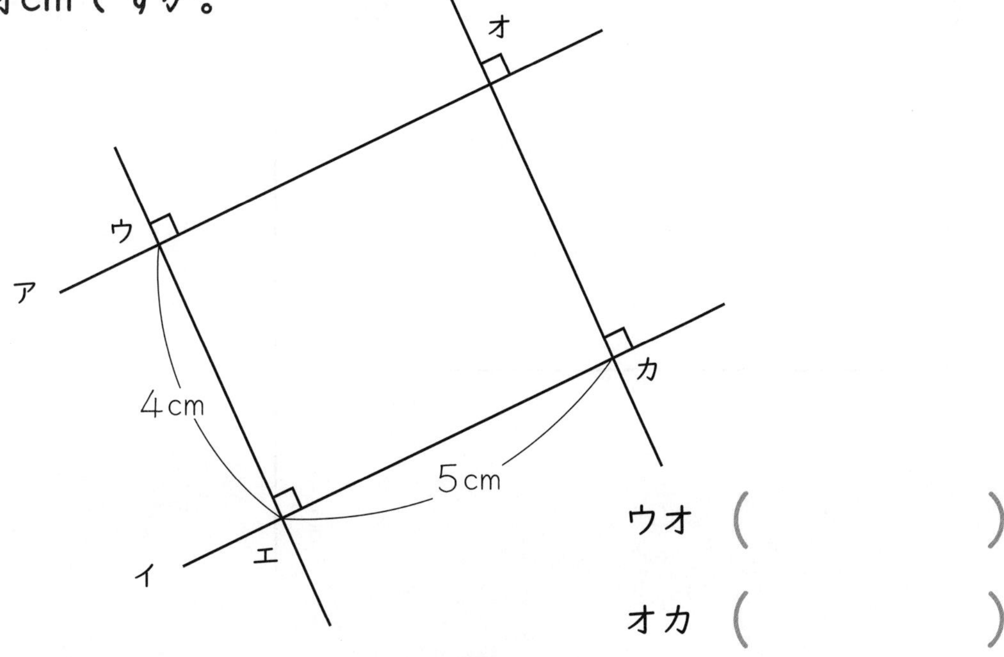


ウオ（　　　　　　　　）

オカ（　　　　　　　　）

垂直と平行 ⑦

# 平行な直線の引き方

## 平行な線のかき方

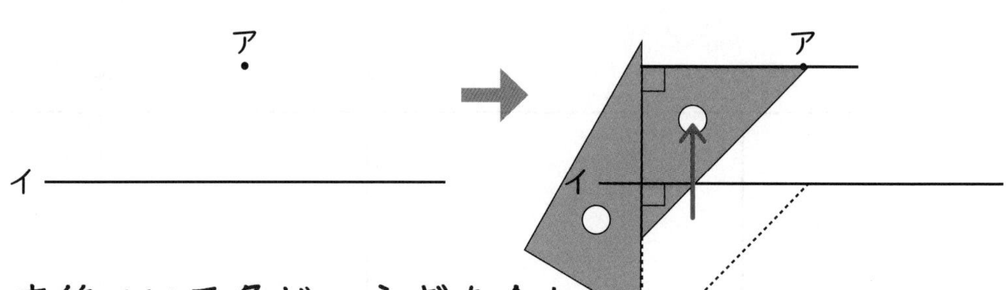


直線イに三角じょうぎを合わせ、別の三角じょうぎを垂直（すいちょく）に合わせます。三角じょうぎをずらして線を引きます。

点アを通って、直線イに平行な直線を引きましょう。

①

ア

イ

②

イ

ア

月　　日 名前

垂直と平行 ⑧

# 平行な直線の引き方

点アを通って、直線イに平行な直線を引きましょう。

①

イ

ア

②

イ

ア

③

イ

ア

④

イ

ア

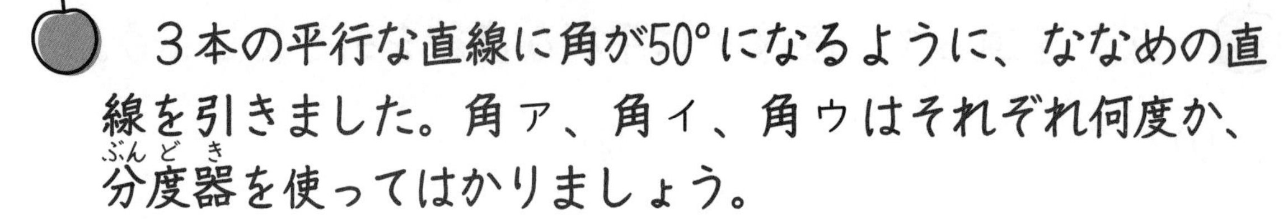

## 垂直と平行 ⑨
# 平行線のせいしつ

3本の平行な直線に角が50°になるように、ななめの直線を引きました。角ア、角イ、角ウはそれぞれ何度か、分度器(ぶんどき)を使ってはかりましょう。

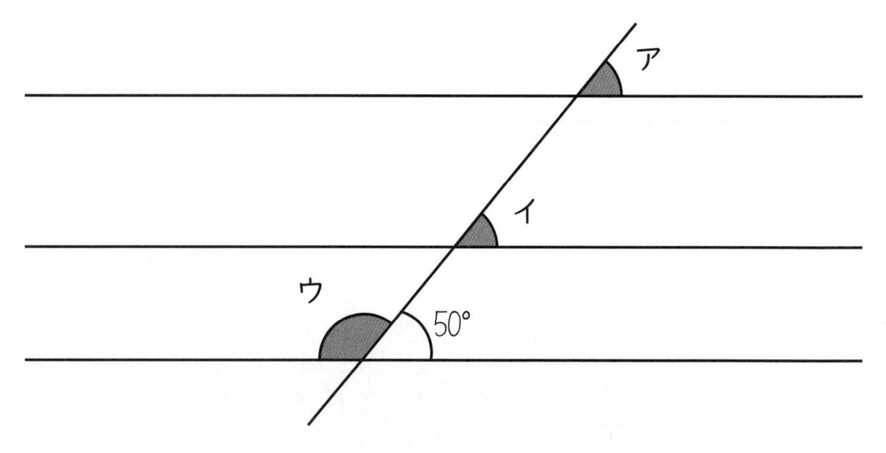


角ア（　　　　）　角イ（　　　　）　角ウ（　　　　）

この問題により、次のせいしつがわかります。

**平行線のせいしつ**
直線あ　と　直線い
が平行
⇒
角ア　＝　角イ

あ
い
ア
イ

垂直と平行 ⑩

# 平行線のせいしつ

① ２本の直線あと直線いは平行です。
角アと角イを求(もと)めましょう。

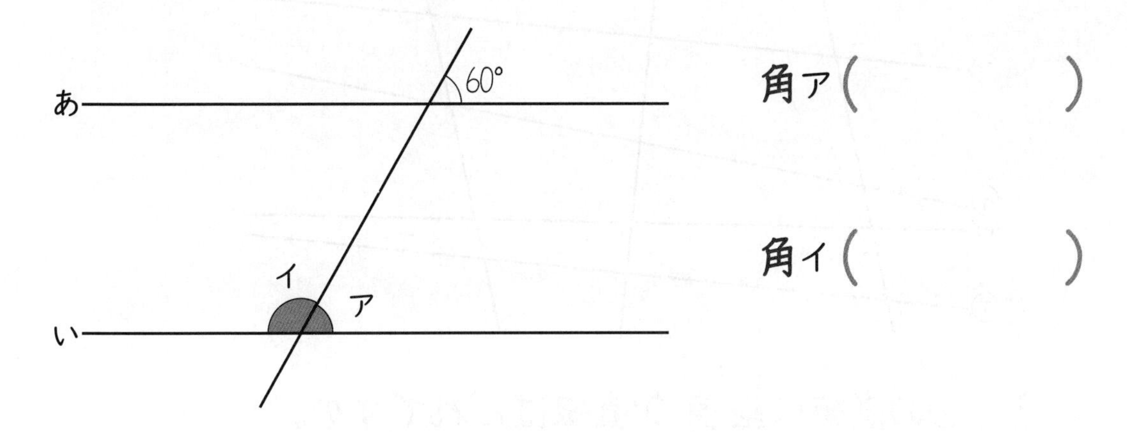


角ア（　　　　　）

角イ（　　　　　）

② 直線あと直線い、直線うと直線えはそれぞれ平行です。
角ア、イ、ウはそれぞれ何度ですか。

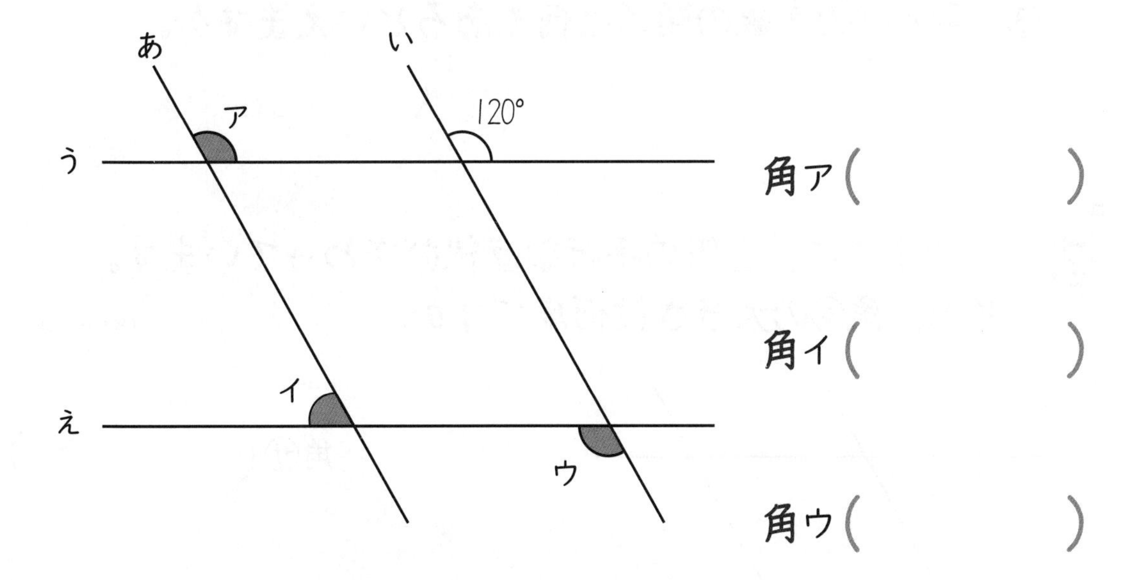


角ア（　　　　　）

角イ（　　　　　）

角ウ（　　　　　）

まとめテスト　月　日 名前

まとめ ⑲

# 垂直と平行

## 1 次の直線について答えましょう。

（各10点／30点）

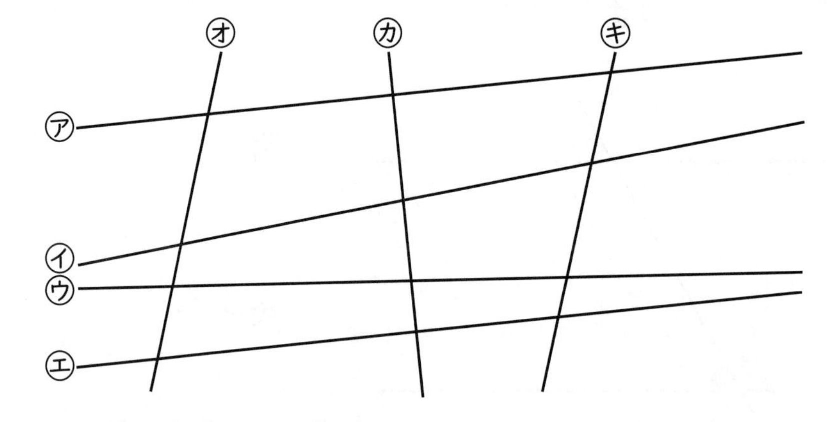


① ㋐の直線に垂直（すいちょく）な直線はどれですか。

（　　　　　）

② ㋐の直線に平行な直線はどれですか。

（　　　　　）

③ ㋓と㋕の直線の関係（かんけい）は何であるといえますか。

（　　　　　）

## 2 図のように、２組の平行な直線が交わっています。角㋚、角㋛の大きさは何度ですか。

（各10点／20点）

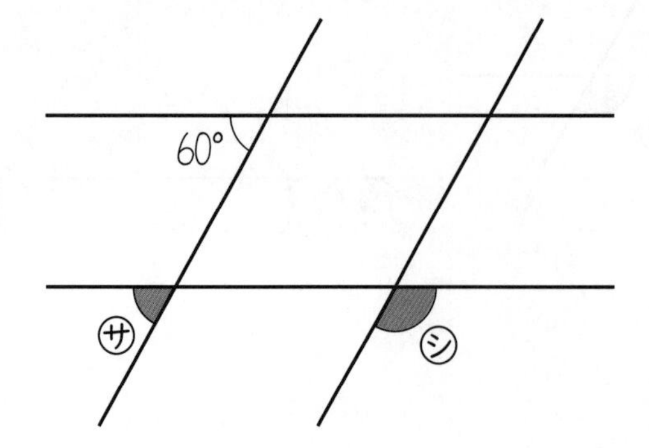


角㋚（　　　　　）

角㋛（　　　　　）

まとめテスト

月　日 名前

まとめ ⑳

# 垂直と平行

/50点

## 1 点Aを通って、直線Bに垂直な直線をかきましょう。

（各10点／20点）

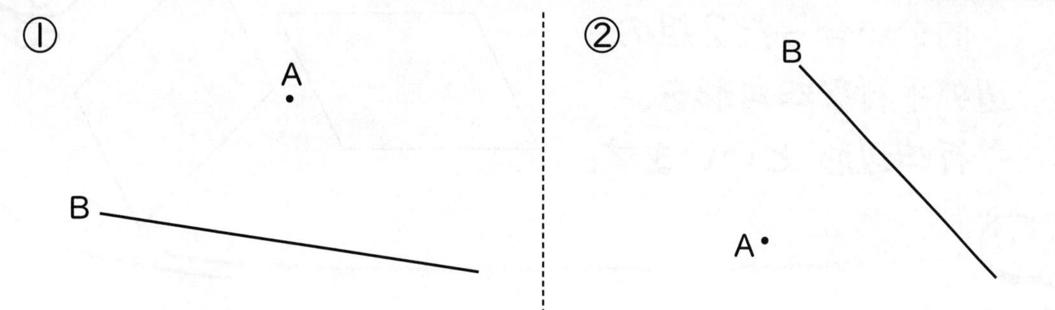


## 2 点Cを通って、直線Dに平行な直線をかきましょう。

（各10点／20点）

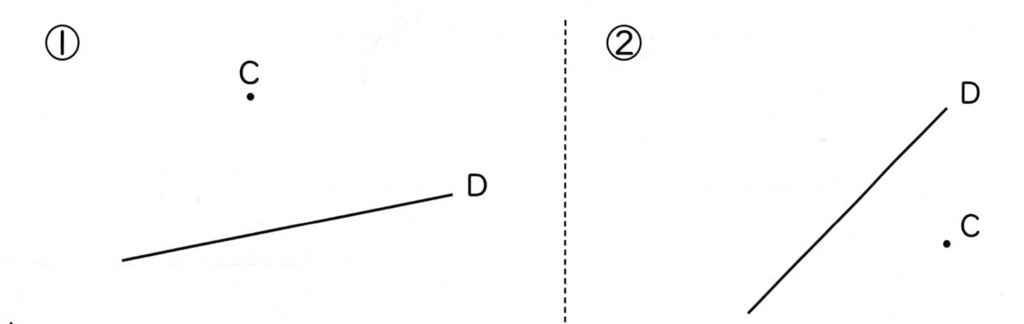


## 3 1組の三角じょうぎを使って、たて5cm、横7cmの長方形をかきましょう。

（10点）

7cm

いろいろな四角形 ①

# 平行四辺形

向かい合った２組の辺が平行な四角形を、平行四辺形（へいこうしへんけい）といいます。

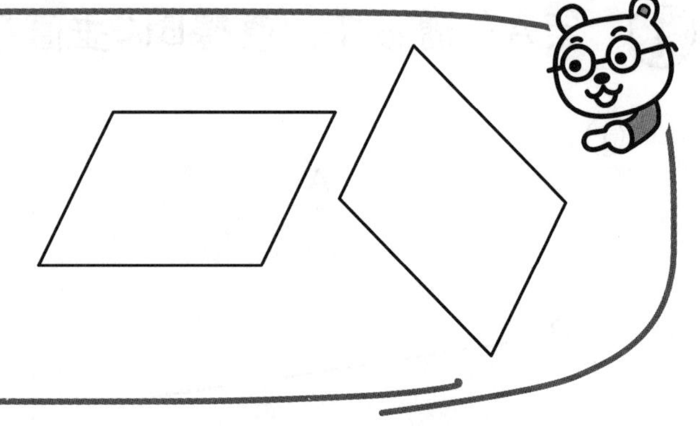

平行四辺形をかきかけています。続（つづ）きをかいてしあげましょう。

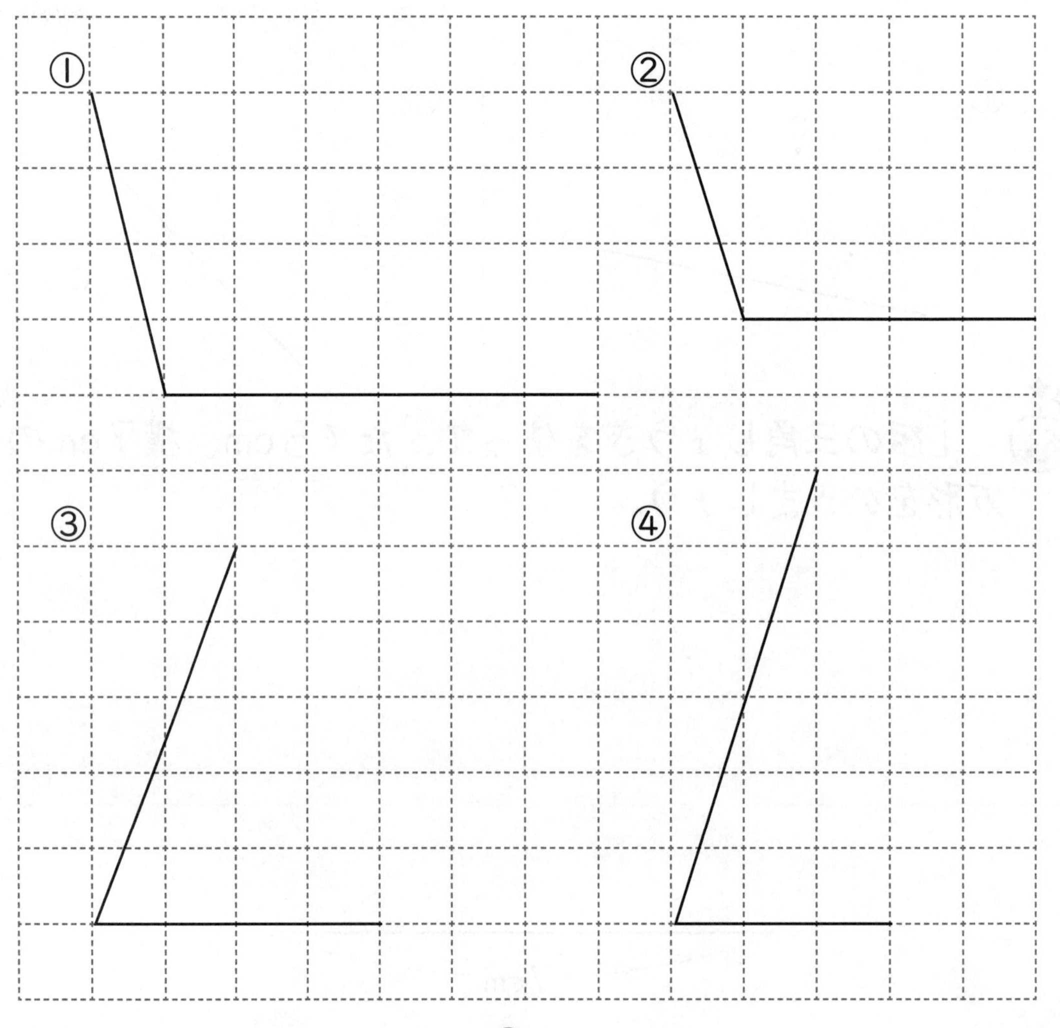

いろいろな四角形 ②

# 平行四辺形

平行四辺形には、次のせいしつがあります。

Ⅰ．向かい合った辺の長さが等しくなっている
Ⅱ．向かい合った角の大きさも等しくなっている

平行四辺形をかきかけています。続きをかいてしあげましょう。

①

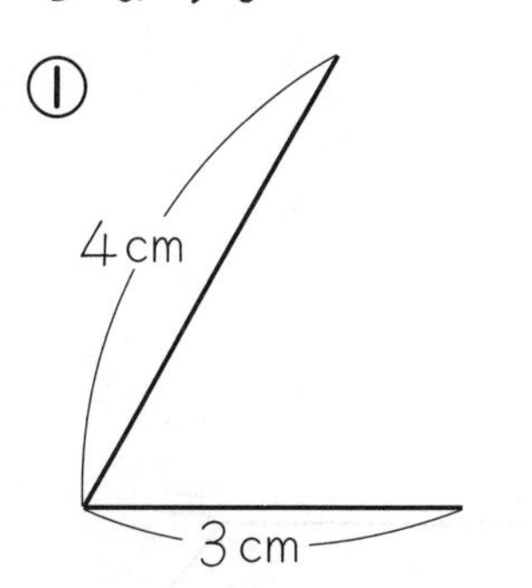


コンパスを使って印(しるし)をつけ、辺をかきます。

②

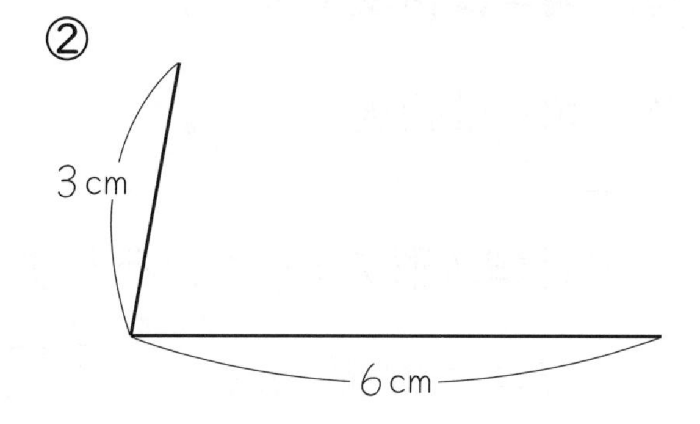


③

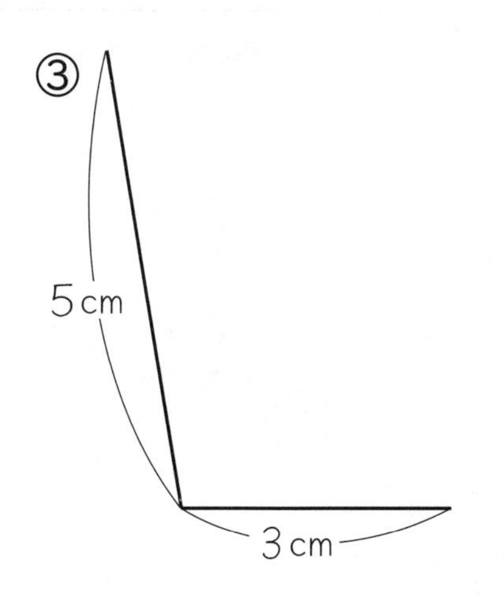


④

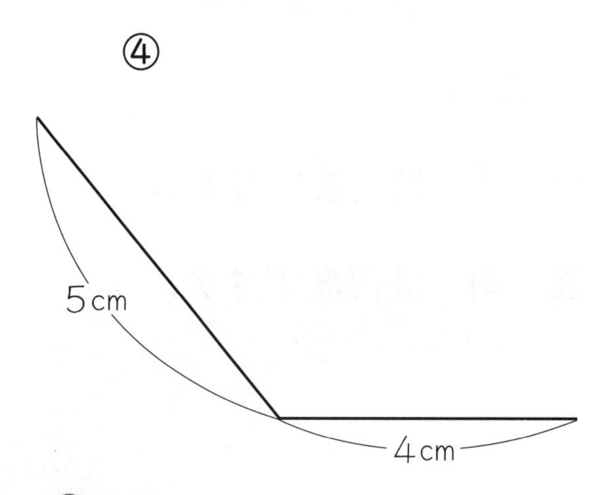

月　　日 名前

## いろいろな四角形 ③
# 平行四辺形

**1** 平行四辺形（へいこうしへんけい）アイウエがあります。

ア　エ　5cm　60°　イ　ウ　4cm

① 辺エウと平行な辺はどれですか。　（　　　）

② 辺アエと平行な辺はどれですか。　（　　　）

③ 角エは何度ですか。　（　　　）

④ 角ウは何度ですか。　（　　　）

**2** 平行四辺形アイウエがあります。

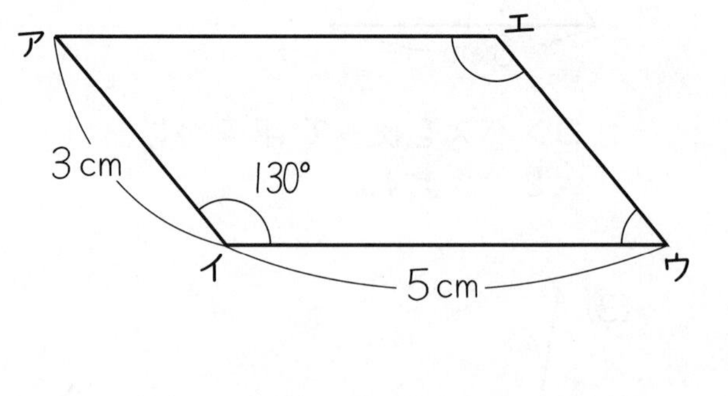


① 辺エウは何cmですか。（　　　）

② 辺アエは何cmですか。（　　　）

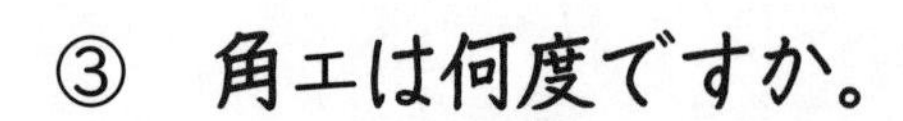

③ 角エは何度ですか。　（　　　）

④ 角ウは何度ですか。　（　　　）

いろいろな四角形 ④

# 台形

向かい合う１組の辺が平行な四角形を 台形 といいます。
平行な１組の辺の１つを上底（じょうてい）、１つを下底（かてい）といいます。

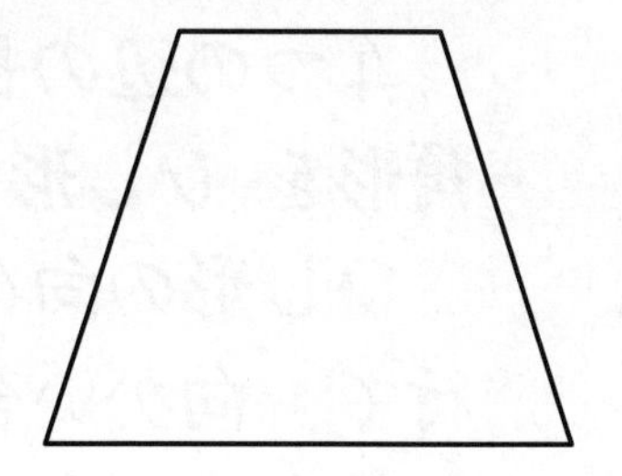

**1** 台形をかいています。続（つづ）きをかいてしあげましょう。

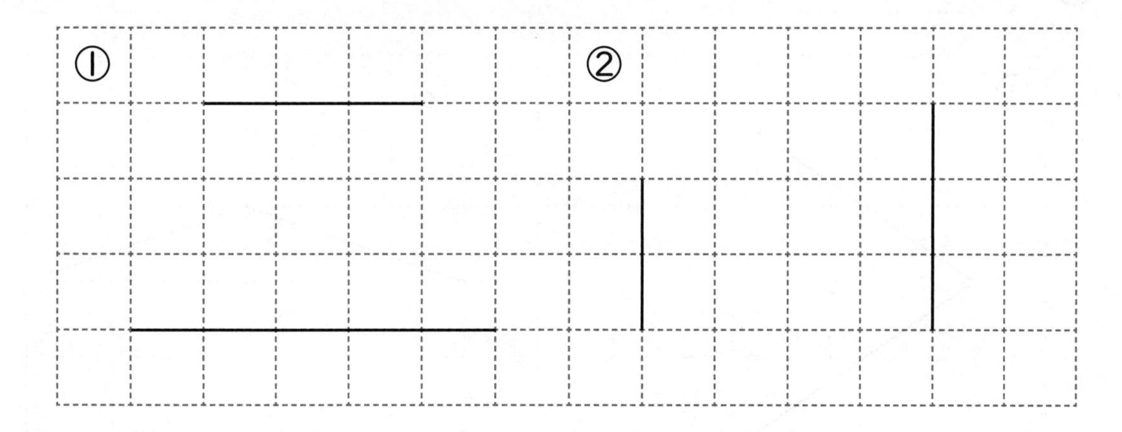


**2** 同じ台形を右にかきましょう。

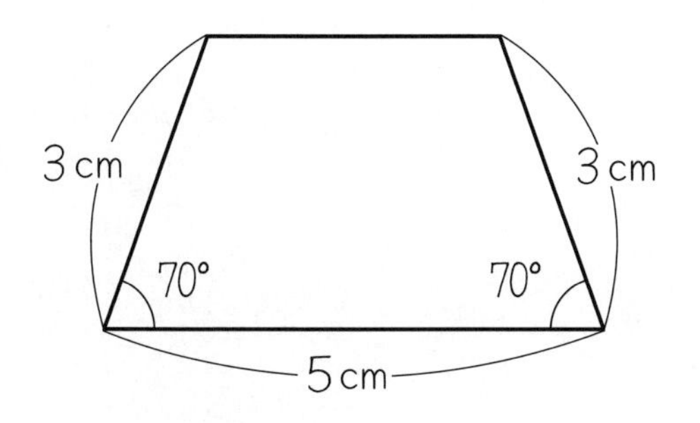

いろいろな四角形 ⑤

# ひし形

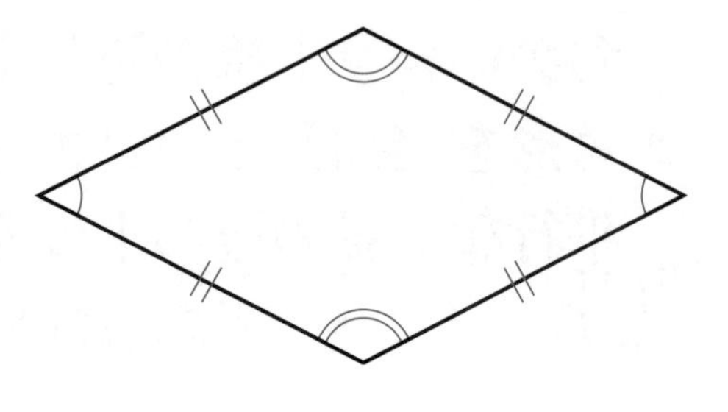

４つの辺の長さが等しい四角形を ひし形 といいます。

ひし形の向かい合う辺(へん)は平行で、向かい合う角も等しくなります。

**1** ひし形をかいています。続(つづ)きをかいてしあげましょう。

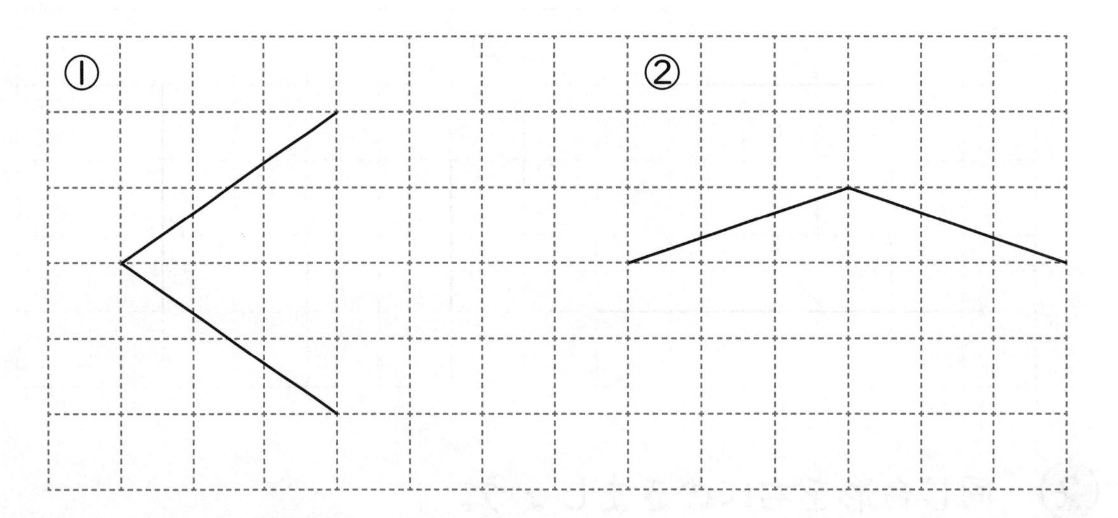


**2** 同じひし形を右にかきましょう。

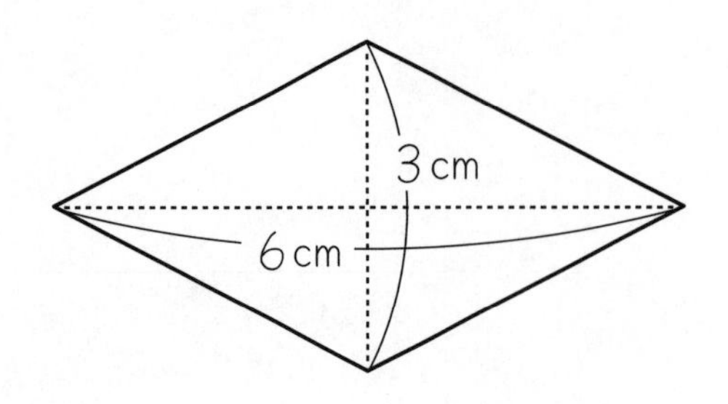

いろいろな四角形 ⑥

# 四角形の対角線

正方形、長方形、平行四辺形(へいこうしへんけい)、台形、ひし形があります。これらのうち、次にあてはまる四角形をかきましょう。

① 対角線の長さが同じ四角形

(　　　　　　) (　　　　　　)

② 対角線が直角に交わる四角形

(　　　　　　) (　　　　　　)

③ 対角線がそれぞれたがいの中心で交わる四角形

(　　　　　　) (　　　　　　)
(　　　　　　) (　　　　　　)

④ 対角線の長さが同じで、直角に交わり、それぞれたがいの中心で交わる四角形

(　　　　　　)

まとめテスト

月　　日 名前

まとめ ㉑

# いろいろな四角形

**1** ①～④の特ちょうについて、あてはまる四角形の名前を[ ]から選んでかきましょう。 （各10点／40点）

① ４つの辺(へん)の長さが等しい

（　　　　　　　　）

② 向かい合った角の大きさが等しい

（　　　　　　　　）

③ 対角線が直角に交わる

（　　　　　　　　）

④ 対角線の長さが等しい

（　　　　　　　　）

長方形、正方形、平行四辺形(へいこうしへんけい)、ひし形、台形

**2** 図のような平行四辺形があります。角Aと角Bの角度をかきましょう。 （各５点／10点）

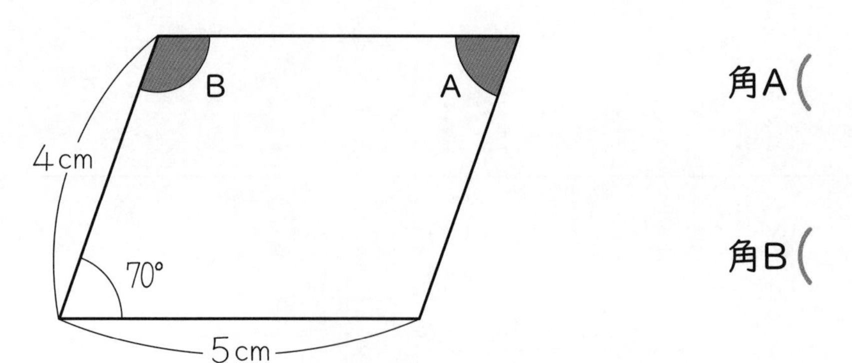


角A（　　　　）

角B（　　　　）

まとめテスト　月　日 名前

まとめ ㉒

# いろいろな四角形

／50点

## ① 次の四角形に、それぞれ１本だけ対角線を引きました。あとの問いに記号で答えましょう。
（各10点／20点）

㋐ 長方形　㋑ 正方形　㋒ 平行四辺形　㋓ ひし形　㋔ 台形

① 二等辺三角形ができるのはどれですか。

（　　　　　　　　　　）

② 形も大きさも同じ２つの三角形ができるのはどれですか。

（　　　　　　　　　　）

## ② 図のような四角形をかきましょう。
（各10点／30点）

① 平行四辺形　② ひし形　③ 正方形

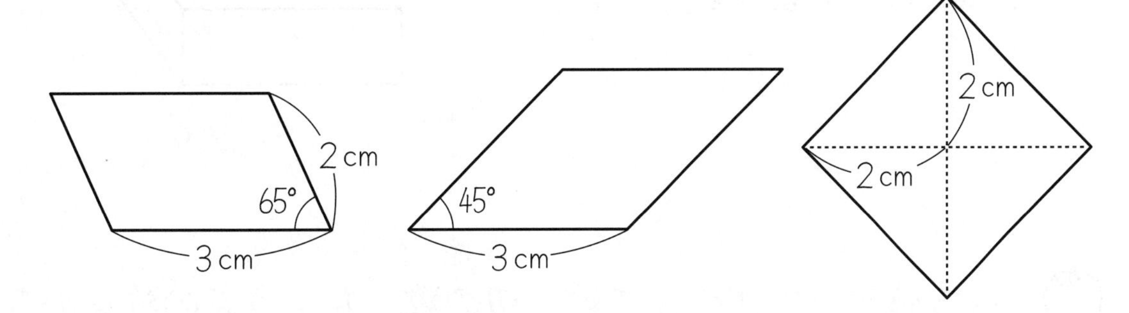

月　　日 名前

立体 ①

# 直方体と立方体

長方形だけでかこまれた形や長方形と正方形でかこまれた形を 直方体 といいます。

同じ大きさの正方形だけでかこまれた形を 立方体 といいます。

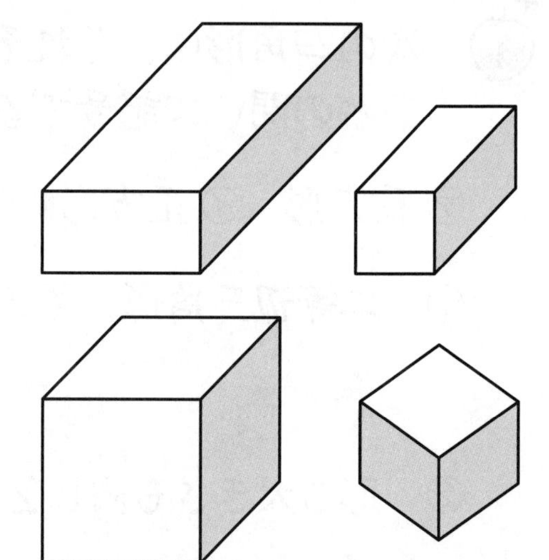

直方体や立方体のことを立体 といいます。

直方体の平らなところを面といい、角のところをちょう点、面のはしの直線を辺（へん） といいます。

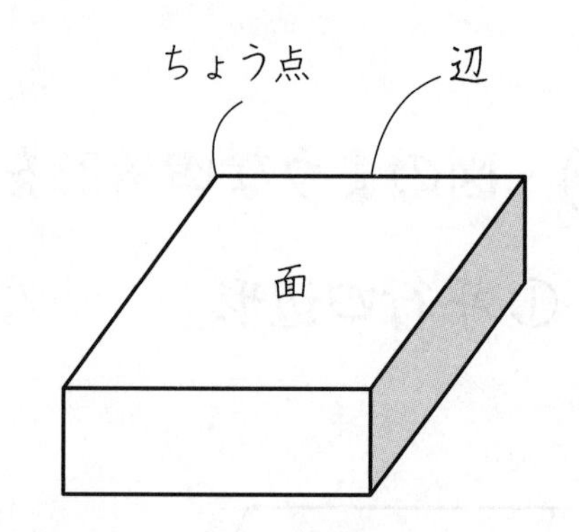


直方体と立方体の面の数、辺の数、ちょう点の数をかきましょう。

| | 面の数 | 辺の数 | ちょう点の数 |
|---|---|---|---|
| 直方体 | | | |
| 立方体 | | | |

立体 ②

# 直方体と立方体

直方体の辺の長さを
くらべます。

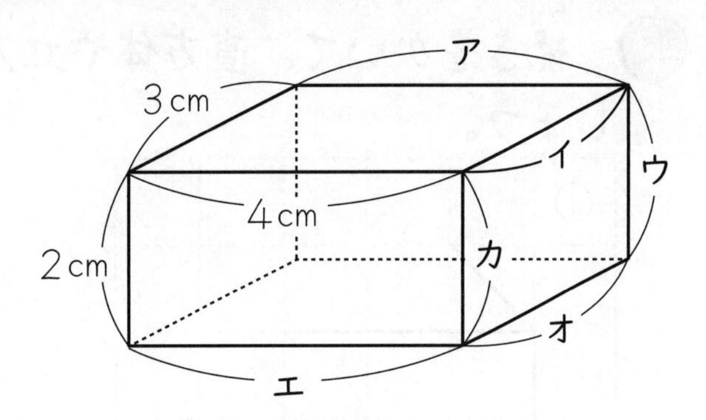


① 辺ア～辺カの長さをかきましょう。

辺ア ＿＿＿＿＿、辺イ ＿＿＿＿＿、辺ウ ＿＿＿＿＿

辺エ ＿＿＿＿＿、辺オ ＿＿＿＿＿、辺カ ＿＿＿＿＿

② 辺アと同じ長さの辺は、辺アをふくめて、何本ありますか。 (　　　　)

③ 辺イと同じ長さの辺は、辺イをふくめて、何本ありますか。 (　　　　)

④ 辺ウと同じ長さの辺は、辺ウをふくめて、何本ありますか。 (　　　　)

直方体は、たて、横、高さの３つの辺の長さで決まり、立方体は、１辺の長さで決まります。

月　　日 名前

立体 ③

# 見取り図

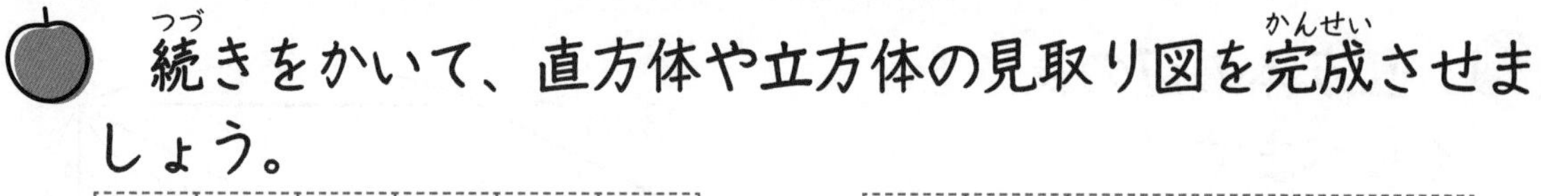

続(つづ)きをかいて、直方体や立方体の見取り図を完成(かんせい)させましょう。

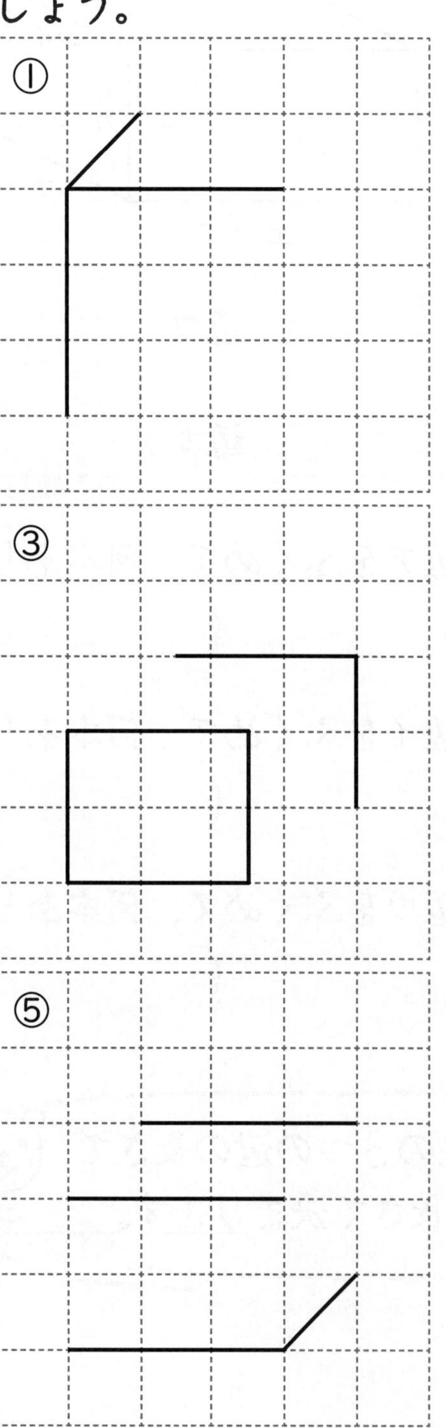


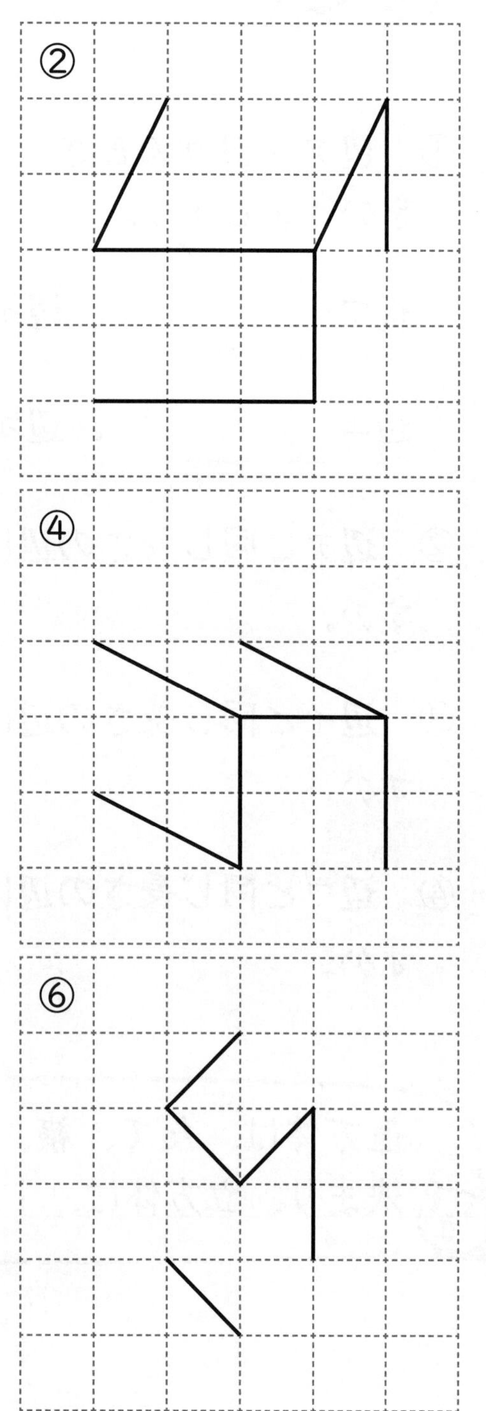

月　　日 名前

立体 ④

# 展開図

次の立体の展開図の続きをかきましょう。

①



②



〔単位はともにcm〕

①

②

月　　日 名前

立体 ⑤

# 辺や面の垂直と平行

## 1 直方体について答えましょう。

① 面(あ)に垂直(すいちょく)な面はどれですか。

(　　　　) (　　　　)
(　　　　) (　　　　)

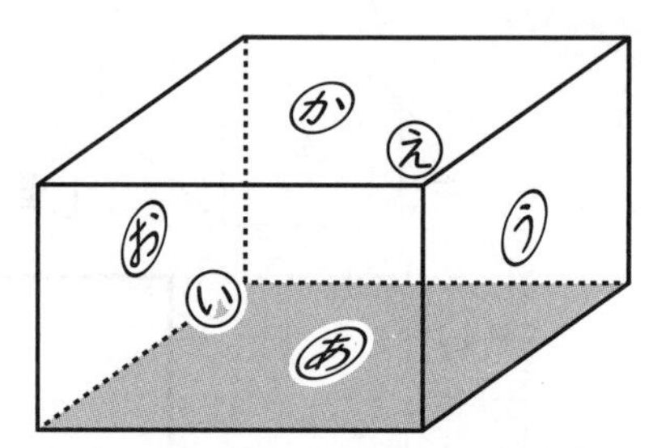

(あ～かは、それぞれの面の中央にあります。)

② 面(あ)と平行な面はどれですか。

(　　　　)

③ 面(う)に垂直な面と、平行な面をかきましょう。

垂直な面 (　　　　　　　　　　)

平行な面 (　　　　　　　　　　)

④ 面(か)に垂直な面はいくつありますか。

(　　　　)

⑤ 平行な面はいくつずつ、何組ありますか。

(　　　つずつ　　　組)

## 2 次の展開図(てんかいず)を組み立てたとき、面ウと平行になる面はどれですか。

(　　　　)

| | ア | | |
|---|---|---|---|
| イ | ウ | オ | カ |
| | エ | | |

月　　日　名前

## 立体 ⑥
# 辺や面の垂直と平行

**1** 直方体について答えましょう。

① 辺(へん)アイに垂直な辺を全部かきましょう。

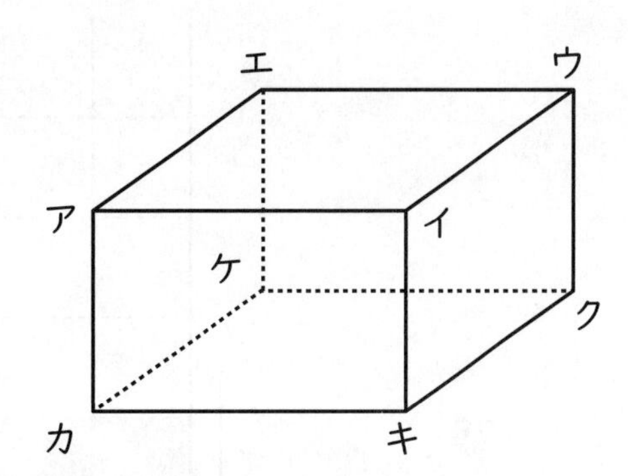


(　　　　)(　　　　)
(　　　　)(　　　　)

② 辺ウクに垂直な辺を全部かきましょう。
(　　　　　　　　　　　　)

③ 辺アイと平行な辺を全部かきましょう。
(　　　　)(　　　　)(　　　　)

④ 辺アエと平行な辺を全部かきましょう。
(　　　　　　　　　　　　)

**2** 直方体について答えましょう。

① 面あ＝(面カキクケ) に垂直な辺を全部かきましょう。

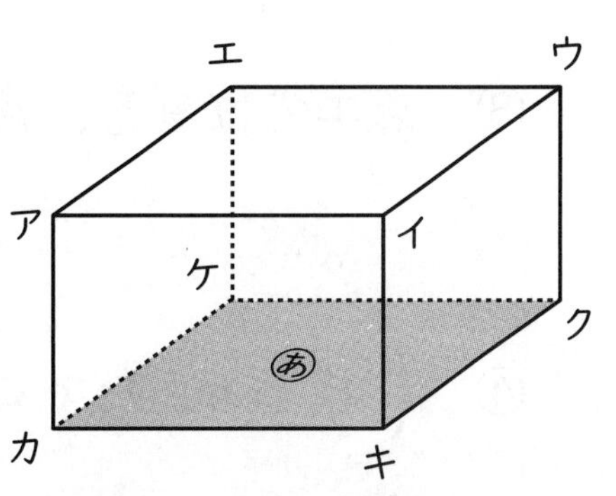


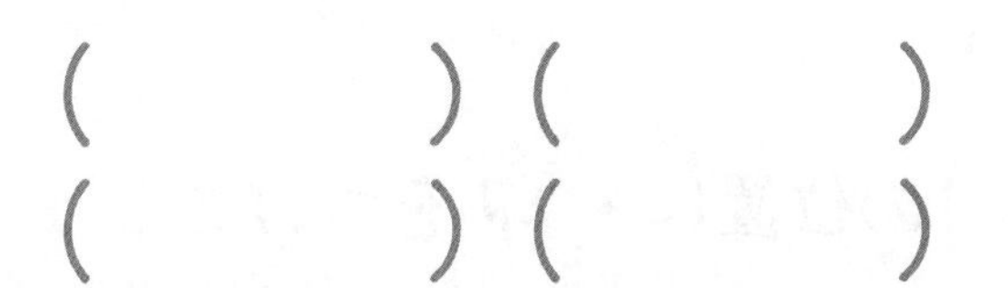

(　　　　)(　　　　)
(　　　　)(　　　　)

② 面アカケエに平行な辺を全部かきましょう。
(　　　　　　　　　　　　)

月　　日 名前

立体 ⑦

# ものの位置の表し方

平面上の位置(いち)の表し方について考えましょう。

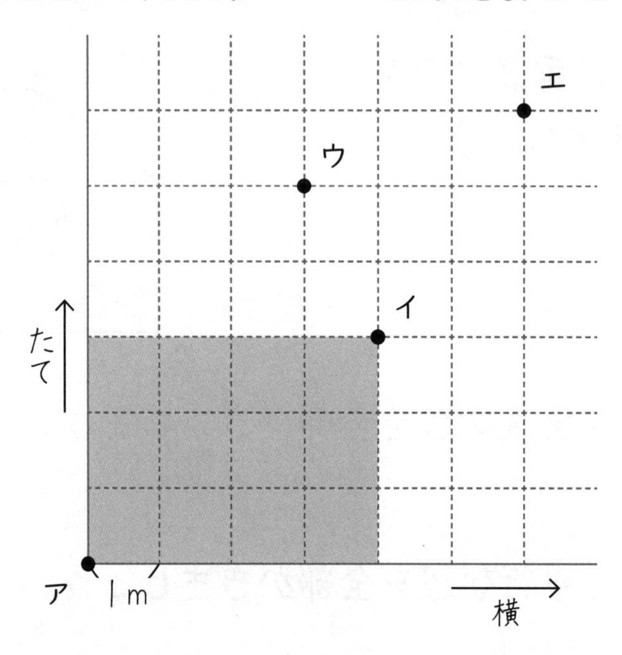


① 点イの位置を、点アをもとにして表しましょう。

（　横 4 m, たて 3 m　）

② 点ウの位置を、点アをもとにして表しましょう。

（　　　　　　　　　　）

③ 点エの位置を、点アをもとにして表しましょう。

（　　　　　　　　　　）

④ （横 5 m、たて 4 m）の位置に・印(じるし)をつけましょう。

⑤ （横 0 m、たて 5 m）の位置に∘印をつけましょう。

立体 ⑧

# ものの位置の表し方

① 部屋にある電灯(でんとう)イと電灯ウの位置を、点アをもとにして表しましょう。

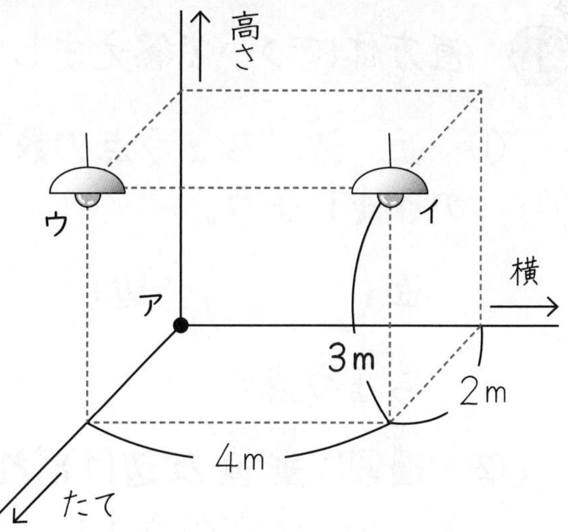


イ（　横　　m，たて　　m，高さ　　m　）

ウ（　　　　　　　　　　　　　　　　　）

② 1辺が1mの立方体の箱が、図のように積(つ)んであります。点アをもとにしたときの点イ、ウ、エの位置をそれぞれ表しましょう。

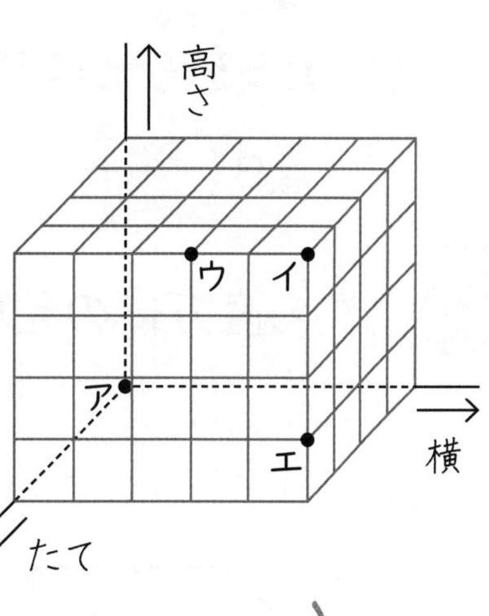


点イ（　横　　m，たて　　m，高さ　　m　）

点ウ（　　　　　　　　　　　　　　　　　）

点エ（　　　　　　　　　　　　　　　　　）

まとめテスト　　月　　日 名前

まとめ ㉓

# 立体

/50点

## ① 直方体について答えましょう。
(各５点／30点)

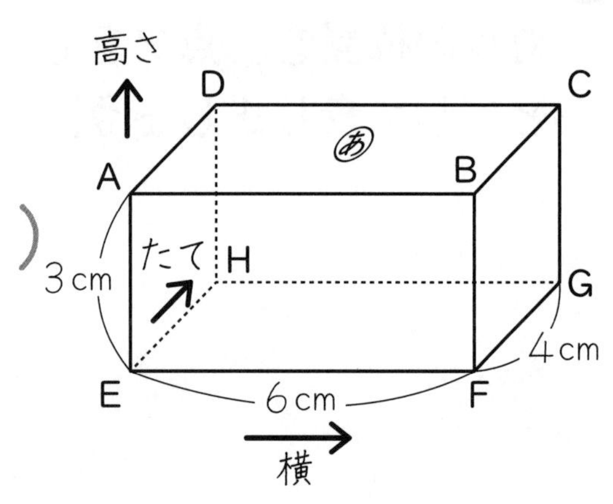


① 面、辺、ちょう点の数をかきましょう。

面（　　　）　辺（　　　）

ちょう点（　　　）

② 面あに垂直な辺はどれですか。全部かきましょう。

（　　　　　　　　　　）

③ 点Bを通って、辺BFに垂直な辺はどれですか。

（　　　　　　　　　　）

④ 点Eをもとにして、点Bの位置を表しましょう。

点B（横　　　，たて　　　，高さ　　　）

## ② 次の直方体の見取図をかきましょう。
(20点)

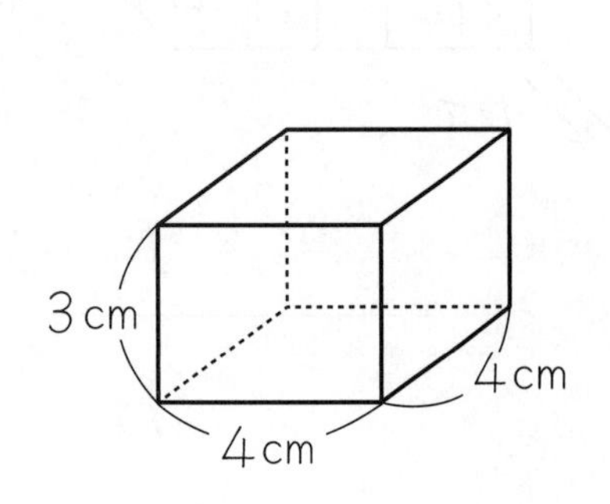


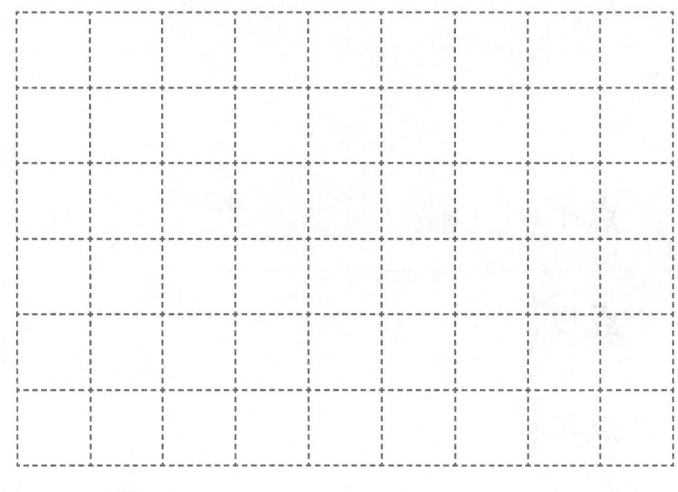

まとめテスト　月　日 名前

まとめ ㉔

# 立体

/50点

## ① 次の展開図(てんかいず)を組み立てます。

(各7点／28点)

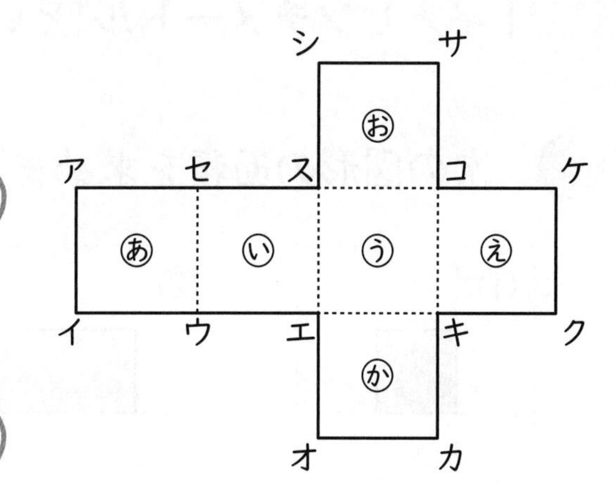


① できる立体を何といいますか。

(　　　　　　　　)

② 点アと重なる点を２つかきましょう。

(　　　　)(　　　　)

③ 面ⓘに垂直な面をかきましょう。

(　　　　　　　　　　　　　　　　)

④ 辺クケに平行な面を２つかきましょう。

(　　　　　　　　)(　　　　　　　　)

## ② 図のようにあつ紙が何まいかずつあります。

㋐のあつ紙を２まい使った直方体の箱をつくるためには、あと㋑～㋓のどのあつ紙が何まいあればいいでしょうか。

(各11点／22点)

(　　　が　　　)

(　　　が　　　)

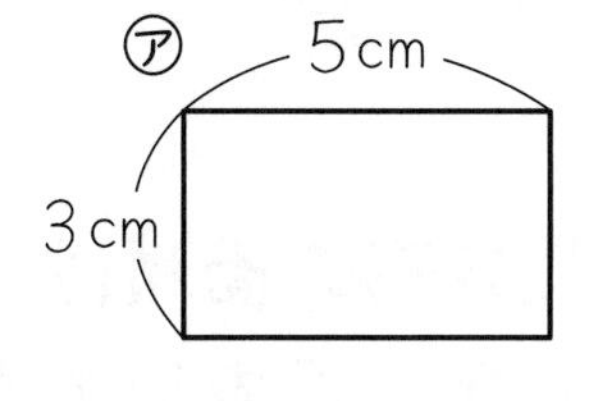


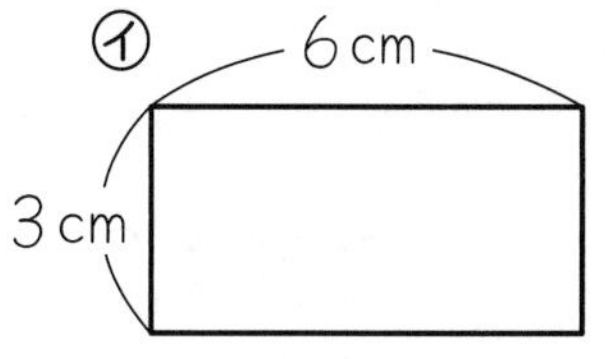


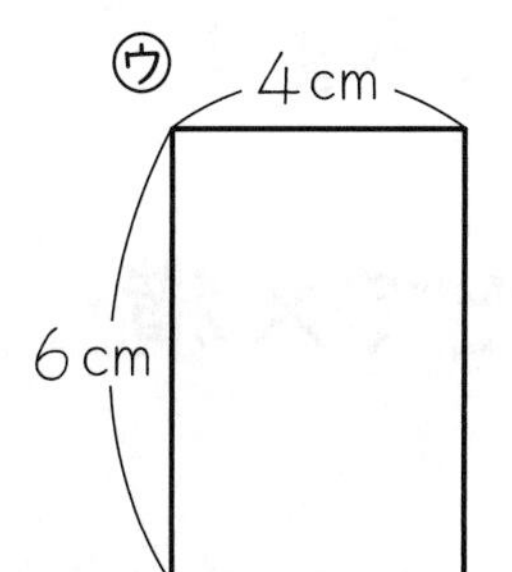


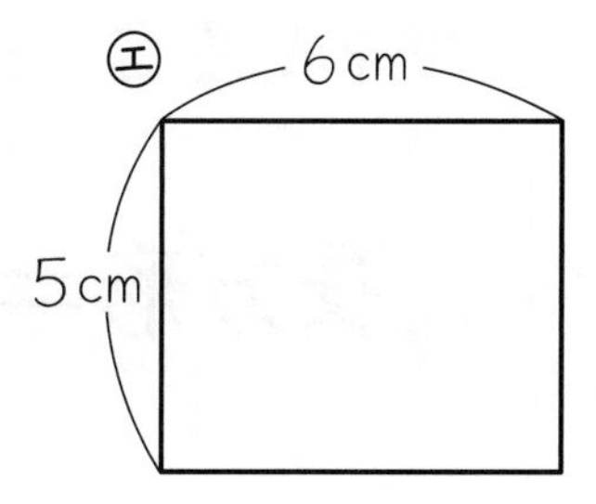

月　　日 名前

面積 ①

# 面積（1 cm²）

1辺が1cmの正方形の面積（めんせき）を1 cm²と表し、1平方センチメートル といいます。

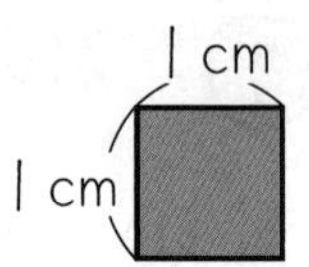

次の図形の面積を求め（もと）ましょう。

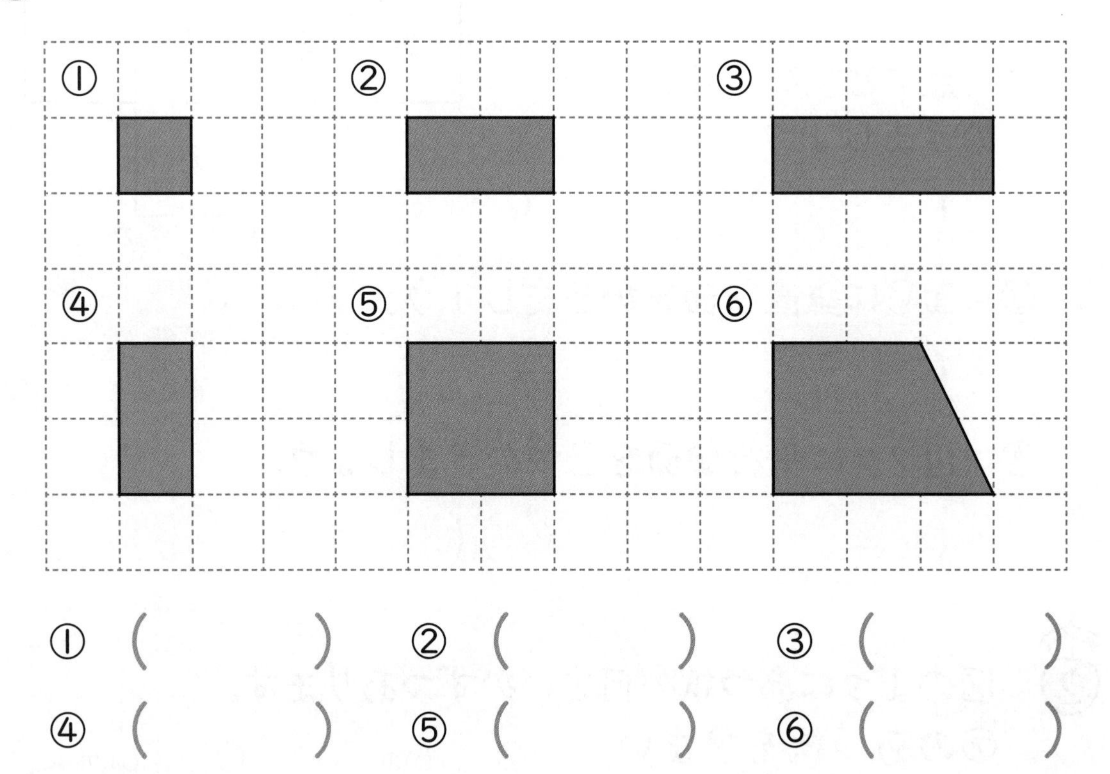


①（　　　　）　②（　　　　）　③（　　　　）

④（　　　　）　⑤（　　　　）　⑥（　　　　）

これより、長方形の面積は、たてと横の長さがわかれば求めることができ、正方形の面積は、1辺の長さがわかれば求めることができます。

**長方形＝たて×横　正方形＝1辺×1辺**

月　　　日 名前

## 面積 ②
# 長方形

長方形の面積を求めましょう。

①

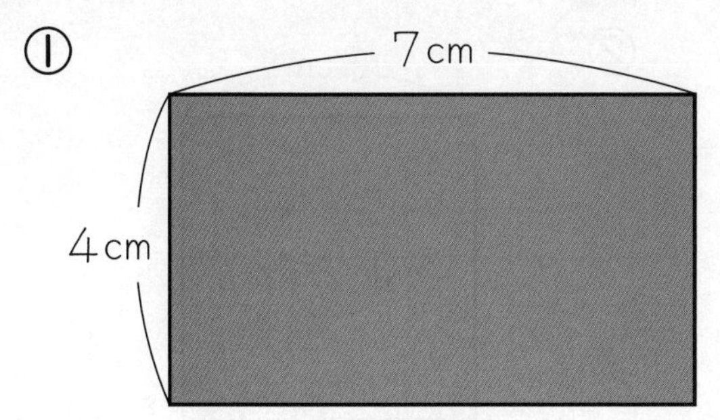


式

答え

②

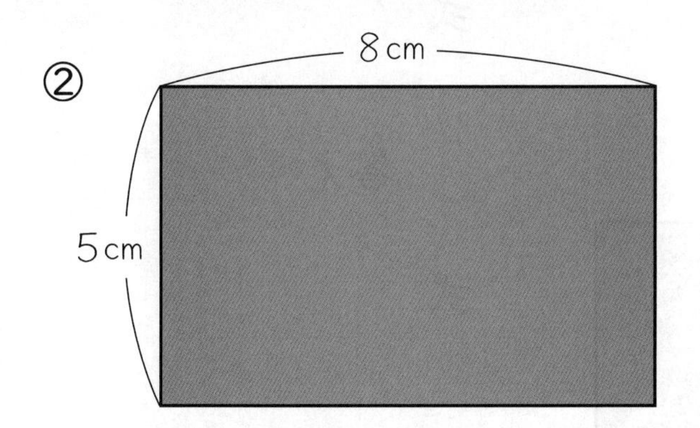


式

答え

③

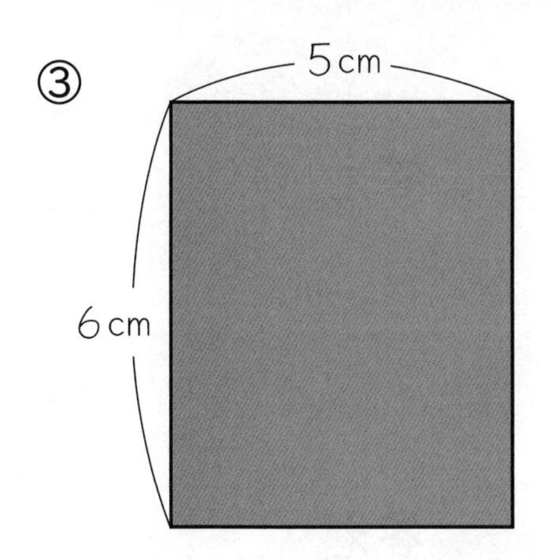


式

答え

④　たてが9cmで横が8cmの長方形

式

答え

月　　日 名前

面積 ③

# 正方形

正方形の面積を求めましょう。

①

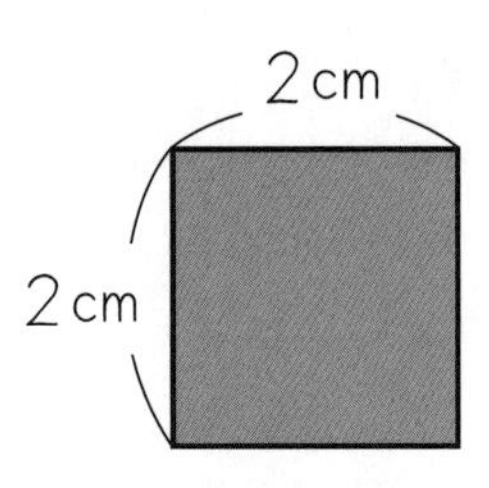


式

答え

②

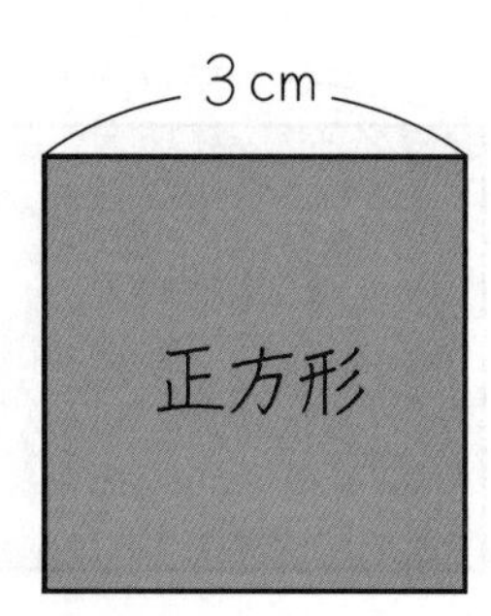


式

答え

③

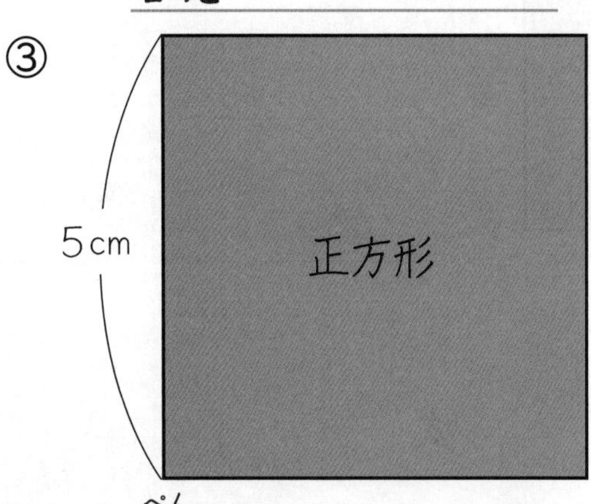


式

答え

④　1辺が12cmの正方形

式

答え

⑤　まわりの長さが40cmの正方形

式

答え

月　　日 名前

面積 ④

# 辺の長さ

**1** □の長さを求めましょう。

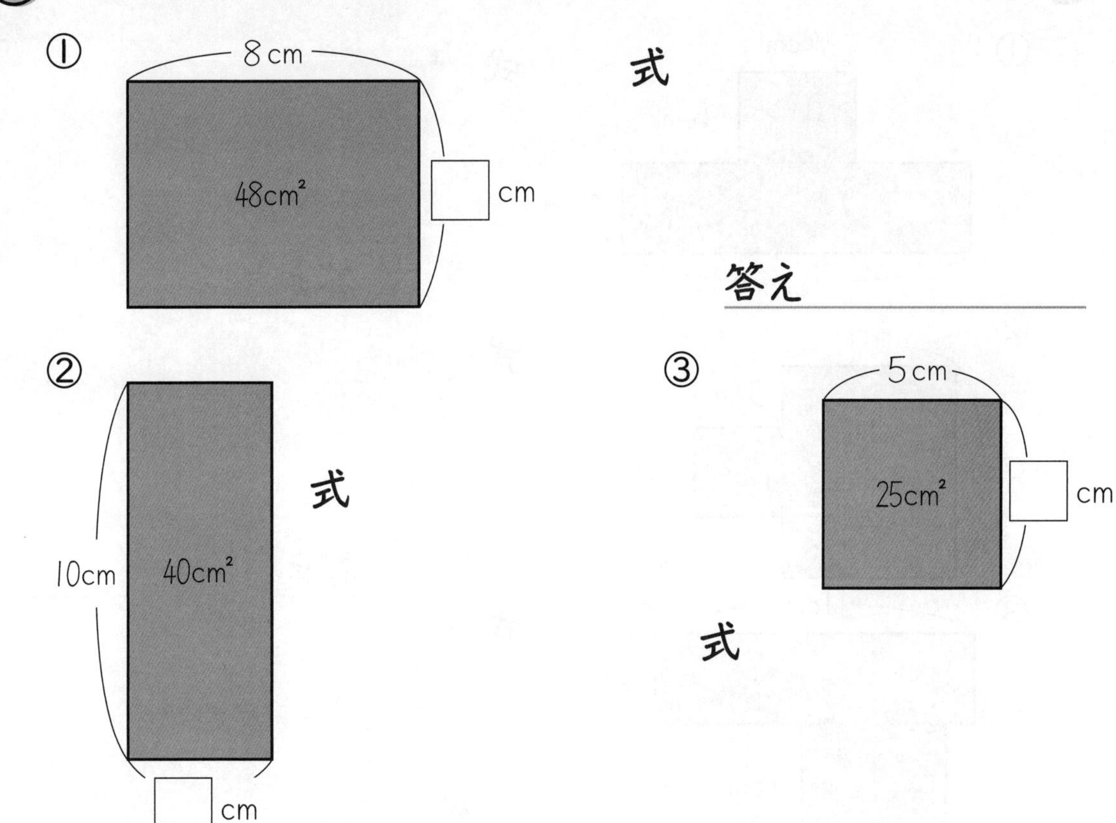


① 式

答え

② 式

答え

③ 式

答え

**2** 面積が72cm²で、横が9cmの長方形のたての長さを求めましょう。

式

答え

**3** 面積が84cm²で、たてが12cmの長方形の横の長さを求めましょう。

式

答え

月　　日 名前

面積 ⑤

# 組み合わせた図形

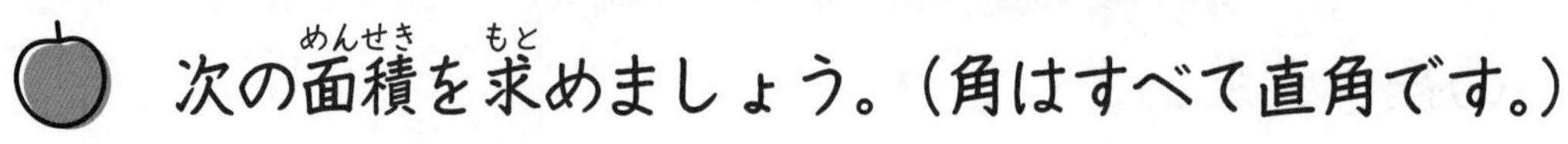

次の面積を求めましょう。(角はすべて直角です。)

①

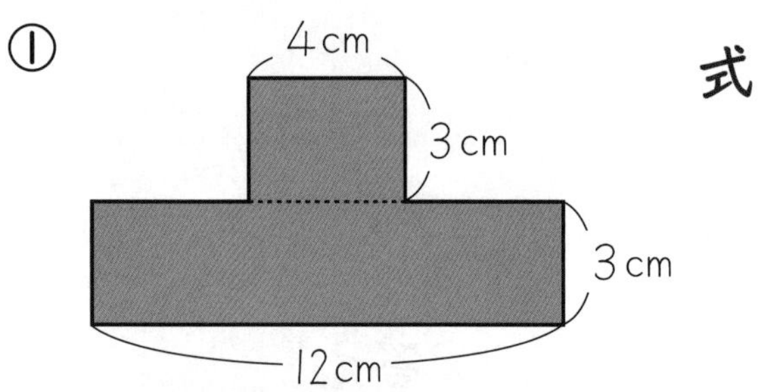


式

答え

②

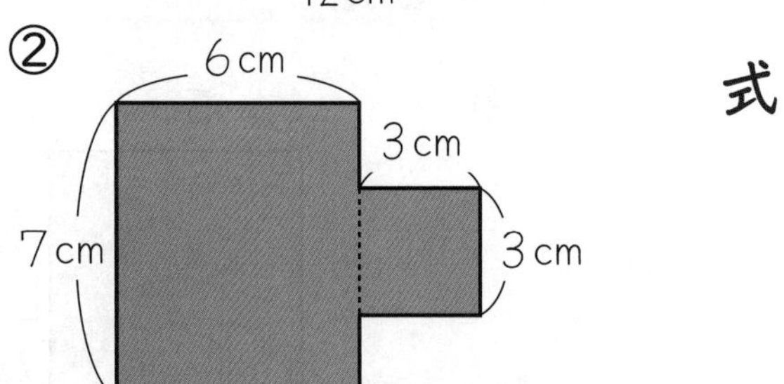


式

答え

③

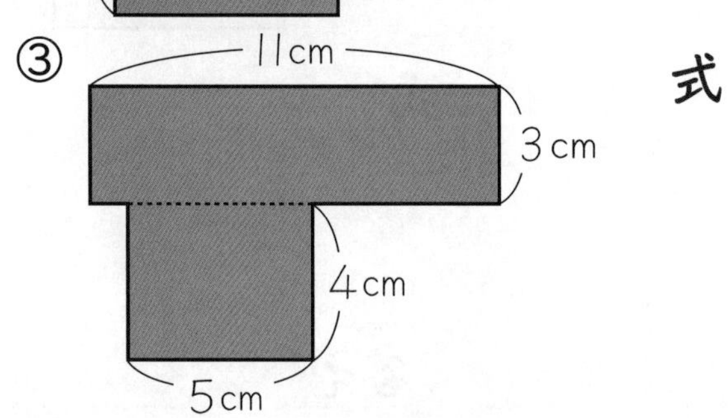


式

答え

④

⑤

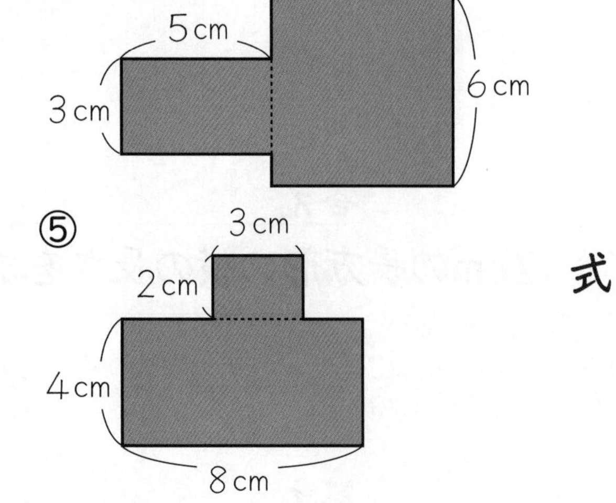


式

答え

式

答え

月　　日 名前

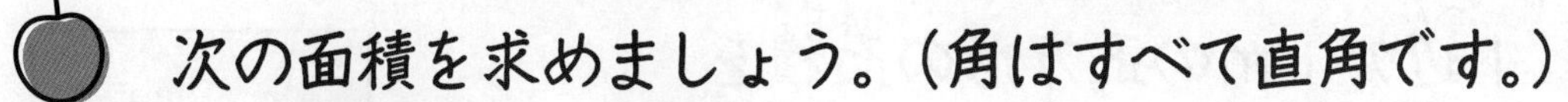

面積 ⑥

# 組み合わせた図形

次の面積を求めましょう。（角はすべて直角です。）

①

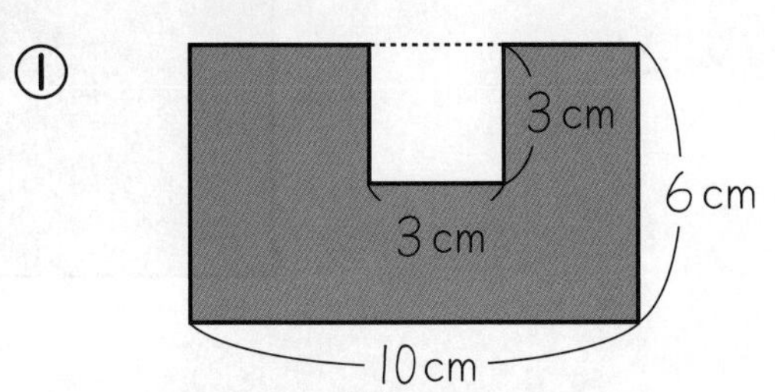


式

答え

②

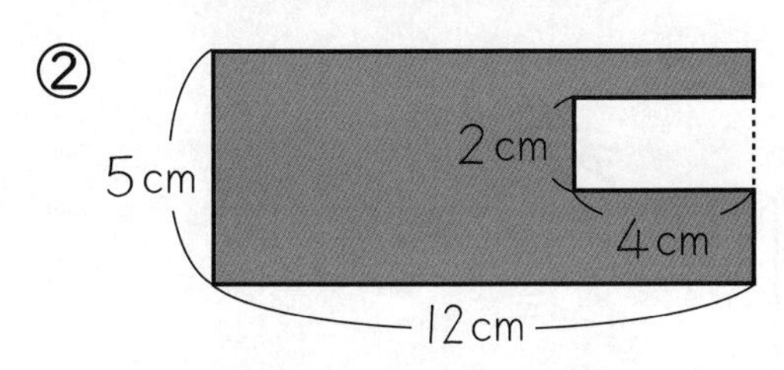


式

答え

③

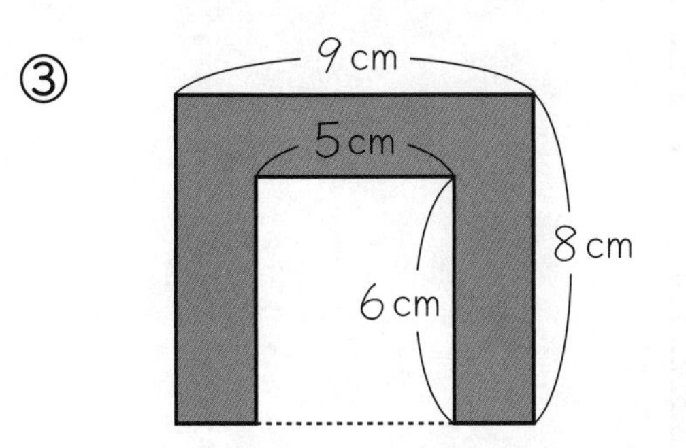


式

答え

④

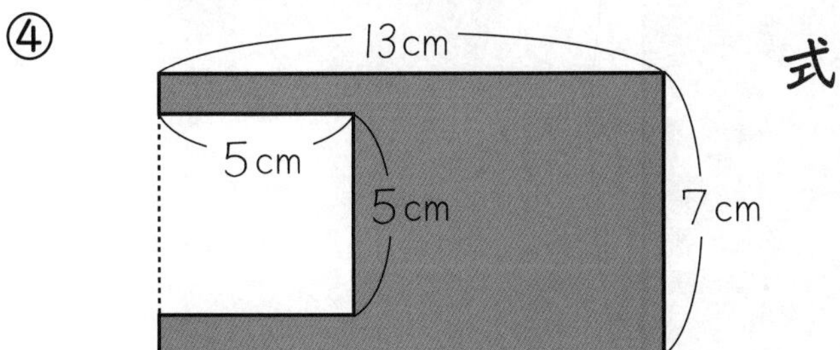


式

答え

⑤

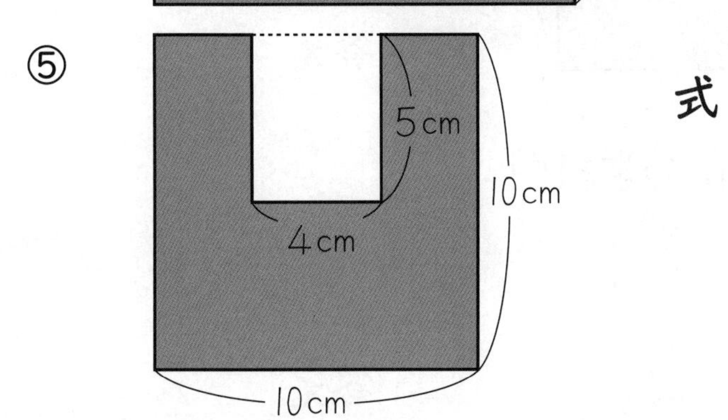


式

答え

月　　日 名前

面積 ⑦

# 面積（1 ㎡）

1辺(へん)が1mの正方形の面積(めんせき)を1$m^2$と表し、1平方メートル といいます。

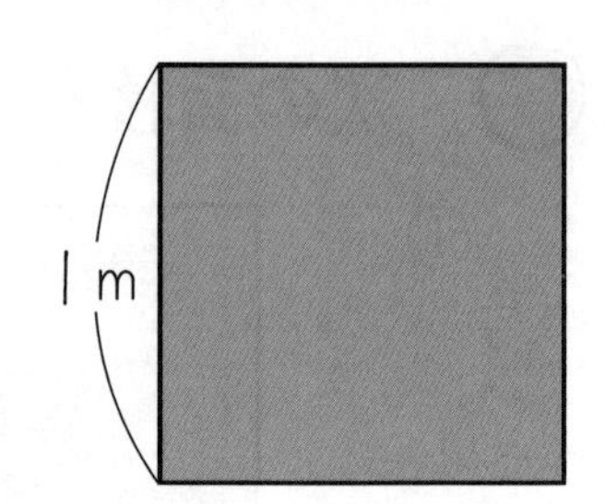


次の面積を求(もと)めましょう。

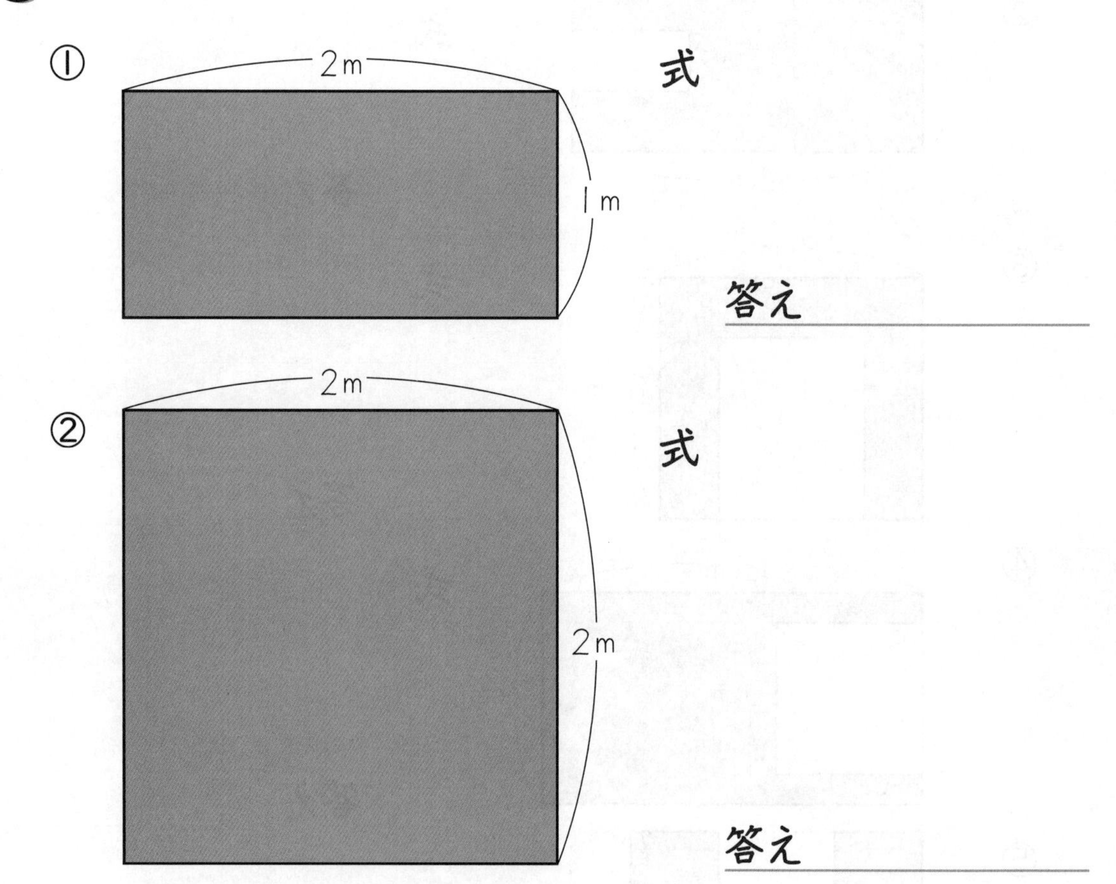


① 式

答え

② 式

答え

③ たて8m、横6mの学級園

式

答え

面積 ⑧

# 長方形・正方形

次の面積は何$cm^2$ですか。

①

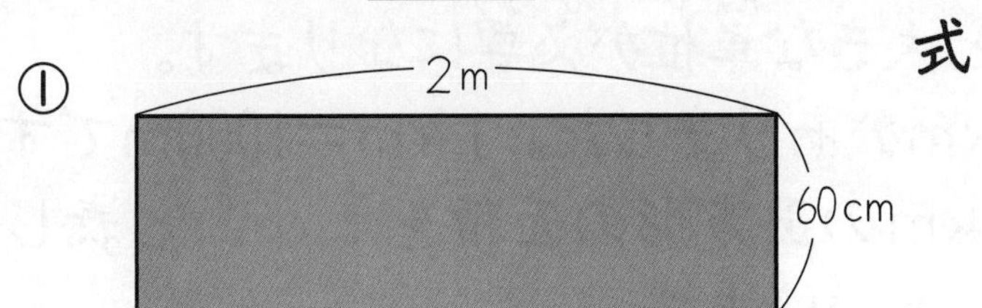


式

答え

②

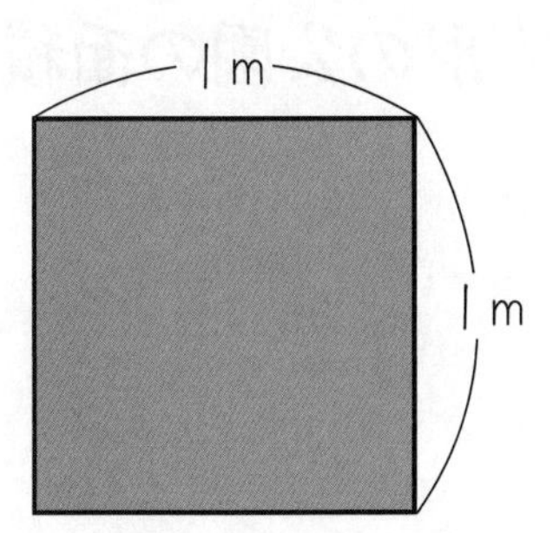


式

答え

③

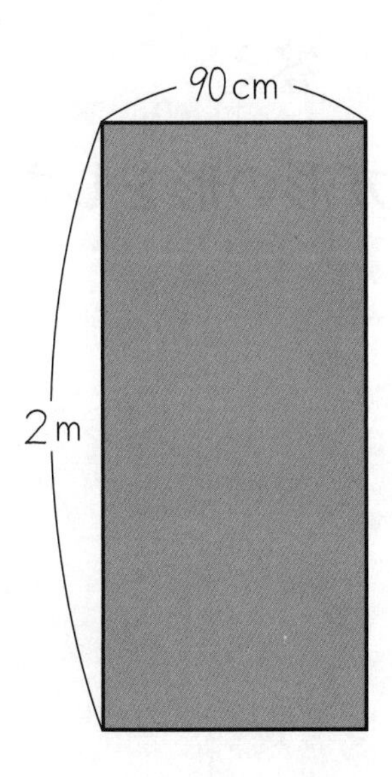


式

答え

面積 ⑨

# 面積（$1km^2$）

$cm^2$、$m^2$ を学習しましたが、市町村の面積(めんせき)や国の面積を表すとき、もっと大きな単位(たんい)が必要(ひつよう)になります。

mの上の単位にkmがありました。1km＝1000mです。

1辺(ぺん)の長さが1kmの正方形の面積を $1km^2$ と表し、1平方キロメートル といいます。

次の面積を求(もと)めましょう。

① たてが2km、横が4kmの長方形の公園の面積。

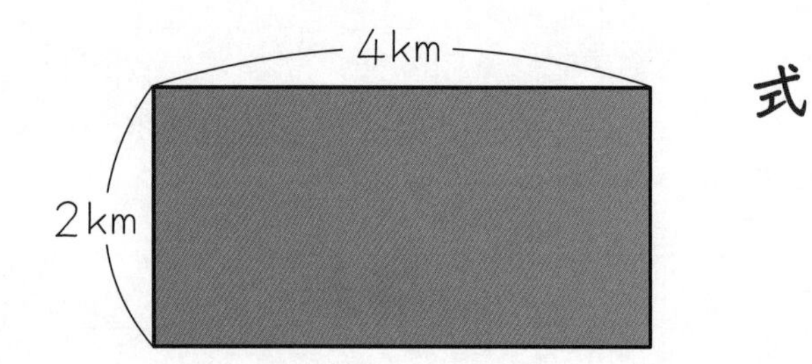


式

答え

② たてが4km、横が8kmの長方形の形をした空港の面積。

式

答え

月　　日 名前

## 面積 ⑩

# 1 a・1 ha

1km＝1000mなので、1$km^2$＝1000×1000＝1000000$m^2$になります。0の数が多くわかりにくいですね。

そこで$km^2$と$m^2$の間にa（アール）とha（ヘクタール）という単位をつくります。

1辺の長さが10mの正方形の面積を1aといいます。

**1a＝100$m^2$**

1辺の長さが100mの正方形の面積を1haといいます。

**1ha＝10000$m^2$**

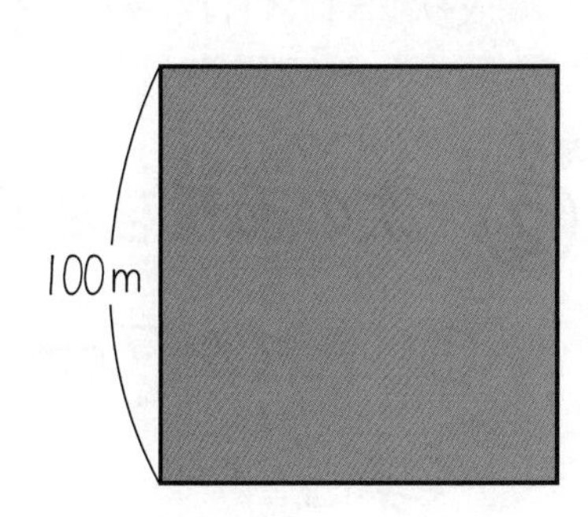


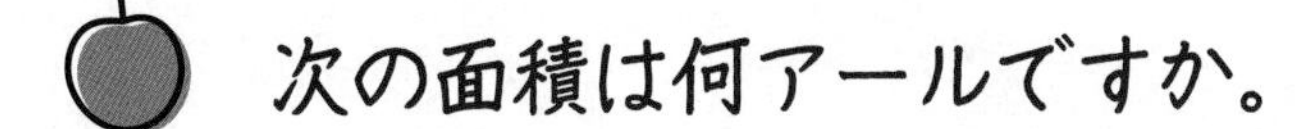

次の面積は何アールですか。

① たて10m、横20mの長方形の面積。

式

答え

② 1辺の長さ50mの正方形の面積。

式

答え

まとめテスト

月　　日 名前

まとめ ㉕

# 面積

/50点

## ① （　）にあてはまる数をかきましょう。

（各５点／20点）

① $1\,m^2=$ （　　　　） $cm^2$

② $1\,a=$ （　　　　） $m^2$

③ $1\,ha=$ （　　　　） $m^2$

④ $1\,km^2=$ （　　　　） $m^2$

## ② 次の面積を求めましょう。

（式５点、答え５点／30点）

① たてが７cm、横が９cmの長方形

式

答え

② たてが14m、横が８mの長方形の畑

式

答え

③ １辺が２kmの正方形の土地

式

答え

月　日 名前

まとめ ㉖

# 面積

／50点

**1** たて30m、横20mの長方形の土地の面積は何$m^2$ですか。また、何aですか。（式5点、答え5点／10点）

式

答え

答え

**2** まわりの長さが40cmで、たての長さが8cmの長方形があります。（式5点、答え5点／20点）

① 横の長さは何cmですか。

式

答え

② 面積を求めましょう。

式

答え

**3** ■の部分の面積を求めましょう。（式5点、答え5点／20点）

①

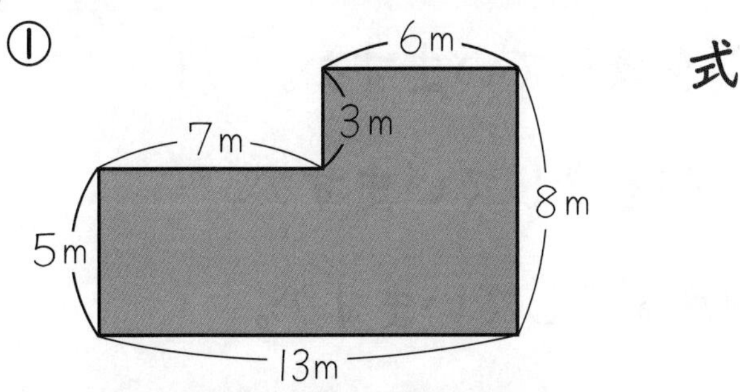


式

答え

②

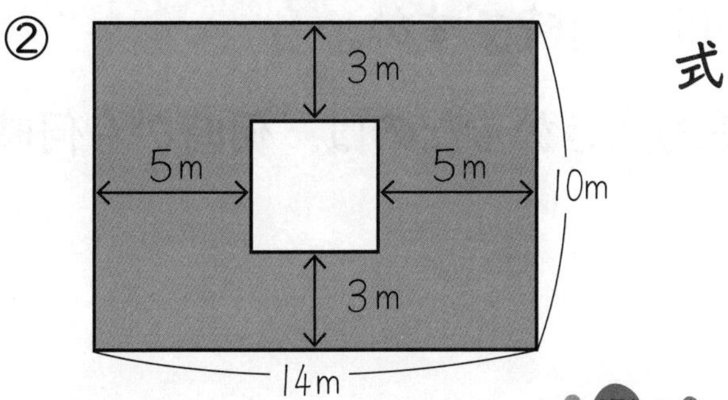


式

答え

月　　日 名前

折れ線グラフ ①

# グラフを読む

折(お)れ線グラフを見て、あとの問いに答えましょう。

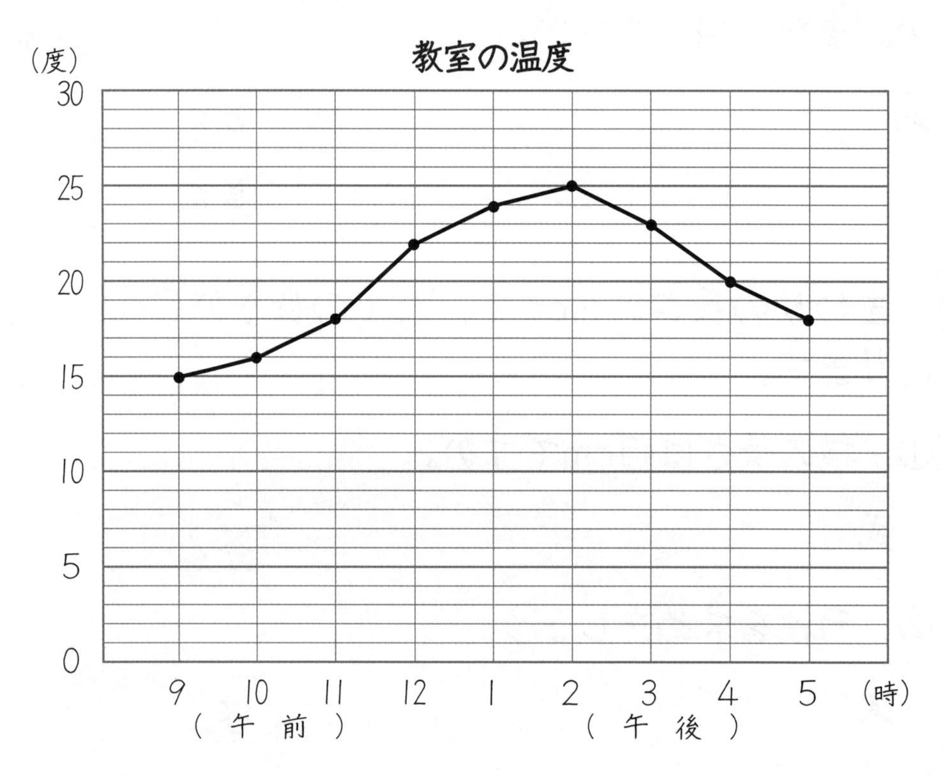


① このグラフの表題は何ですか。（　　　　　　　　）

② 横じくの目もりは何を表していますか。（　　　　）

③ たてじくの目もりは何を表していますか。（　　　）

④ たての１目もりは何度を表していますか。（　　　）

⑤ 温度が最(もっと)も高いのは、何時ですか。（　　　　）

⑥ 温度の上がり方が最も大きかったのは、何時から何時までですか。

（　　　　　　　　　　　　　　　　　　）

月　　日 名前

折れ線グラフ ②

# グラフを読む

折れ線グラフを見て、あとの問いに答えましょう。

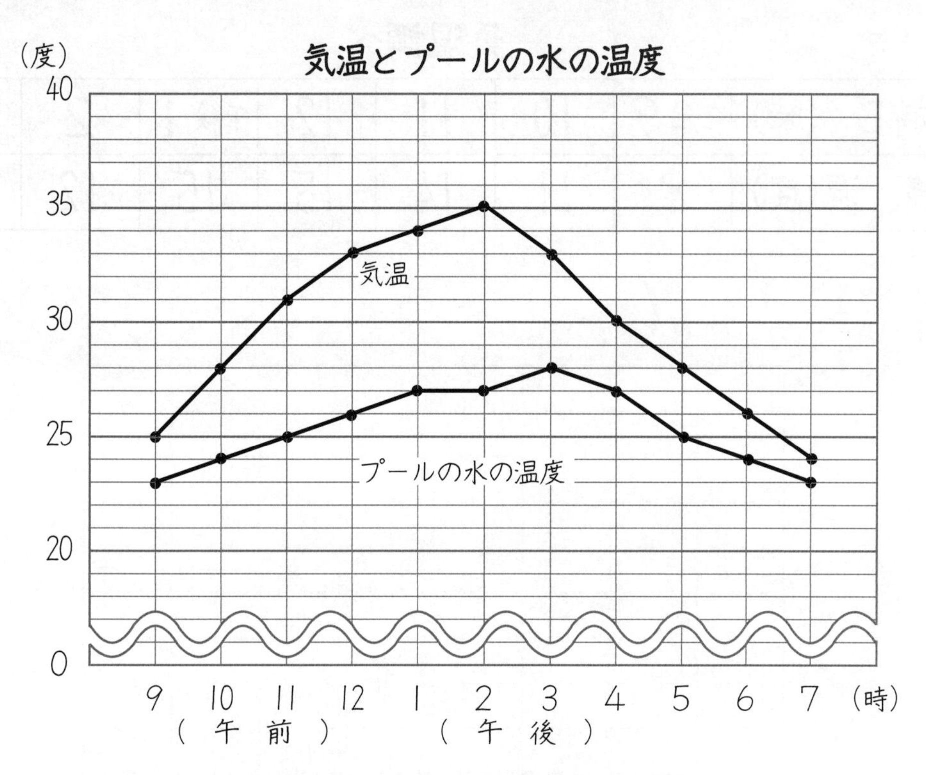


① このグラフの表題は何ですか。

(　　　　　　　　　　　　　　　　　　　　)

② 気温が最も高かったのは何時ですか。(　　　　　)

③ プールの水の温度が最も高かったのは何時ですか。

(　　　　　)

④ 気温とプールの水の温度の差（さ）が最も大きかったのは何時ですか。(　　　　　)

⑤ 差が最も小さかったのは何時ですか。(　　　　　)

月　　日 名前

## 折れ線グラフ ③
# グラフをかく

次の表を折(お)れ線グラフに表しましょう。

気温調べ

| 時こく(時) | 午前 9 | 10 | 11 | 12 | 午後 1 | 2 | 3 |
|---|---|---|---|---|---|---|---|
| 気　温(度) | 8 | 11 | 14 | 15 | 15 | 12 | 7 |

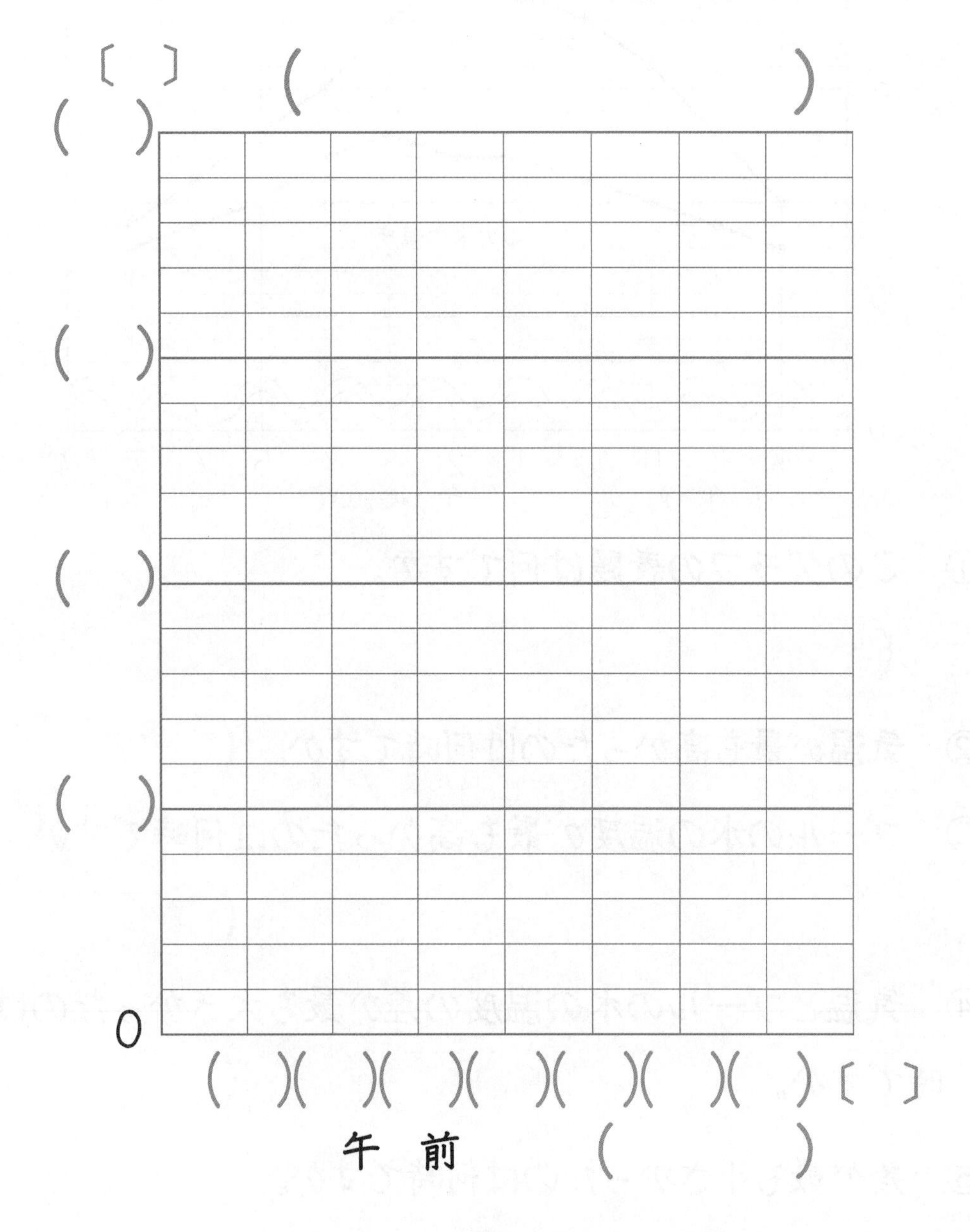

## 折れ線グラフ ④

# グラフをかく

次の表を折れ線グラフに表しましょう。

だいすけさんの体重の変化(へんか)

| 学　年(年) | 1 | 2 | 3 | 4 | 5 | 6 |
|---|---|---|---|---|---|---|
| 体　重(kg) | 19 | 21 | 23 | 26 | 30 | 34 |

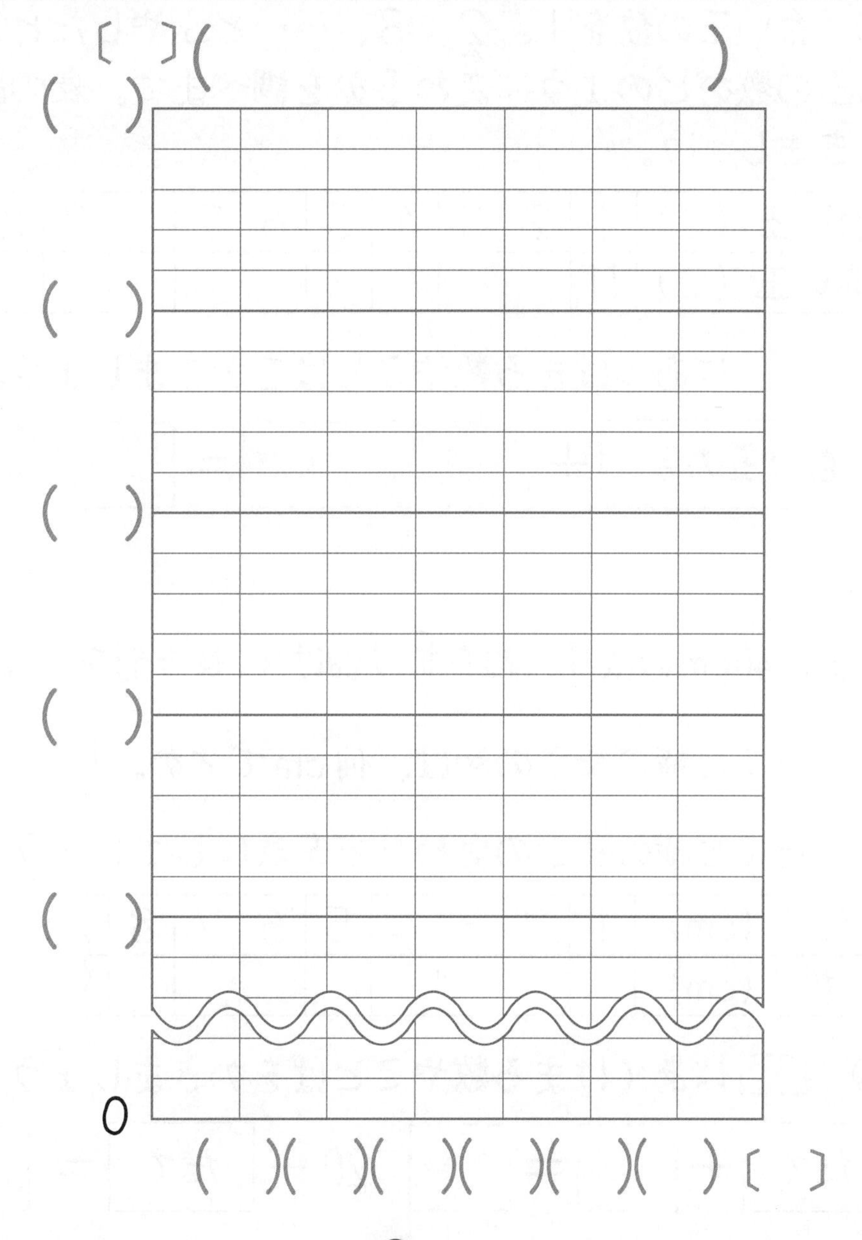

月　　日 名前

変わり方 ①

# 表を使って

**1** ふくろの中に、白と赤の玉を合わせて12こ入れます。あとの問いに答えましょう。

① 白を4こ入れるとき、赤は何こ入れればよいですか。

（　　　こ）

② 白い玉の数を1、2、3、……とふやしたとき、赤い玉の数がどのように変(か)わるかを調べます。表の続(つづ)きをかきましょう。

| 白い玉（こ） | 1 | 2 | 3 | 4 | 5 | 6 | 7 | 8 | 9 | 10 | 11 |
|---|---|---|---|---|---|---|---|---|---|---|---|
| 赤い玉（こ） | 11 | | | | | | | | | | |

③ □ にあてはまる数やことばをかきましょう。

白い玉の数 ＋ □ ＝ □

**2** 長さ40cmのはりがねを折(お)り曲げて、長方形をつくります。

① たてと横の長さの和は、何cmですか。（　　　）

② たてと横の長さの変わり方を表にしましょう。

| たて（cm） | 1 | 2 | 3 | 4 | 5 | 6 | 7 | 8 | |
|---|---|---|---|---|---|---|---|---|---|
| 横　（cm） | | | | | | | | | |

③ □ にあてはまる数やことばをかきましょう。

たて ＋ □ ＝ □　　20 － たて ＝ □

月　　日 名前

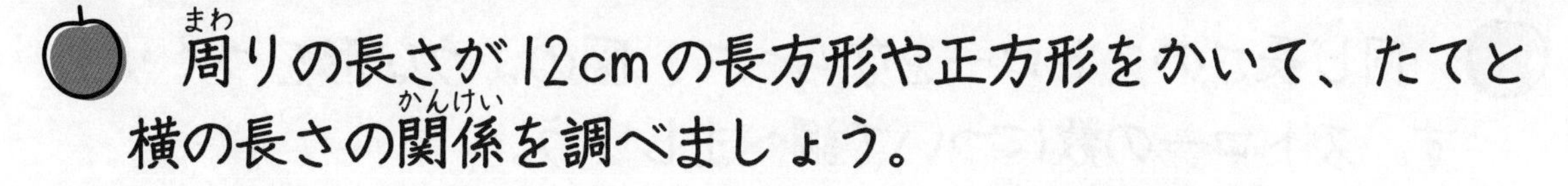

変わり方 ②

# 表を使って

周(まわ)りの長さが12cmの長方形や正方形をかいて、たてと横の長さの関係(かんけい)を調べましょう。

① 周りの長さが12cmの長方形や正方形をあと3つかきましょう。

② たてと横の長さを調べて、表にかきましょう。

| たての長さ（cm） | 1 | 2 | 3 | 4 | 5 |
|---|---|---|---|---|---|
| 横 の 長 さ（cm） | | | | | |

③ 表を見て、たてと横の長さの関係を式にかきましょう。

［　　　　］＋［横の長さ］＝［　　］

月　　日 名前

変わり方 ③

# 表を使って

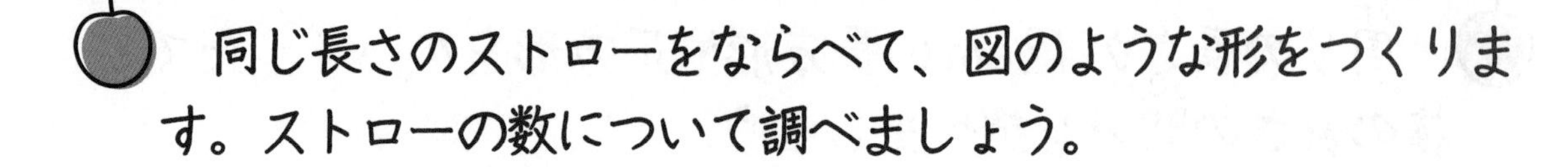

同じ長さのストローをならべて、図のような形をつくります。ストローの数について調べましょう。

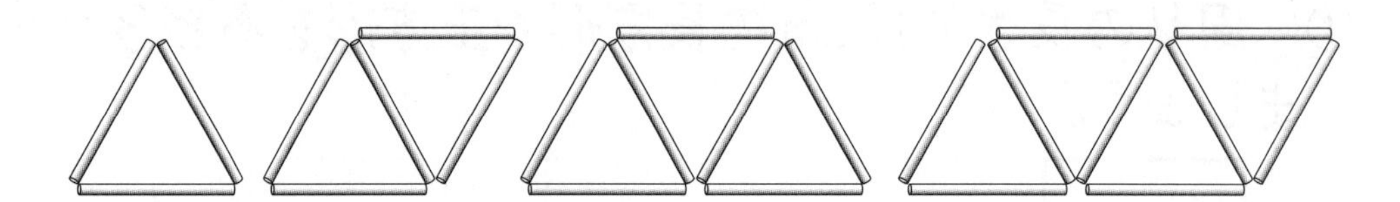

① 三角形の数が２このとき、ストローの数は何本ですか。

(　　　　)

② 三角形の数を順（じゅん）にふやしていったときの、ストローの数を表にしましょう。

| 三角形の数（こ） | 1 | 2 | 3 | 4 | 5 | 6 |
|---|---|---|---|---|---|---|
| ストローの数（本） | | | | | | |

③ □にあてはまることばをかきましょう。

ストローの数 ＝ 2× □ ＋ 1

④ 三角形の数が８このとき、ストローの数は何本ですか。

(　　　　)

変わり方 ④

# 表を使って

1まい15円の画用紙を何まいか買います。

① 買ったまい数と代金の関係(かんけい)を、下の表にまとめましょう。

| まい数（まい） | 1 | 2 | 3 | 4 | 5 | 6 | |
|---|---|---|---|---|---|---|---|
| 代　金　（円） | | | | | | | |

② まい数が２倍になると、代金は何倍になっていますか。

（　　　　　）

③ 代金は、まい数の何倍になっていますか。

（　　　　　）

④ まい数と代金の関係をことばと数の式に表しましょう。

（　　　　　　　　　　）

⑤ 画用紙を８まい買ったときの代金を求(もと)めましょう。

式

答え

月　　日 名前

考える力をつける ①

# 図を使って考える

① 赤いおはじきの数は24こで、黄色いおはじきの数の３倍です。黄色いおはじきの数は青いおはじきの２倍です。青いおはじきの数は何こですか。

式

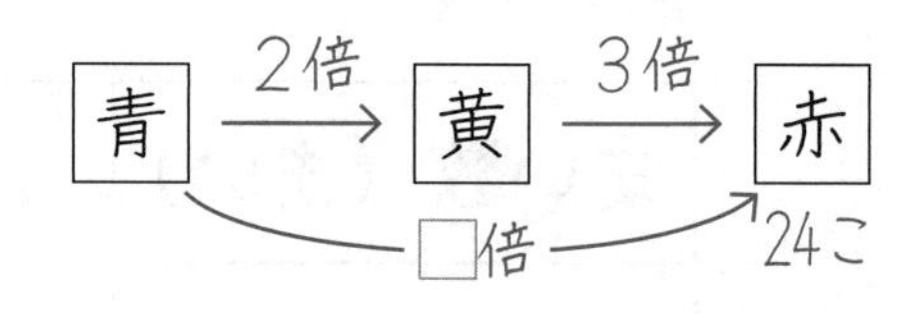


答え

② こうきさんのお父さんの体重は60kgで、こうきさんの体重の２倍です。こうきさんの体重は、弟の体重の３倍です。弟の体重は何kgですか。

式

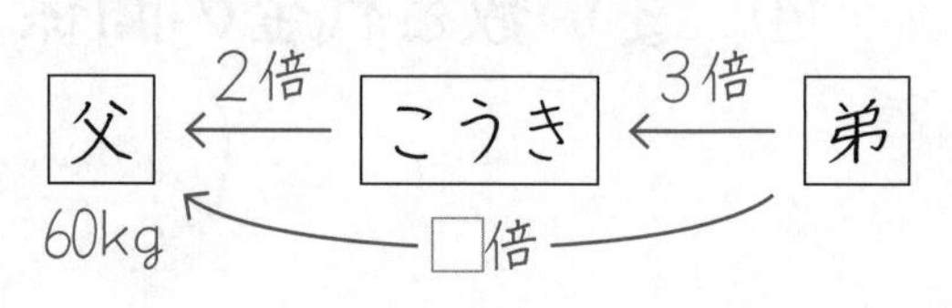


答え

月　日　名前

考える力をつける ②

# 図を使って考える

① 運動場に大きいトラックと小さいトラックがあります。妹は大きいトラックを１周と小さいトラックを２周して、全部で400m走りました。兄は大きいトラックを１周と小さいトラックを５周して、全部で700m走りました。小さいトラックと大きいトラックの１周の長さは、それぞれ何mですか。

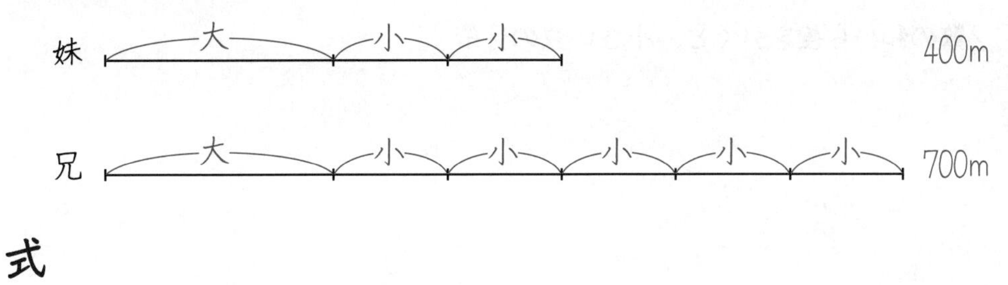


式

答え

② そらさんは、消しゴム１ことえんぴつ１本を買って120円はらいました。みさきさんは、同じ消しゴム１ことえんぴつ４本を買って330円はらいました。えんぴつ１本と消しゴム１このねだんは、それぞれ何円ですか。

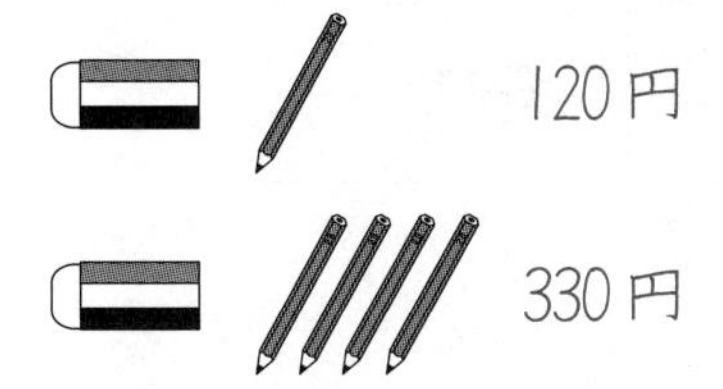


式

答え

月　　日 名前

考える力をつける ③

# 図を使って考える

① 大きい数と小さい数があります。
２つの数の和は60で、その差(さ)は12になります。
２つの数を求(もと)めましょう。

大きい数
小さい数
差 12　和 60

２数の和から差を引くと、小さい数の２倍

式

答え

② 大きい数と、小さい数があります。
２つの数の和は72で、その差は18になります。
２つの数を求めましょう。

大きい数
小さい数
差 □　和 □

式

答え

月　　日 名前

考える力をつける ④

# 図を使って考える

**1** 兄と弟の２人が、おじさんから２人分で5000円のおこづかいをもらいました。兄は弟より800円多くなるように分けなさいといわれました。兄と弟は何円ずつもらえますか。

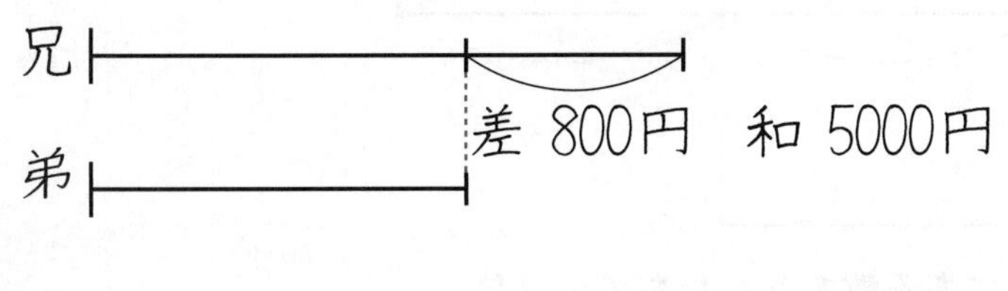


式

答え ＿＿＿＿＿＿＿＿

**2** 姉と妹の２人が、おばさんから２人分で10000円のおこづかいをもらいました。姉は妹より1000円多くなるように分けなさいといわれました。姉と妹は何円ずつもらえますか。

姉

妹　　差 □ 円　和 □ 円

式

答え ＿＿＿＿＿＿＿＿

考える力をつける ⑤

# 図を使って考える

① 2つの数26、6があります。これらの数に同じ数をたすと、大きい数は、小さい数の3倍になります。それぞれにたした数を求(もと)めましょう。

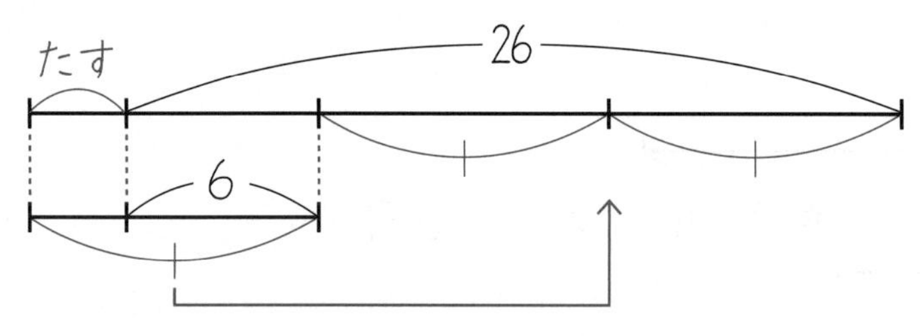


26−6は、小さい数にある数をたしたものの2倍

式

答え

② 2つの数350、50があります。これらの数に同じ数をたすと、大きい数は小さい数の4倍になります。それぞれにたした数を求めましょう。

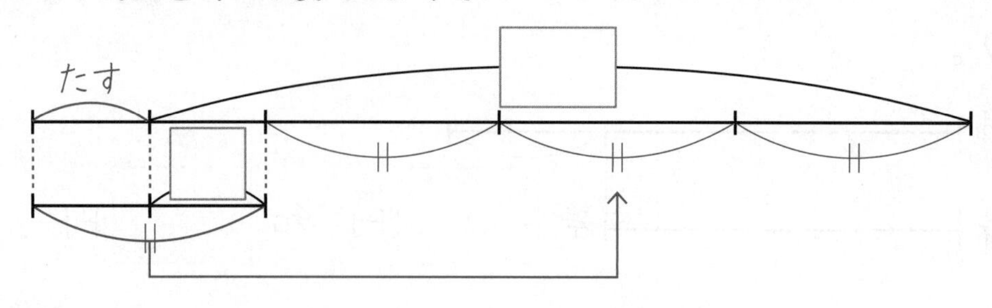


式

答え

考える力をつける ⑥

# 図を使って考える

① 姉は2700円、妹は700円持っています。母から同じ金がくのお金をもらったので、姉は妹の３倍になりました。
母からもらった金がくを求めましょう。

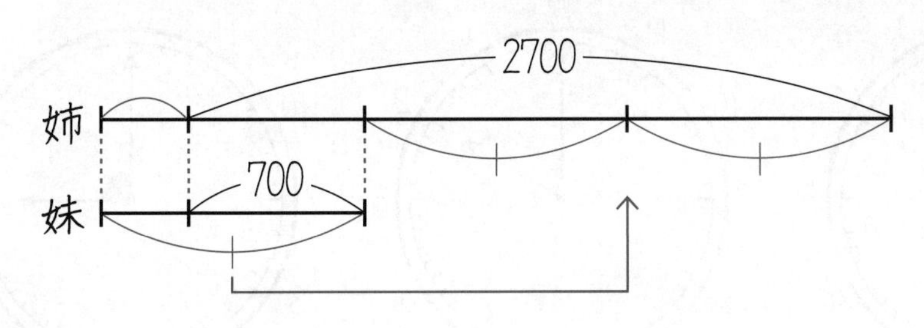


式

答え

② 兄は3400円、弟は700円持っています。父から同じ金がくのお金をもらったので、兄は弟の4倍になりました。
父からもらった金がくを求めましょう。

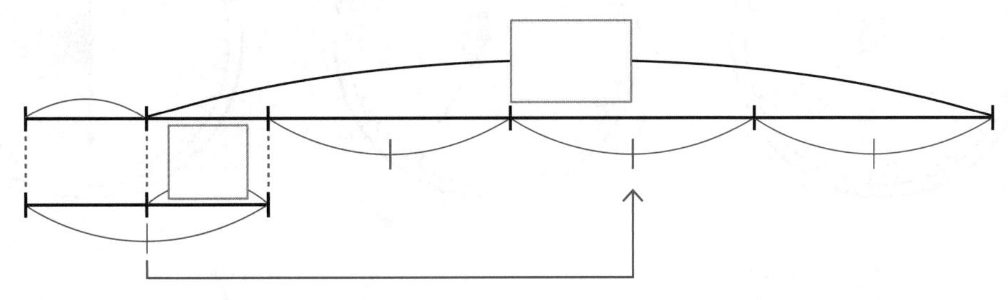

式

答え

月　　日 名前

考える力をつける ⑦

# 時計と角度

時計のはりがつくる角度を求(もと)めましょう。

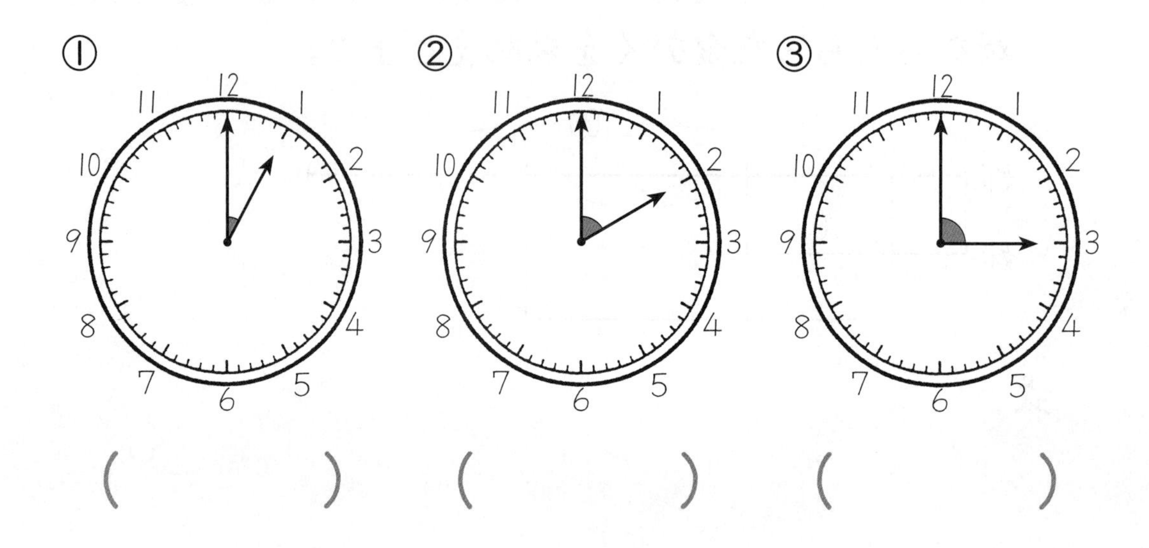


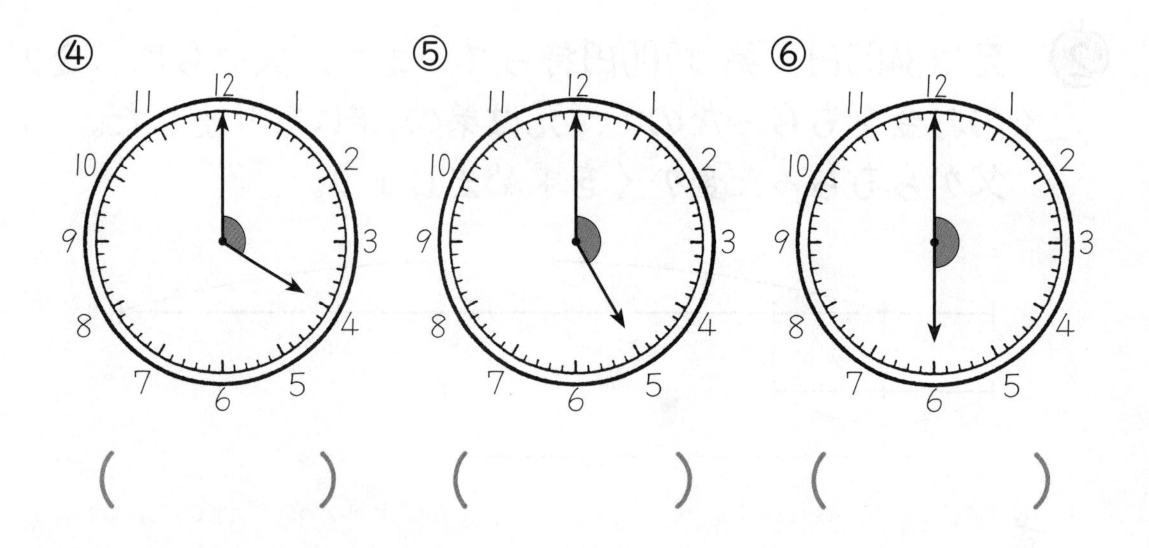

月　　日 名前

考える力をつける ⑧

# 時計と角度

**1** 時計の短いはりは、30分で30°の半分15°進みます。
次の角度を求めましょう。

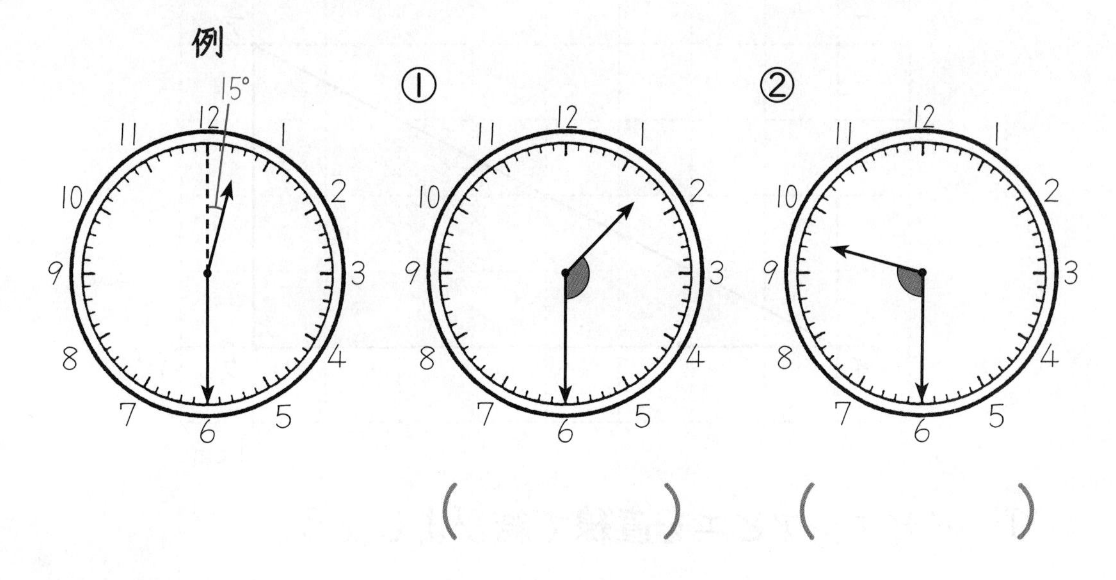


①（　　　　）　②（　　　　）

**2** 時計の短いはりは、10分で15°の3分の1の5°進みます。
次の角度を求めましょう。

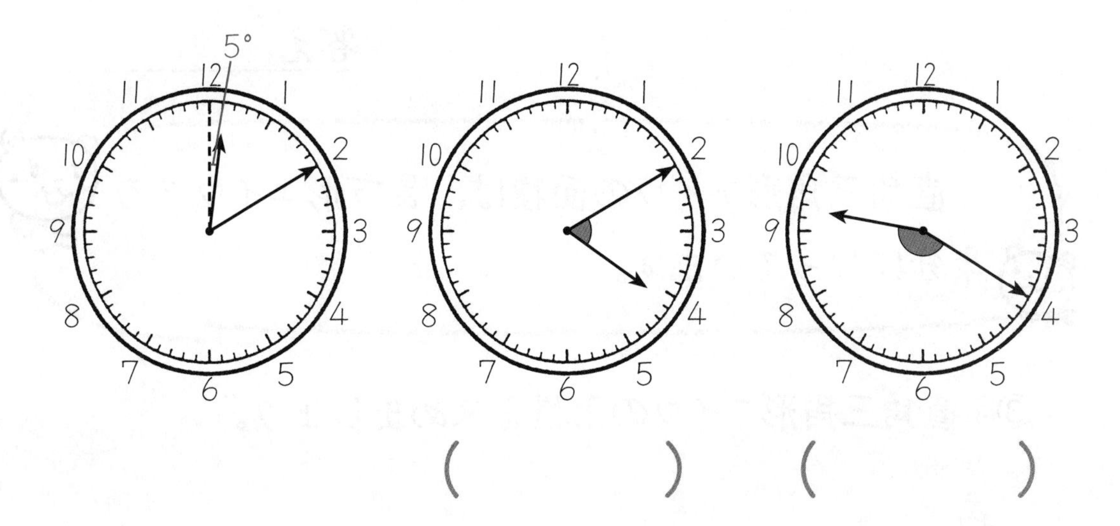


（　　　　）　（　　　　）

月　　日 名前

考える力をつける ⑨

# 三角形の面積

直角三角形アイウの面積を求めます。

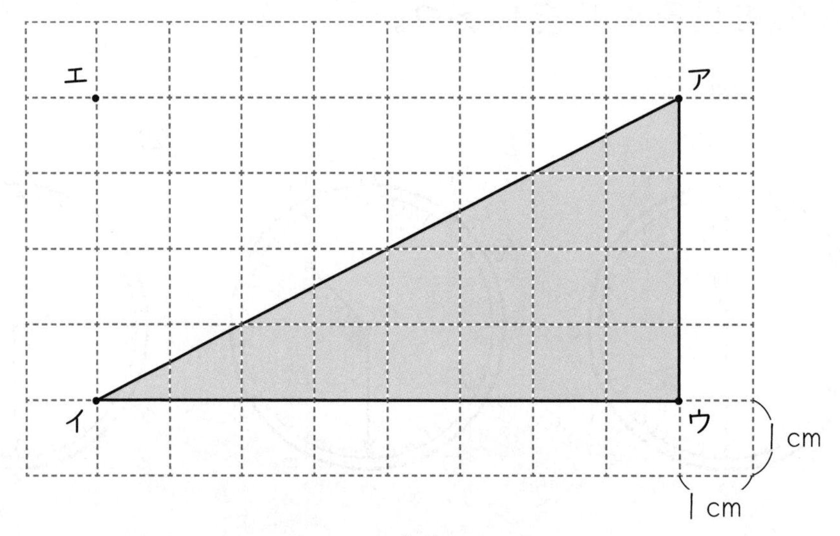


① イとエ、アとエを直線で結びましょう。

② 長方形エイウアの面積はいくらですか。

式

答え ＿＿＿＿＿＿

直角三角形アイウの面積は、長方形エイウアの半分になっています。

③ 直角三角形アイウの面積を求めましょう。

式

答え ＿＿＿＿＿＿

月　　日 名前

考える力をつける ⑩

# 三角形の面積

二等辺三角形(にとうへん)アイウの面積を求めます。

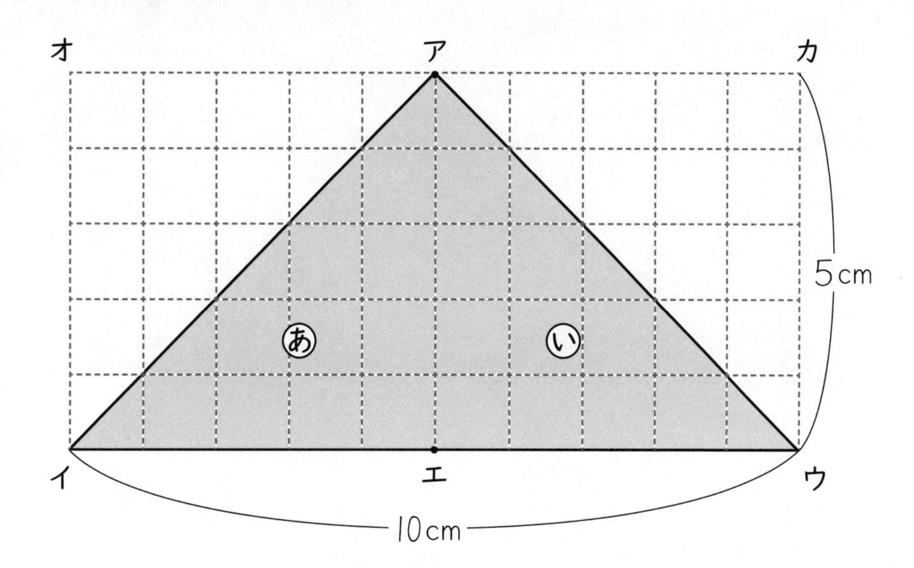


① イエとエウの長さは同じです。アとエを直線で結びましょう。

② 三角形アイエ（あ）の面積は、正方形オイエアの半分になっています。何$cm^2$ですか。

式

答え

③ 三角形アエウ（い）の面積は、正方形アエウカの半分になっています。何$cm^2$ですか。

式

答え

④ 二等辺三角形アイウの面積は何$cm^2$ですか。

式

答え

**上級算数習熟プリント** 小学4年生

2023年３月10日　第１刷　発行

著　者　図書(ずしょ)　啓展(ひろのぶ)

発行者　面屋　洋

企　画　フォーラム・A

発行所　清 風 堂 書 店

〒530-0057　大阪市北区曽根崎２-11-16

TEL 06-6316-1460／FAX 06-6365-5607

振 替　00920-6-119910

制作編集担当　蒔田　司郎

表紙デザイン　ウエナカデザイン事務所

※乱丁・落丁本はおとりかえいたします。

# 学力の基礎をきたえどの子も伸ばす研究会

HPアドレス　http://gakuryoku.info/

常任委員長　岸本ひとみ
事務局　〒675-0032 加古川市加古川町備後 178－1－2－102 岸本ひとみ方 ☎・Fax 0794－26－5133

## ① めざすもの

私たちは、すべての子どもたちが、日本国憲法と子どもの権利条約の精神に基づき、確かな学力の形成を通して豊かな人格の発達が保障され、民主平和の日本の主権者として成長することを願っています。しかし、発達の基盤ともいうべき学力の基礎を鍛えられないまま落ちこぼれている子どもたちが普遍化し、「荒れ」の情況があちこちで出てきています。

私たちは、「見える学力、見えない学力」を共に養うこと、すなわち、基礎の学習をやり遂げさせることと、読書やいろいろな体験を積むことを通して、子どもたちが「自信と誇りとやる気」を持てるようになると考えています。

私たちは、人格の発達が歪められている情況の中で、それを克服し、子どもたちが豊かに成長するような実践に挑戦します。

そのために、つぎのような研究と活動を進めていきます。

①　「読み・書き・計算」を基軸とした学力の基礎をきたえる実践の創造と普及。
②　豊かで確かな学力づくりと子どもを励ます指導と評価の探究。
③　特別な力量や経験がなくても、その気になれば「いつでも・どこでも・だれでも」ができる実践の普及。
④　子どもの発達を軸とした父母・国民・他の民間教育団体との協力、共同。

私たちの実践が、大多数の教職員や父母・国民の方々に支持され、大きな教育運動になるよう地道な努力を継続していきます。

## ② 会　　員

- 本会の「めざすもの」を認め、会費を納入する人は、会員になることができる。
- 会費は、年 4000 円とし、7月末までに納入すること。①または②

①郵便振替　口座番号　00920－9－319769
　名　　称　学力の基礎をきたえどの子も伸ばす研究会

②ゆうちょ銀行
　店番099　店名〇九九店（ゼロキュウキュウ）　当座0319769

- 特典　研究会をする場合、講師派遣の補助を受けることができる。
　　　大会参加費の割引を受けることができる。
　　　学力研ニュース、研究会などの案内を無料で送付してもらうことができる。
　　　自分の実践を学力研ニュースなどに発表することができる。
　　　研究の部会を作り、会場費などの補助を受けることができる。
　　　地域サークルを作り、会場費の補助を受けることができる。

## ③ 活　　動

全国家庭塾連絡会と協力して以下の活動を行う。

- 全 国 大 会　全国の研究、実践の交流、深化をはかる場とし、年1回開催する。通常、夏に行う。
- 地域別集会　地域の研究、実践の交流、深化をはかる場とし、年1回開催する。
- 合宿研究会　研究、実践をさらに深化するために行う。
- 地域サークル　日常の研究、実践の交流、深化の場であり、本会の基本活動である。
　可能な限り月1回の月例会を行う。
- 全国キャラバン　地域の要請に基づいて講師派遣をする。

# 全国家庭塾連絡会

## ① めざすもの

私たちは、日本国憲法と子どもの権利条約の精神に基づき、すべての子どもたちが確かな学力と豊かな人格を身につけて、わが国の主権者として成長することを願っています。しかし、わが子も含めて、能力があるにもかかわらず、必要な学力が身につかないままになっている子どもたちがたくさんいることに心を痛めています。

私たちは学力研が追究している教育活動に学びながら、「全国家庭塾連絡会」を結成しました。

この会は、わが子に家庭学習の習慣化を促すことを主な活動内容とする家庭塾運動の交流と普及を目的としています。

私たちの試みが、多くの父母や教職員、市民の方々に支持され、地域に根ざした大きな運動になるよう学力研と連携しながら努力を継続していきます。

## ② 会　　員

本会の「めざすもの」を認め、会費を納入する人は会員になれる。
会費は年額 1500 円とし（団体加入は年額 3000 円）、7月末までに納入する。
会員は会報や連絡交流会の案内、学力研集会の情報などをもらえる。

事務局　〒564-0041　大阪府吹田市泉町 4－29－13　影浦邦子方　☎・Fax 06－6380－0420
郵便振替　口座番号　00900－1－109969　名称　全国家庭塾連絡会

上級
算数4年生
習熟プリント
答え

月　　日 名前

大きな数 ①

## 億（漢数字でかく）

読み方を漢字でかきましょう。

① 1 3 4 2 5 3 4 2 5

| 千 | 百 | 十 | 一 | 千 | 百 | 十 | 一 | 千 | 百 | 十 | 一 |
|---|---|---|---|---|---|---|---|---|---|---|---|
| | | | 億 | | | | 万 | | | | |

（ 一億三千四百二十五万三千四百二十五 ）

② 1 5 6 4 3 3 2 4 9 6 0

（ 百五十六億四千三百三十二万四千九百六十 ）

③ 3 6 7 5 4 2 4 5 0 8 3 9

（三千六百七十五億四千二百四十五万八百三十九）

④ 2 7 8 6 5 3 1 6 0 0 4 2

（ 二千七百八十六億五千三百十六万四十二 ）

⑤ 4 9 7 6 4 0 0 4 0 5 6 0

（ 四千九百七十六億四千四万五百六十 ）



月　　日 名前

大きな数 ②

## 億（数字でかく）

数字でかきましょう。

① 一億

| 千 | 百 | 十 | 一 | 千 | 百 | 十 | 一 | 千 | 百 | 十 | 一 |
|---|---|---|---|---|---|---|---|---|---|---|---|
| | | | 億 | | | | 万 | | | | |

（ 100000000 ）

② 五十九億三千七百二十一万八千四百十六

（ 5937218416 ）

③ 三百七十五億二千六百八十九万四千百三十

（ 37526894130 ）

④ 四千六百億二千五百八十万

（ 460025800000 ）

⑤ 八千二百五十四億六十七万

（ 825400670000 ）



月　　日 名前

大きな数 ③

## 兆（漢数字でかく）

読み方を漢字でかきましょう。

① 1 7 5 8 3 6 2 9 4 5 6 3 7

| 千 | 百 | 十 | 一 | 千 | 百 | 十 | 一 | 千 | 百 | 十 | 一 | 千 | 百 | 十 | 一 |
|---|---|---|---|---|---|---|---|---|---|---|---|---|---|---|---|
| | | | 兆 | | | | 億 | | | | 万 | | | | |

（一兆七千五百八十三億六千二百九十四万五千六百三十七）

② 2 6 7 5 4 4 3 5 9 7 1 8 9 2 0

（二百六十七兆五千四百四十三億五千九百七十一万八千九百二十）

③ 7 8 6 5 3 5 6 1 9 0 4 8 3 0 0

（七百八十六兆五千三百五十六億一千九百四万八千三百）

④ 4 3 2 7 0 0 5 3 1 7 9 0 0 6 4

（ 四百三十二兆七千五億三千百七十九万六十四 ）

⑤ 6 8 7 5 0 0 5 7 8 0 0 0 0 0 0

（ 六百八十七兆五千五億七千八百万 ）



月　　日 名前

大きな数 ④

## 兆（数字でかく）

数字でかきましょう。

① 一兆

| 千 | 百 | 十 | 一 | 千 | 百 | 十 | 一 | 千 | 百 | 十 | 一 | 千 | 百 | 十 | 一 |
|---|---|---|---|---|---|---|---|---|---|---|---|---|---|---|---|
| | | | 兆 | | | | 億 | | | | 万 | | | | |

（ 1000000000000 ）

② 八兆七千三十六億

（ 8703600000000 ）

③ 四十七兆四百六十二億

（ 47046200000000 ）

④ 二百六十三兆七十万

（ 263000000700000 ）

⑤ 五十兆八百五十九億千八百九十二万三百

（ 50085918920300 ）

月　日 名前

大きな数 ⑤

## 10倍、100倍、1000倍

整数を10倍するごとに、数字の位（くらい）は1けたずつ上がります。10倍することは、10をかけることと同じです。

100倍するごとに、2けたずつ上がり、1000倍するごとに、3けたずつ上がります。

● 次の数をかきましょう。

① 2億（おく）の10倍　（ 20億 ）

② 4億×10　（ 40億 ）

③ 32億の100倍　（ 3200億 ）

④ 51億×100　（ 5100億 ）

⑤ 6兆（ちょう）の1000倍　（ 6000兆 ）

⑥ 8兆×1000　（ 8000兆 ）

⑦ 31兆の100倍　（ 3100兆 ）

⑧ 43兆×100　（ 4300兆 ）



月　日 名前

大きな数 ⑥

## 十分の一、百分の一、千分の一

整数を$\frac{1}{10}$にするごとに、数字の位は1けたずつ下がります。$\frac{1}{10}$にすることは、10でわることと同じです。

$\frac{1}{100}$にするごとに、2けたずつ下がり、$\frac{1}{1000}$にするごとに、3けたずつ下がります。

● 次の数をかきましょう。

① 20億の$\frac{1}{10}$　（ 2億 ）

② 40億÷10　（ 4億 ）

③ 500億の$\frac{1}{100}$　（ 5億 ）

④ 600億÷100　（ 6億 ）

⑤ 7000兆の$\frac{1}{1000}$　（ 7兆 ）

⑥ 8000兆÷1000　（ 8兆 ）

⑦ 2兆の$\frac{1}{100}$　（ 200億 ）

⑧ 3兆÷100　（ 300億 ）



月　日 名前

大きな数 ⑦

## 数のしくみ

● □にあてはまる数をかきましょう。

① 1000万を10こ集めた数は、［ 1億 ］です。

② 1000億（おく）を10こ集めた数は、［ 1兆 ］です。

③ 1億は、1万を［ 10000 ］こ集めた数です。

④ 1兆（ちょう）は、1億を［ 10000 ］こ集めた数です。

⑤ 1億を40こと、1万を3600こ合わせた数は、［ 40億3600万 ］です。

⑥ 1000億を30こと、100億を40こ合わせた数は、［ 3兆4000億 ］です。

⑦ 1兆を60こと、1億を2730こ合わせた数は、［ 60兆2730億 ］です。

⑧ 10兆を7こと、1000億を3こと、100億を4こ合わせた数は、［ 70兆3400億 ］です。



月　日 名前

大きな数 ⑧

## 数のしくみ

1 数字でかきましょう。

① 1億より1大きい数　（ 100000001 ）

② 1億より1小さい数　（ 99999999 ）

③ 3億より10万小さい数　（ 299900000 ）

④ 次の㋐、㋑の数

9000億　㋐　1兆　㋑　1兆1000億

㋐（ 960000000000 ）

㋑（ 1060000000000 ）

2 次の数の和（たし算の答え）と差（さ）（ひき算の答え）をかきましょう。

① 34億と23億　和（ 57億 ）　差（ 11億 ）

② 76兆と58兆　和（ 134兆 ）　差（ 18兆 ）

まとめテスト　月　日 名前

まとめ ①

## 大きな数

50点

**1** 次の数を数字でかきましょう。（各5点／30点）

① 1億を6こと100万を5こ合わせた数。
（ 605000000 ）

② 1兆を8こ、10億を4こ、1億を3こ合わせた数。
（ 8004300000000 ）

③ 1億を70こ集めた数。
（ 7000000000 ）

④ 1000億を10こ合わせた数。
（ 1000000000000 ）

⑤ 10兆を10こ合わせた数。
（ 100000000000000 ）

⑥ 1000万を39こ集めた数。
（ 390000000 ）

**2** 大きい順に番号をつけましょう。（完答・各10点／20点）

① 273514280　27356903　275300094
（ 2 ）（ 3 ）（ 1 ）

② 432109876　342109876　442109876
（ 2 ）（ 3 ）（ 1 ）



まとめテスト　月　日 名前

まとめ ②

## 大きな数

50点

**1** 次の数を見て、答えましょう。

2341876435000

① 8は、何の位の数ですか。（5点）（ 一億の位 ）

② 一兆の位の数字は何ですか。（5点）（ 2 ）

③ この数を10でわった数をかきましょう。（10点）
（ 234187643500 ）

**2** [0] から [9] までのカードを1まいずつ使って、10けたの数字をつくります。

① つくれる数の中で、1番目に大きい数は何ですか。（10点）
（ 9876543210 ）

② 1番目に小さい数は何ですか。（10点）
（ 1023456789 ）

③ 2番目に小さい数は何ですか。（10点）
（ 1023456798 ）



月　日 名前

がい数 ①

## 切りすて・切り上げ

**1** 百の位の数を切りすてて、千の位までのがい数にしましょう。

① 5342 （ 5000 ）　② 7456 （ 7000 ）　③ 18575 （ 18000 ）

**2** 千の位の数を切りすてて、一万の位までのがい数にしましょう。

① 24137 （ 20000 ）　② 877659 （ 870000 ）

③ 740089 （ 740000 ）

**3** 百の位の数を切り上げて、千の位までのがい数にしましょう。

① 4725 （ 5000 ）　② 6234 （ 7000 ）　③ 37671 （ 38000 ）

**4** 千の位の数を切り上げて、一万の位までのがい数にしましょう。

① 56189 （ 60000 ）　② 484329 （ 490000 ）

③ 603527 （ 610000 ）



月　日 名前

がい数 ②

## 四捨五入

**1** 百の位を四捨五入して、千の位までのがい数にしましょう。

① 3207 （ 3000 ）　② 6538 （ 7000 ）

③ 4961 （ 5000 ）　④ 5372 （ 5000 ）

⑤ 6430 （ 6000 ）

**2** 千の位を四捨五入して、一万の位までのがい数にしましょう。

① 55089 （ 60000 ）　② 43682 （ 40000 ）

③ 24817 （ 20000 ）　④ 82765 （ 80000 ）

⑤ 97243 （ 100000 ）

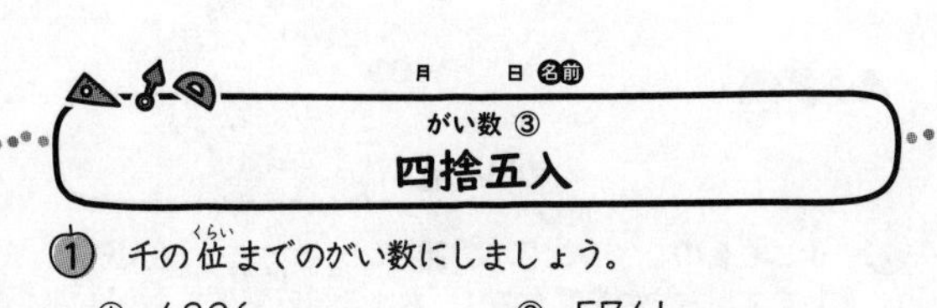


がい数 ③
## 四捨五入

**1** 千の位までのがい数にしましょう。

① 4396 ( 4000 )　② 5741 ( 6000 )

③ 6238 ( 6000 )　④ 7968 ( 8000 )

⑤ 42638 ( 43000 )

**2** 一万の位までのがい数にしましょう。

① 36541 ( 40000 )　② 42886 ( 40000 )

③ 53461 ( 50000 )　④ 78603 ( 80000 )

⑤ 537200 ( 540000 )



月　日　名前

がい数 ④
## 四捨五入

**1** 四捨五入して、上から1けたのがい数にしましょう。

① 4126 ( 4000 )　② 5883 ( 6000 )

③ 20861 ( 20000 )　④ 85703 ( 90000 )

⑤ 597180 ( 600000 )

**2** 四捨五入して、上から2けたのがい数にしましょう。

① 576791 ( 580000 )　② 352403 ( 350000 )

③ 6783305 ( 6800000 )　④ 1358429 ( 1400000 )

⑤ 49348276 ( 49000000 )



月　日　名前

がい数 ⑤
## 以上・以下・未満

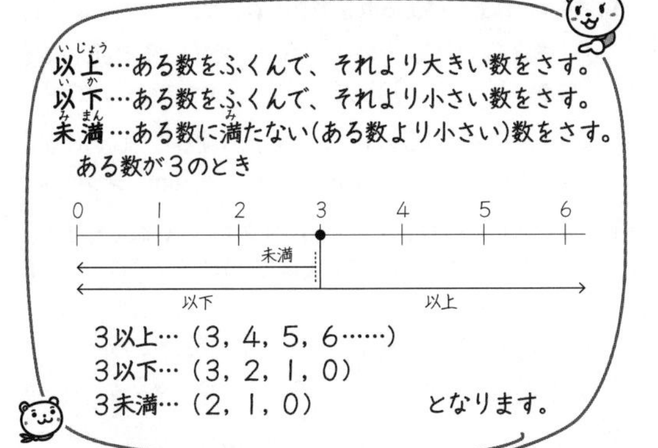

以上…ある数をふくんで、それより大きい数をさす。
以下…ある数をふくんで、それより小さい数をさす。
未満…ある数に満たない(ある数より小さい)数をさす。
ある数が3のとき
0 1 2 3 4 5 6
未満
以下
以上
3以上…（3, 4, 5, 6……）
3以下…（3, 2, 1, 0）
3未満…（2, 1, 0）　となります。


● 次の数を整数でかきましょう。
1～10の数で答えましょう。

① 7以上 ( 7, 8, 9, 10 )

② 5未満 ( 1, 2, 3, 4 )

③ 6以下 ( 1, 2, 3, 4, 5, 6 )

④ 10以上 ( 10 )



月　日　名前

がい数 ⑥
## がい数のはんい

**1** 次の数の中で、十の位を四捨五入して1300になる数に○をつけましょう。

| (1300) | (1325) | 1351 | (1349) |
|---|---|---|---|
| 1237 | (1258) | 1243 | (1274) |
| 1364 | (1260) | (1338) | (1299) |

**2** ア～クの数のうち、一の位を四捨五入して、260になる数の記号すべてに○をつけましょう。

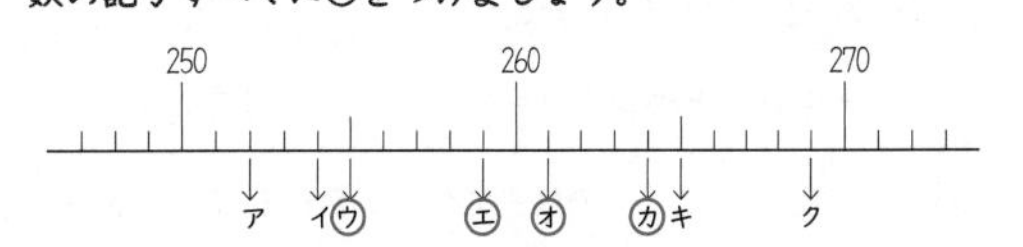


**3** 十の位を四捨五入すると6500になる整数のうち、もっとも大きい数と、もっとも小さい数をかきましょう。

もっとも大きい数 ( 6549 )

もっとも小さい数 ( 6450 )

月　日 名前

がい数 ⑦

## がい算

1 1300円のタオルと、5900円のシャツを買いました。およそ何円になるか計算します。

① タオルの代金と、シャツの代金を上から1けたのがい数で表しましょう。

タオル　1300円→約（ 1000 ）円

シャツ　5900円→約（ 6000 ）円

② およその代金を求めましょう。

（ 1000 ）＋（ 6000 ）＝（ 7000 ）

答え　7000円

2 7040円のズボンを買い、1万円を出しました。四捨五入して上から1けたのがい数にしておよそのおつりの金がくを求めましょう。

10000　7040 ← 上から1けたのがい数

（ 10000 ）－（ 7000 ）＝（ 3000 ）

答え　3000円



月　日 名前

がい数 ⑧

## がい算

1 子ども会のハイキングで、280円のおやつを、38人分用意します。おやつを買うのに、およそ何円必要ですか。

① おやつのねだんと子どもの人数をそれぞれ四捨五入して上から1けたのがい数で表しましょう。

おやつ　280円→約（ 300 ）円

人　数　38人→約（ 40 ）人

② おやつを買うのに必要な代金を見積もりましょう。

（ 300 ）×（ 40 ）＝（ 12000 ）

答え　12000円

2 社会見学に行くのに、バス1台を59800円で借りました。参加人数は29人でした。1人いくらぐらいになるか、四捨五入して上から1けたのがい数にして見積もりましょう。

59800←　29 ← 上から1けたのがい数

（ 60000 ）÷（ 30 ）＝（ 2000 ）

答え　2000円



まとめテスト　月　日 名前

まとめ ③

## がい数

50点

1 四捨五入して、［　］のがい数にしましょう。（各5点／15点）

① 56482［千の位まで］（ 56000 ）

② 28175［一万の位まで］（ 30000 ）

③ 497320［一万の位まで］（ 500000 ）

2 四捨五入して、［　］のがい数にしましょう。（各5点／15点）

① 35174［上から1けた］（ 40000 ）

② 80621［上から2けた］（ 81000 ）

③ 975140［上から2けた］（ 980000 ）

3 四捨五入して、百の位までのがい数にして、答えを見積もりましょう。（完答・各5点／20点）

① 372＋465

式 400＋500＝900　答え　900

② 1470－383

式 1500－400＝1100　答え　1100

③ 841－（542＋328）

式 800－（500＋300）＝0　答え　0

④ 634×386

式 600×400＝240000　答え　240000



まとめテスト　月　日 名前

まとめ ④

## がい数

50点

1 （　）にあてはまる数をかきましょう。（各5点／20点）

① 四捨五入して、十の位までのがい数にすると270になる整数は（ 265 ）から（ 274 ）までのはんいです。

② 十の位で四捨五入して、がい数にすると2600mになる長さのはんいは（ 2550m ）以上（ 2650m ）未満です。

2 次の数は、四捨五入して百の位までのがい数で表すと、5600になる数です。□にあてはまる数を（　）にすべてかきましょう。（各5点／10点）

① 55□7　（ 5, 6, 7, 8, 9 ）

② 56□8　（ 0, 1, 2, 3, 4 ）

3 右の表は、3つの町の人口を表しています。（式5点、答え5点／20点）

| 町 | 人数（人） |
|---|---|
| A町 | 2531 |
| B町 | 1967 |
| C町 | 1753 |

① 3つの町の人口を上から2けたのがい数で表し、合計を求めましょう。

式 2500＋2000＋1800
＝6300

答え　6300人

② B町とC町の人口のちがいを上から2けたのがい数で表し、求めましょう。

式 2000－1800＝200

答え　200人

月　日 名前

わり算（÷１けた）①

## 基本わり算の筆算（あまりあり）

```
  ×           4
6)25        6)25
             24   ⇐6×4（かける）
              1   ⇐25−24＝1（ひく）
```

２の中に６はない。２の上に商はたたない

25で考える。25の中に６は４回、商４をたてる

大きな数のわり算をするときは、筆算ですると、まちがいをへらせます。わり算は、たてる→かける→ひく、のくり返しです。

次の計算をしましょう。

```
①   6     ②   6     ③   7
  5)34      7)44      5)38
    30        42        35
     4         2         3

④   7     ⑤   6     ⑥   6
  9)69      8)49      7)48
    63        48        42
     6         1         6
```



月　日 名前

わり算（÷１けた）②

## 基本わり算の筆算（あまりあり）

次の計算をしましょう。

```
①   4     ②   7     ③   6
  4)19      2)15      9)58
    16        14        54
     3         1         4

④   5     ⑤   6     ⑥   6
  8)44      4)27      6)39
    40        24        36
     4         3         3

⑦   8     ⑧   8     ⑨   6
  5)42      9)73      7)46
    40        72        42
     2         1         4

⑩   4     ⑪   5     ⑫   7
  6)28      7)38      8)59
    24        35        56
     4         3         3
```



月　日 名前

わり算（÷１けた）③

## 商２けた（あまりなし）

次の計算をしましょう。

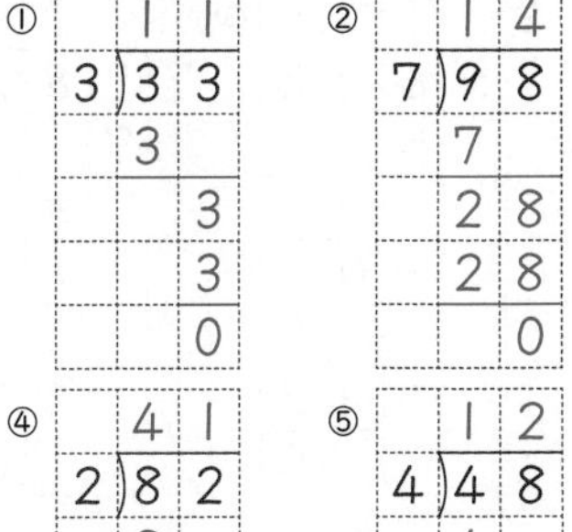

```
①  11     ②  14     ③  48
  3)33      7)98      2)96
    3         7         8
     3        28        16
     3        28        16
     0         0         0

④  41     ⑤  12     ⑥  15
  2)82      4)48      5)75
    8         4         5
     2         8        25
     2         8        25
     0         0         0

⑦  26     ⑧  14     ⑨  12
  3)78      4)56      6)72
    6         4         6
    18        16        12
    18        16        12
     0         0         0
```



月　日 名前

わり算（÷１けた）④

## 商２けた（あまりなし）

次の計算をしましょう。

```
①  16     ②  15     ③  22
  3)48      6)90      2)44
    3         6         4
    18        30         4
    18        30         4
     0         0         0

④  32     ⑤  17     ⑥  38
  3)96      5)85      2)76
    9         5         6
     6        35        16
     6        35        16
     0         0         0

⑦  16     ⑧  17     ⑨  14
  4)64      3)51      6)84
    4         3         6
    24        21        24
    24        21        24
     0         0         0
```

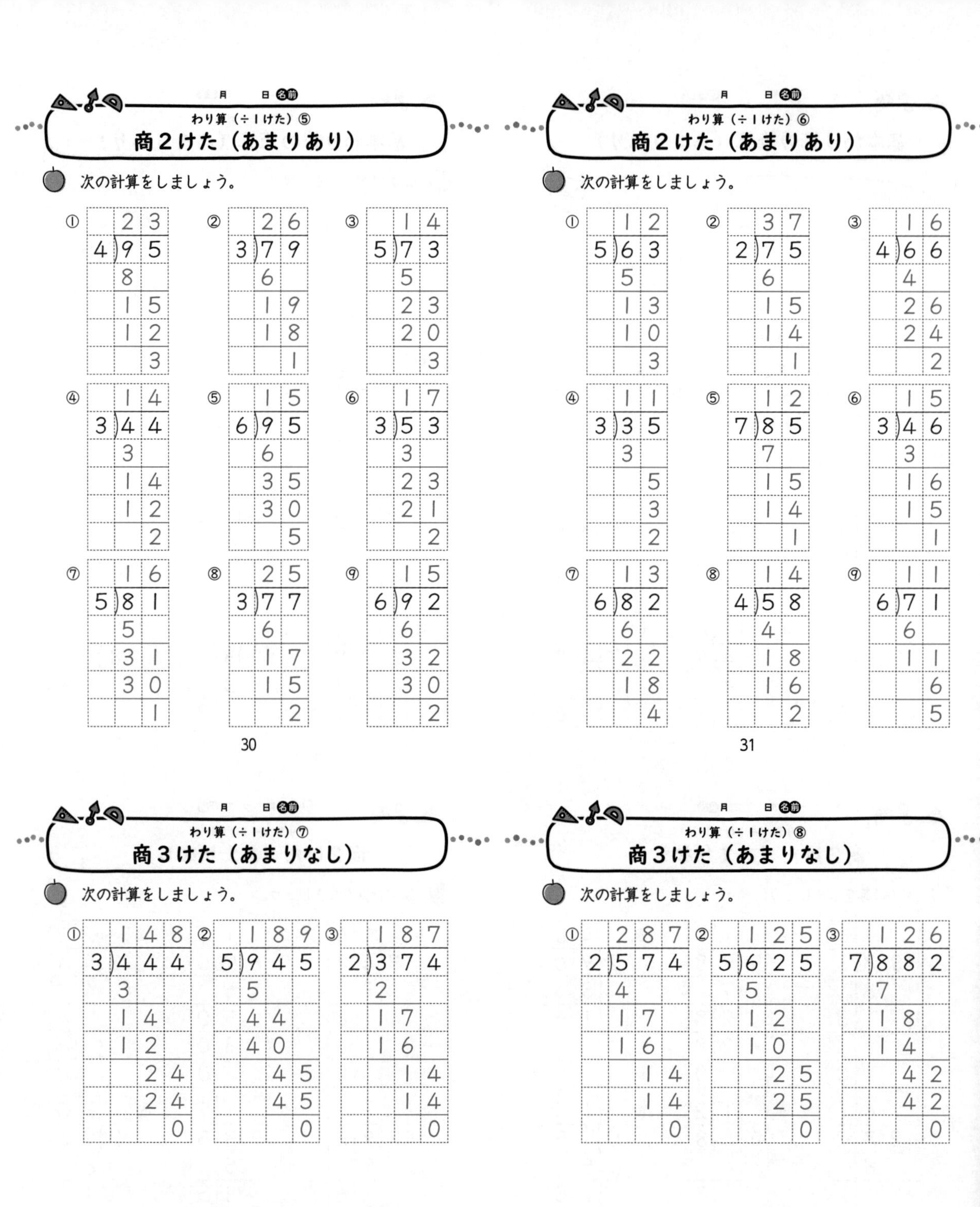

月　日 名前

わり算（÷１けた）⑤

## 商２けた（あまりあり）

次の計算をしましょう。

① 95 ÷ 4 = 23 あまり 3（8, 15, 12, 3）
② 79 ÷ 3 = 26 あまり 1（6, 19, 18, 1）
③ 73 ÷ 5 = 14 あまり 3（5, 23, 20, 3）
④ 44 ÷ 3 = 14 あまり 2（3, 14, 12, 2）
⑤ 95 ÷ 6 = 15 あまり 5（6, 35, 30, 5）
⑥ 53 ÷ 3 = 17 あまり 2（3, 23, 21, 2）
⑦ 81 ÷ 5 = 16 あまり 1（5, 31, 30, 1）
⑧ 77 ÷ 3 = 25 あまり 2（6, 17, 15, 2）
⑨ 92 ÷ 6 = 15 あまり 2（6, 32, 30, 2）



月　日 名前

わり算（÷１けた）⑥

## 商２けた（あまりあり）

次の計算をしましょう。

① 63 ÷ 5 = 12 あまり 3（5, 13, 10, 3）
② 75 ÷ 2 = 37 あまり 1（6, 15, 14, 1）
③ 66 ÷ 4 = 16 あまり 2（4, 26, 24, 2）
④ 35 ÷ 3 = 11 あまり 2（3, 5, 3, 2）
⑤ 85 ÷ 7 = 12 あまり 1（7, 15, 14, 1）
⑥ 46 ÷ 3 = 15 あまり 1（3, 16, 15, 1）
⑦ 82 ÷ 6 = 13 あまり 4（6, 22, 18, 4）
⑧ 58 ÷ 4 = 14 あまり 2（4, 18, 16, 2）
⑨ 71 ÷ 6 = 11 あまり 5（6, 11, 6, 5）



月　日 名前

わり算（÷１けた）⑦

## 商３けた（あまりなし）

次の計算をしましょう。

① 444 ÷ 3 = 148（3, 14, 12, 24, 24, 0）
② 945 ÷ 5 = 189（5, 44, 40, 45, 45, 0）
③ 374 ÷ 2 = 187（2, 17, 16, 14, 14, 0）
④ 536 ÷ 4 = 134（4, 13, 12, 16, 16, 0）
⑤ 852 ÷ 6 = 142（6, 25, 24, 12, 12, 0）
⑥ 924 ÷ 7 = 132（7, 22, 21, 14, 14, 0）



月　日 名前

わり算（÷１けた）⑧

## 商３けた（あまりなし）

次の計算をしましょう。

① 574 ÷ 2 = 287（4, 17, 16, 14, 14, 0）
② 625 ÷ 5 = 125（5, 12, 10, 25, 25, 0）
③ 882 ÷ 7 = 126（7, 18, 14, 42, 42, 0）
④ 465 ÷ 3 = 155（3, 16, 15, 15, 15, 0）
⑤ 792 ÷ 6 = 132（6, 19, 18, 12, 12, 0）
⑥ 576 ÷ 4 = 144（4, 17, 16, 16, 16, 0）

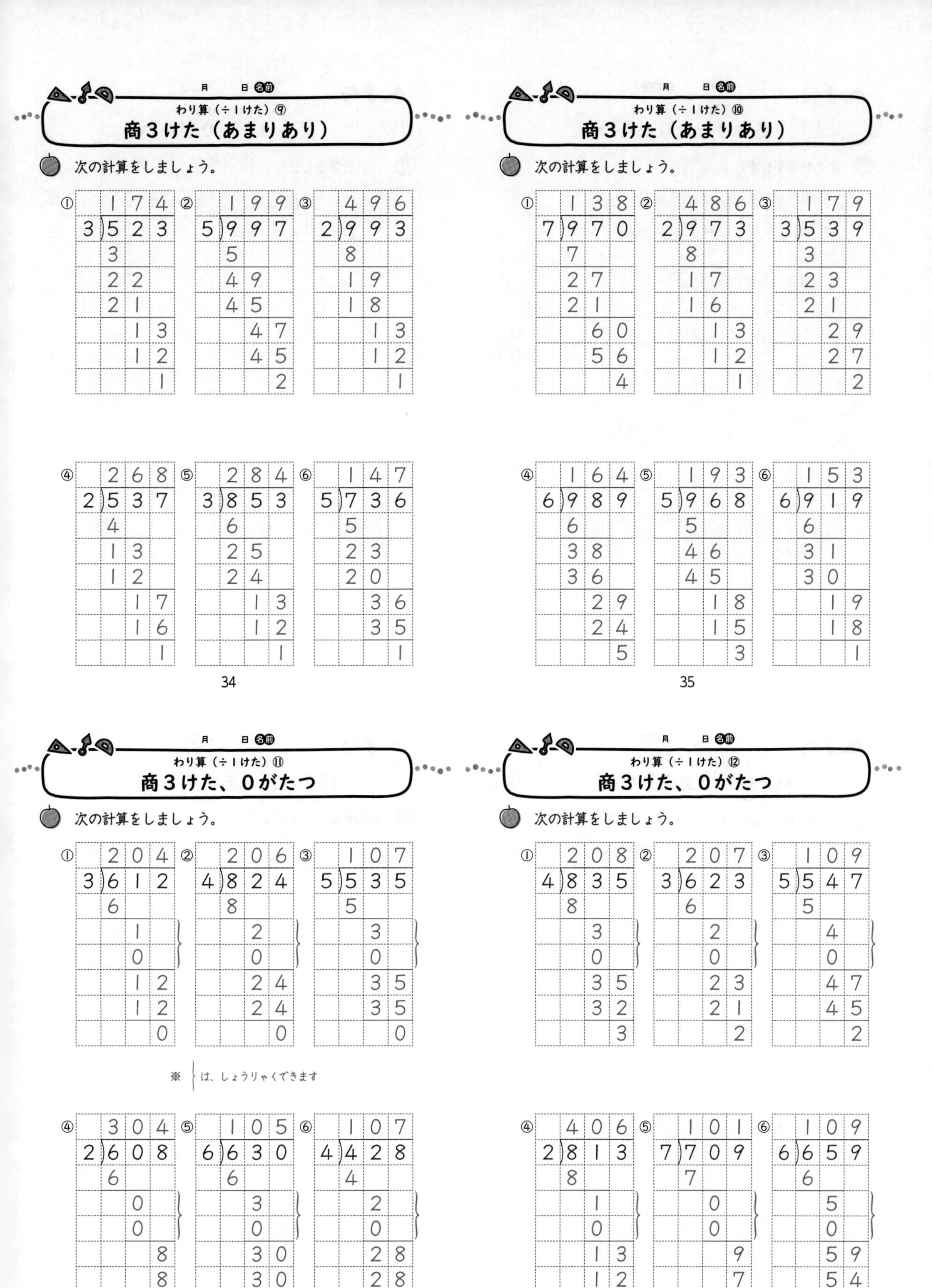

月　日 名前

わり算（÷1けた）⑨

## 商3けた（あまりあり）

次の計算をしましょう。

①
174
3)523
3
22
21
13
12
1

②
199
5)997
5
49
45
47
45
2

③
496
2)993
8
19
18
13
12
1

④
268
2)537
4
13
12
17
16
1

⑤
284
3)853
6
25
24
13
12
1

⑥
147
5)736
5
23
20
36
35
1



月　日 名前

わり算（÷1けた）⑩

## 商3けた（あまりあり）

次の計算をしましょう。

①
138
7)970
7
27
21
60
56
4

②
486
2)973
8
17
16
13
12
1

③
179
3)539
3
23
21
29
27
2

④
164
6)989
6
38
36
29
24
5

⑤
193
5)968
5
46
45
18
15
3

⑥
153
6)919
6
31
30
19
18
1



月　日 名前

わり算（÷1けた）⑪

## 商3けた、0がたつ

次の計算をしましょう。

①
204
3)612
6
1
0
12
12
0

②
206
4)824
8
2
0
24
24
0

③
107
5)535
5
3
0
35
35
0

※ } は、しょうりゃくできます

④
304
2)608
6
0
0
8
8
0

⑤
105
6)630
6
3
0
30
30
0

⑥
107
4)428
4
2
0
28
28
0



月　日 名前

わり算（÷1けた）⑫

## 商3けた、0がたつ

次の計算をしましょう。

①
208
4)835
8
3
0
35
32
3

②
207
3)623
6
2
0
23
21
2

③
109
5)547
5
4
0
47
45
2

④
406
2)813
8
1
0
13
12
1

⑤
101
7)709
7
0
0
9
7
2

⑥
109
6)659
6
5
0
59
54
5

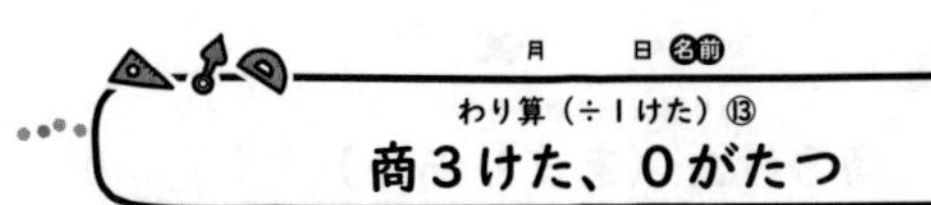

月　日 名前

わり算（÷１けた）⑬

## 商３けた、０がたつ

次の計算をしましょう。

①

| | 1 | 2 | 0 |
|---|---|---|---|
| 8 | )9 | 6 | 0 |
| | 8 | | |
| | 1 | 6 | |
| | 1 | 6 | |
| | | | 0 |
| | | | 0 |
| | | | 0 |

②

| | 1 | 6 | 0 |
|---|---|---|---|
| 4 | )6 | 4 | 0 |
| | 4 | | |
| | 2 | 4 | |
| | 2 | 4 | |
| | | | 0 |
| | | | 0 |
| | | | 0 |

③

| | 4 | 2 | 0 |
|---|---|---|---|
| 2 | )8 | 4 | 0 |
| | 8 | | |
| | | 4 | |
| | | 4 | |
| | | | 0 |
| | | | 0 |
| | | | 0 |

※ ｝は、しょうりゃくできます

④

| | 1 | 6 | 0 |
|---|---|---|---|
| 6 | )9 | 6 | 0 |
| | 6 | | |
| | 3 | 6 | |
| | 3 | 6 | |
| | | | 0 |
| | | | 0 |
| | | | 0 |

⑤

| | 2 | 1 | 0 |
|---|---|---|---|
| 4 | )8 | 4 | 0 |
| | 8 | | |
| | | 4 | |
| | | 4 | |
| | | | 0 |
| | | | 0 |
| | | | 0 |

⑥

| | 1 | 3 | 0 |
|---|---|---|---|
| 7 | )9 | 1 | 0 |
| | 7 | | |
| | 2 | 1 | |
| | 2 | 1 | |
| | | | 0 |
| | | | 0 |
| | | | 0 |



月　日 名前

わり算（÷１けた）⑭

## 商３けた、０がたつ

次の計算をしましょう。

①

| | 3 | 2 | 0 |
|---|---|---|---|
| 3 | )9 | 6 | 2 |
| | 9 | | |
| | | 6 | |
| | | 6 | |
| | | | 2 |
| | | | 0 |
| | | | 2 |

②

| | 2 | 4 | 0 |
|---|---|---|---|
| 4 | )9 | 6 | 1 |
| | 8 | | |
| | 1 | 6 | |
| | 1 | 6 | |
| | | | 1 |
| | | | 0 |
| | | | 1 |

③

| | 2 | 4 | 0 |
|---|---|---|---|
| 2 | )4 | 8 | 1 |
| | 4 | | |
| | | 8 | |
| | | 8 | |
| | | | 1 |
| | | | 0 |
| | | | 1 |

④

| | 1 | 1 | 0 |
|---|---|---|---|
| 5 | )5 | 5 | 3 |
| | 5 | | |
| | | 5 | |
| | | 5 | |
| | | | 3 |
| | | | 0 |
| | | | 3 |

⑤

| | 1 | 4 | 0 |
|---|---|---|---|
| 6 | )8 | 4 | 5 |
| | 6 | | |
| | 2 | 4 | |
| | 2 | 4 | |
| | | | 5 |
| | | | 0 |
| | | | 5 |

⑥

| | 2 | 1 | 0 |
|---|---|---|---|
| 4 | )8 | 4 | 2 |
| | 8 | | |
| | | 4 | |
| | | 4 | |
| | | | 2 |
| | | | 0 |
| | | | 2 |



月　日 名前

わり算（÷１けた）⑮

## 商２けた（あまりなし）

次の計算をしましょう。

①

| | | 3 | 4 |
|---|---|---|---|
| 6 | )2 | 0 | 4 |
| | 1 | 8 | |
| | | 2 | 4 |
| | | 2 | 4 |
| | | | 0 |

②

| | | 3 | 7 |
|---|---|---|---|
| 9 | )3 | 3 | 3 |
| | 2 | 7 | |
| | | 6 | 3 |
| | | 6 | 3 |
| | | | 0 |

③

| | | 4 | 5 |
|---|---|---|---|
| 7 | )3 | 1 | 5 |
| | 2 | 8 | |
| | | 3 | 5 |
| | | 3 | 5 |
| | | | 0 |

④

| | | 4 | 6 |
|---|---|---|---|
| 4 | )1 | 8 | 4 |
| | 1 | 6 | |
| | | 2 | 4 |
| | | 2 | 4 |
| | | | 0 |

⑤

| | | 6 | 4 |
|---|---|---|---|
| 3 | )1 | 9 | 2 |
| | 1 | 8 | |
| | | 1 | 2 |
| | | 1 | 2 |
| | | | 0 |

⑥

| | | 7 | 5 |
|---|---|---|---|
| 9 | )6 | 7 | 5 |
| | 6 | 3 | |
| | | 4 | 5 |
| | | 4 | 5 |
| | | | 0 |



月　日 名前

わり算（÷１けた）⑯

## 商２けた（あまりなし）

次の計算をしましょう。

①

| | | 2 | 9 |
|---|---|---|---|
| 7 | )2 | 0 | 3 |
| | 1 | 4 | |
| | | 6 | 3 |
| | | 6 | 3 |
| | | | 0 |

②

| | | 6 | 9 |
|---|---|---|---|
| 8 | )5 | 5 | 2 |
| | 4 | 8 | |
| | | 7 | 2 |
| | | 7 | 2 |
| | | | 0 |

③

| | | 7 | 8 |
|---|---|---|---|
| 7 | )5 | 4 | 6 |
| | 4 | 9 | |
| | | 5 | 6 |
| | | 5 | 6 |
| | | | 0 |

④

| | | 1 | 7 |
|---|---|---|---|
| 8 | )1 | 3 | 6 |
| | | 8 | |
| | | 5 | 6 |
| | | 5 | 6 |
| | | | 0 |

⑤

| | | 6 | 7 |
|---|---|---|---|
| 6 | )4 | 0 | 2 |
| | 3 | 6 | |
| | | 4 | 2 |
| | | 4 | 2 |
| | | | 0 |

⑥

| | | 6 | 3 |
|---|---|---|---|
| 8 | )5 | 0 | 4 |
| | 4 | 8 | |
| | | 2 | 4 |
| | | 2 | 4 |
| | | | 0 |

月　日 名前

わり算（÷１けた）⑰

## 商２けた（あまりあり）

次の計算をしましょう。

| ① |
|---|
| 17 |
| 8)142 |
| 8 |
| 62 |
| 56 |
| 6 |

| ② |
|---|
| 17 |
| 6)103 |
| 6 |
| 43 |
| 42 |
| 1 |

| ③ |
|---|
| 18 |
| 7)128 |
| 7 |
| 58 |
| 56 |
| 2 |

| ④ |
|---|
| 39 |
| 6)236 |
| 18 |
| 56 |
| 54 |
| 2 |

| ⑤ |
|---|
| 25 |
| 9)227 |
| 18 |
| 47 |
| 45 |
| 2 |

| ⑥ |
|---|
| 59 |
| 7)415 |
| 35 |
| 65 |
| 63 |
| 2 |



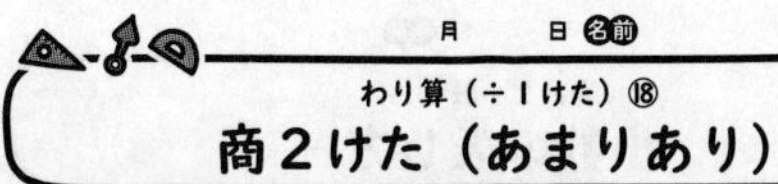

月　日 名前

わり算（÷１けた）⑱

## 商２けた（あまりあり）

次の計算をしましょう。

| ① |
|---|
| 76 |
| 8)615 |
| 56 |
| 55 |
| 48 |
| 7 |

| ② |
|---|
| 14 |
| 9)128 |
| 9 |
| 38 |
| 36 |
| 2 |

| ③ |
|---|
| 15 |
| 7)107 |
| 7 |
| 37 |
| 35 |
| 2 |

| ④ |
|---|
| 16 |
| 9)145 |
| 9 |
| 55 |
| 54 |
| 1 |

| ⑤ |
|---|
| 48 |
| 7)337 |
| 28 |
| 57 |
| 56 |
| 1 |

| ⑥ |
|---|
| 67 |
| 9)604 |
| 54 |
| 64 |
| 63 |
| 1 |



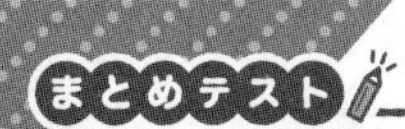


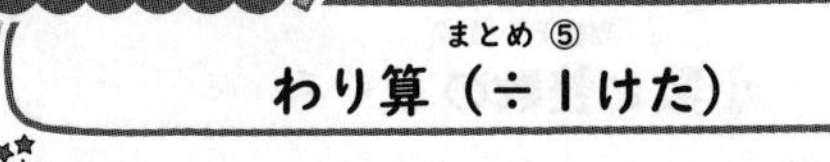

月　日 名前

まとめ ⑤

## わり算（÷１けた）

／50点

1 次の計算をしましょう。（各10点／20点）

① 320÷8＝40　② 6300÷7＝900

2 次の計算をしましょう。（各5点／30点）

| ① |
|---|
| 28 |
| 2)56 |
| 4 |
| 16 |
| 16 |
| 0 |

| ② |
|---|
| 14 |
| 4)58 |
| 4 |
| 18 |
| 16 |
| 2 |

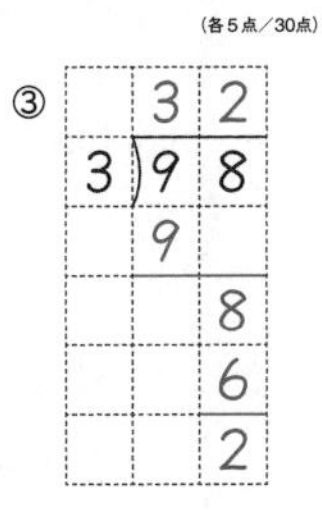

| ③ |
|---|
| 32 |
| 3)98 |
| 9 |
| 8 |
| 6 |
| 2 |

| ④ |
|---|
| 135 |
| 5)679 |
| 5 |
| 17 |
| 15 |
| 29 |
| 25 |
| 4 |

| ⑤ |
|---|
| 104 |
| 8)835 |
| 8 |
| 3 |
| 0 |
| 35 |
| 32 |
| 3 |

| ⑥ |
|---|
| 67 |
| 7)472 |
| 42 |
| 52 |
| 49 |
| 3 |



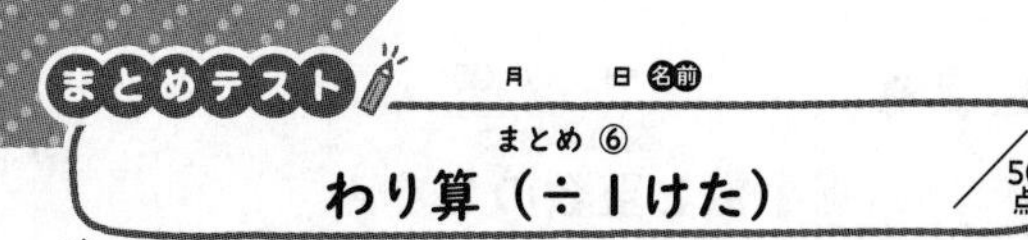

月　日 名前

まとめ ⑥

## わり算（÷１けた）

／50点

1 次のわり算をして、けん算で答えをたしかめましょう。（10点）

けん算の式

7×［140］＋［3］＝［983］

| |
|---|
| 140 |
| 7)983 |
| 7 |
| 28 |
| 28 |
| 3 |

2 305ページの本を1日６ページずつ読みます。読み終わるのに何日かかりますか。（式10点、答え10点／20点）

式 305÷６＝50あまり５

50＋１＝51

答え　51日

| |
|---|
| 50 |
| 6)305 |
| 30 |
| 5 |
| 0 |
| 5 |

3 スケッチブックは500円で、ノートのねだんの４倍（ばい）です。ノートはいくらですか。（式10点、答え10点／20点）

式 500÷４＝125

答え　125円

| |
|---|
| 125 |
| 4)500 |
| 4 |
| 10 |
| 8 |
| 20 |
| 20 |
| 0 |

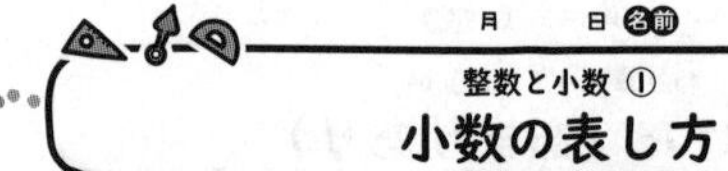

月　日 名前

整数と小数 ①

## 小数の表し方

ジュースの量(りょう)を、Lますと0.1Lます(デシリットルます)を使ってはかりました。

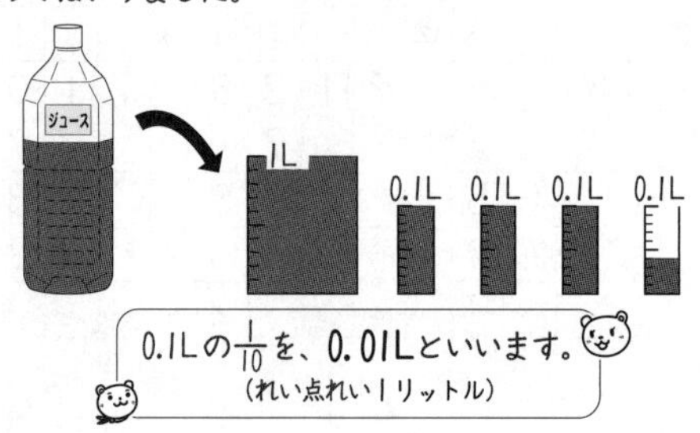


0.1Lの$\frac{1}{10}$を、**0.01L**といいます。
(れい点れい1リットル)

ジュースの量は、1.34Lです。

次の量は、何Lですか。

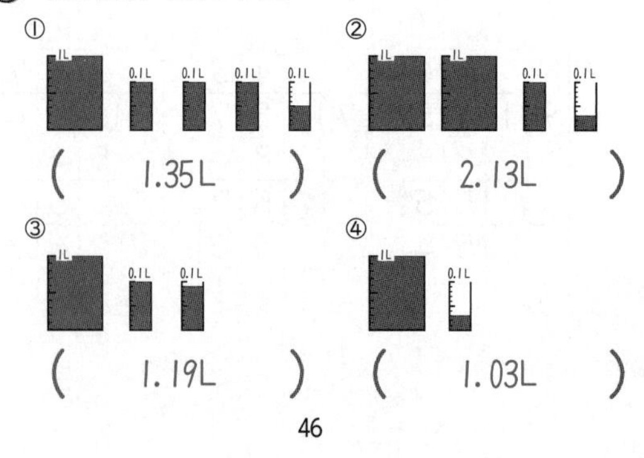

① ( 1.35L )　② ( 2.13L )

③ ( 1.19L )　④ ( 1.03L )



月　日 名前

整数と小数 ②

## 小数のしくみと大きさ

① □にあてはまる数をかきましょう。

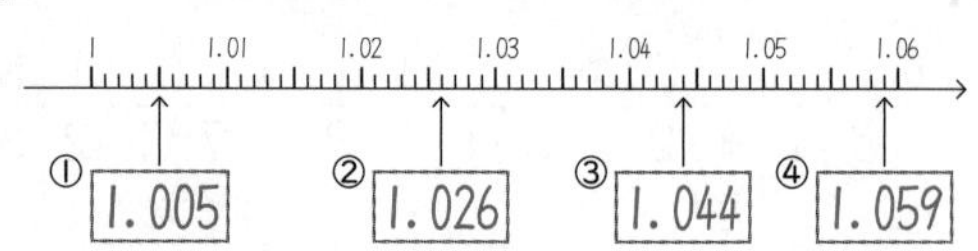


① 1.005　② 1.026　③ 1.044　④ 1.059

② 小数で表しましょう。

① 2643m ⟶ ( 2.643 ) km

② 5071m ⟶ ( 5.071 ) km

③ 862m ⟶ ( 0.862 ) km

④ 6394g ⟶ ( 6.394 ) kg

⑤ 215g ⟶ ( 0.215 ) kg

⑥ 92g ⟶ ( 0.092 ) kg



月　日 名前

整数と小数 ③

## 小数と整数のしくみ

① □にあてはまる数をかきましょう。

① 2.13は、1を[2]こ、0.1を[1]こ、0.01を[3]こ集めた数です。

② 0.49は、1を[0]こ、0.1を[4]こ、0.01を[9]こ集めた数です。

③ 7.426は、1を[7]こ、0.1を[4]こ、0.01を[2]こ、0.001を[6]こ集めた数です。

④ 5.008は、1を[5]こ、0.1を[0]こ、0.01を[0]こ、0.001を[8]こ集めた数です。

② □にあてはまる数をかきましょう。

① 2.34＝1×[2]＋0.1×[3]＋0.01×[4]

② 0.58＝0.1×[5]＋0.01×[8]

③ 1×3＋0.1×7＋0.01×9＝[3.79]

④ 10×2＋0.1×9＋0.01×4＝[20.94]



月　日 名前

整数と小数 ④

## 小数と整数のしくみ

大きい順(じゅん)にならべましょう。

① 2.63　2.429　2.71　2.099
( 2.71 → 2.63 → 2.429 → 2.099 )

② 3.165　7.36　5.294　10.7
( 10.7 → 7.36 → 5.294 → 3.165 )

③ 1.08　0.13　0.083　1.079
( 1.08 → 1.079 → 0.13 → 0.083 )

④ 0.003　0　0.103　0.031
( 0.103 → 0.031 → 0.003 → 0 )

⑤ 10.05　1.599　0.19　1.6
( 10.05 → 1.6 → 1.599 → 0.19 )

⑥ 43.21　4321　4.321　432.1
( 4321 → 432.1 → 43.21 → 4.321 )

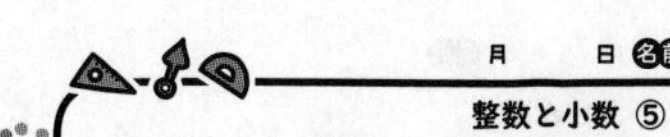

月　日 名前

整数と小数 ⑤

## 10倍、100倍、1000倍

次の数をかきましょう。

① 1.25の10倍 （ 12.5 ）

② 23.26の10倍 （ 232.6 ）

③ 0.35の10倍 （ 3.5 ）

④ 3.467の100倍 （ 346.7 ）

⑤ 31.246の100倍 （ 3124.6 ）

⑥ 0.778の100倍 （ 77.8 ）

⑦ 5.367の1000倍 （ 5367 ）

⑧ 31.468の1000倍 （ 31468 ）

⑨ 0.2587の1000倍 （ 258.7 ）

⑩ 0.1017の1000倍 （ 101.7 ）



月　日 名前

整数と小数 ⑥

## 十分の一、百分の一、千分の一

次の数をかきましょう。

① 42.19の$\frac{1}{10}$ （ 4.219 ）

② 376.5の$\frac{1}{10}$ （ 37.65 ）

③ 0.392の$\frac{1}{10}$ （ 0.0392 ）

④ 54.38の$\frac{1}{100}$ （ 0.5438 ）

⑤ 627.48の$\frac{1}{100}$ （ 6.2748 ）

⑥ 3.196の$\frac{1}{100}$ （ 0.03196 ）

⑦ 4286.51の$\frac{1}{1000}$ （ 4.28651 ）

⑧ 365.38の$\frac{1}{1000}$ （ 0.36538 ）

⑨ 49.586の$\frac{1}{1000}$ （ 0.049586 ）

⑩ 378.49の$\frac{1}{1000}$ （ 0.37849 ）



月　日 名前

整数と小数 ⑦

## 小数第二位のたし算

次の計算をしましょう。

① $\begin{array}{r} 2.46 \\ +4.82 \\ \hline 7.28 \end{array}$　② $\begin{array}{r} 5.07 \\ +3.08 \\ \hline 8.15 \end{array}$　③ $\begin{array}{r} 3.16 \\ +2.75 \\ \hline 5.91 \end{array}$

④ $\begin{array}{r} 2.39 \\ +3.87 \\ \hline 6.26 \end{array}$　⑤ $\begin{array}{r} 4.56 \\ +1.76 \\ \hline 6.32 \end{array}$　⑥ $\begin{array}{r} 6.28 \\ +2.93 \\ \hline 9.21 \end{array}$

⑦ $\begin{array}{r} 5.49 \\ +2.57 \\ \hline 8.06 \end{array}$　⑧ $\begin{array}{r} 3.76 \\ +2.28 \\ \hline 6.04 \end{array}$　⑨ $\begin{array}{r} 4.67 \\ +2.36 \\ \hline 7.03 \end{array}$

⑩ $\begin{array}{r} 0.26 \\ +0.34 \\ \hline 0.6\cancel{0} \end{array}$　⑪ $\begin{array}{r} 2.43 \\ +3.47 \\ \hline 5.9\cancel{0} \end{array}$　⑫ $\begin{array}{r} 5.16 \\ +2\phantom{.00} \\ \hline 7.16 \end{array}$



月　日 名前

整数と小数 ⑧

## 小数第二位のひき算

次の計算をしましょう。

① $\begin{array}{r} 8.67 \\ -3.03 \\ \hline 5.64 \end{array}$　② $\begin{array}{r} 4.59 \\ -1.34 \\ \hline 3.25 \end{array}$　③ $\begin{array}{r} 0.14 \\ -0.08 \\ \hline 0.06 \end{array}$

④ $\begin{array}{r} 1.27 \\ -0.58 \\ \hline 0.69 \end{array}$　⑤ $\begin{array}{r} 4.36 \\ -1.47 \\ \hline 2.89 \end{array}$　⑥ $\begin{array}{r} 5.21 \\ -2.68 \\ \hline 2.53 \end{array}$

⑦ $\begin{array}{r} 1.01 \\ -0.04 \\ \hline 0.97 \end{array}$　⑧ $\begin{array}{r} 3.02 \\ -1.89 \\ \hline 1.13 \end{array}$　⑨ $\begin{array}{r} 7.05 \\ -4.67 \\ \hline 2.38 \end{array}$

⑩ $\begin{array}{r} 2.46 \\ -0.76 \\ \hline 1.7\cancel{0} \end{array}$　⑪ $\begin{array}{r} 5.33 \\ -1.43 \\ \hline 3.9\cancel{0} \end{array}$　⑫ $\begin{array}{r} 8\phantom{.00} \\ -4.12 \\ \hline 3.88 \end{array}$

まとめテスト　月　日 名前

まとめ ⑦

# 整数と小数

50点

**1** 次の数はいくつですか。（各5点／25点）

① 0.1を4こ、0.01を8こ合わせた数
（ 0.48 ）

② 0.073を10倍、100倍した数
10倍（ 0.73 ） 100倍（ 7.3 ）

③ 2.19を$\frac{1}{10}$、$\frac{1}{100}$にした数
$\frac{1}{10}$（ 0.219 ） $\frac{1}{100}$（ 0.0219 ）

**2** 数直線を見て答えましょう。（各5点／25点）

3　4
㋐　㋑　㋒

① ㋐〜㋒の目もりが表す数をかきましょう。
㋐（ 3.05 ） ㋑（ 3.5 ） ㋒（ 3.96 ）

② ㋐と㋒は、それぞれ0.01を何こ集めた数ですか。
㋐（ 305こ ） ㋒（ 396こ ）



まとめテスト　月　日 名前

まとめ ⑧

# 整数と小数

50点

**1** 次の量を（　）の中の単位で表しましょう。（各5点／10点）

① 3km94m (km)（ 3.094km ）

② 68g (kg)（ 0.068kg ）

**2** 次の計算をしましょう。（各10点／20点）

① 64.37＋5.6

| | 6 | 4. | 3 | 7 |
|---|---|---|---|---|
| ＋ | | 5. | 6 | |
| | 6 | 9. | 9 | 7 |

② 7－0.083

| | 7 | | | |
|---|---|---|---|---|
| － | 0. | 0 | 8 | 3 |
| | 6. | 9 | 1 | 7 |

**3** お湯がポットに 2.53 L入っていました。そこに 0.67 L たしました。あわせて何Lですか。（式5点、答え5点／10点）

式 2.53＋0.67＝3.2

答え 3.2L

計算
　2.53
＋0.67
　3.20

**4** 重さが 5.079 kgのスイカ㋐と 3247 gのスイカ㋑があります。どちらのスイカの方が重いですか。（10点）

考え方　単位を同じにしてくらべる

式 5079－3247＝1832

答え ㋐が重い



月　日 名前

わり算（÷2けた）①

# 仮商修正なし（あまりなし）

96÷32 の計算は、十の位を見て、9÷3から、商の見当をつけます。商3をたてます。

32)96　商 3
　96
　 0

● 次の計算をしましょう。

① 11)66　商 6
66
0

② 12)48　商 4
48
0

③ 21)84　商 4
84
0

④ 20)80　商 4
80
0

⑤ 24)96　商 4
96
0

⑥ 26)52　商 2
52
0

⑦ 37)74　商 2
74
0

⑧ 44)88　商 2
88
0

⑨ 23)46　商 2
46
0



月　日 名前

わり算（÷2けた）②

# 仮商修正なし（あまりあり）

● 次の計算をしましょう。

① 21)65　商 3
63
2

② 10)76　商 7
70
6

③ 20)85　商 4
80
5

④ 32)97　商 3
96
1

⑤ 22)54　商 2
44
10

⑥ 21)54　商 2
42
12

⑦ 41)93　商 2
82
11

⑧ 31)96　商 3
93
3

⑨ 34)85　商 2
68
17

⑩ 24)98　商 4
96
2

⑪ 12)39　商 3
36
3

⑫ 42)88　商 2
84
4

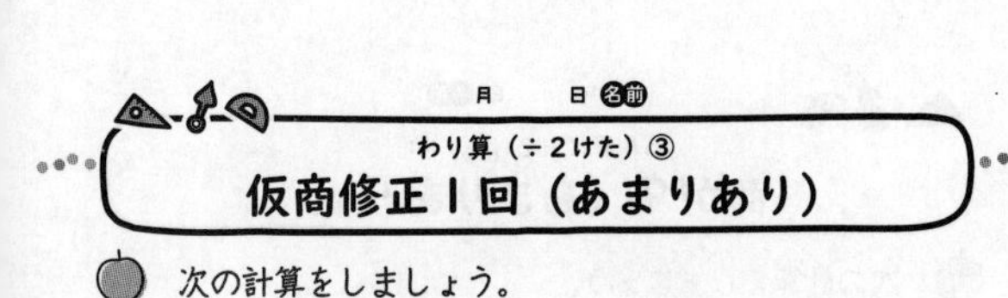

月　日 名前

わり算（÷2けた）③

## 仮商修正１回（あまりあり）

次の計算をしましょう。

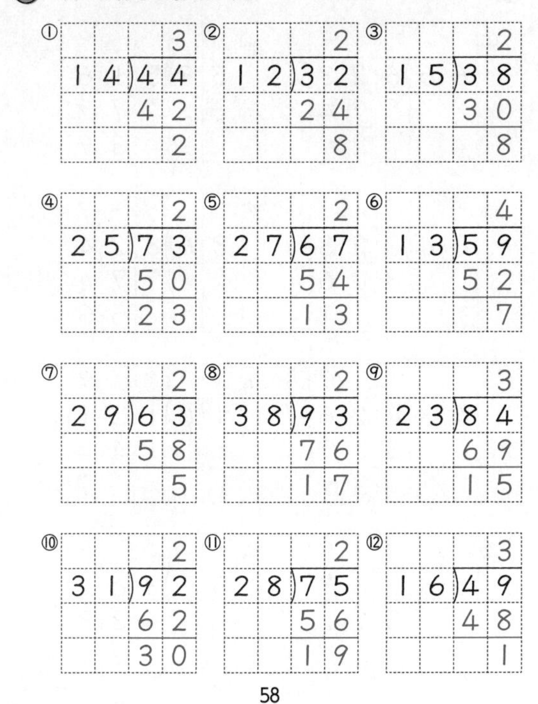

① 3 / 14)44 / 42 / 2
② 2 / 12)32 / 24 / 8
③ 2 / 15)38 / 30 / 8
④ 2 / 25)73 / 50 / 23
⑤ 2 / 27)67 / 54 / 13
⑥ 4 / 13)59 / 52 / 7
⑦ 2 / 29)63 / 58 / 5
⑧ 2 / 38)93 / 76 / 17
⑨ 3 / 23)84 / 69 / 15
⑩ 2 / 31)92 / 62 / 30
⑪ 2 / 28)75 / 56 / 19
⑫ 3 / 16)49 / 48 / 1



月　日 名前

わり算（÷2けた）④

## 仮商修正２回（あまりあり）

次の計算をしましょう。

① 1 / 17)32 / 17 / 15
② 3 / 14)54 / 42 / 12
③ 2 / 15)44 / 30 / 14
④ 5 / 13)76 / 65 / 11
⑤ 2 / 28)83 / 56 / 27
⑥ 2 / 14)41 / 28 / 13
⑦ 3 / 17)58 / 51 / 7
⑧ 3 / 13)50 / 39 / 11
⑨ 2 / 17)48 / 34 / 14
⑩ 2 / 29)84 / 58 / 26
⑪ 3 / 18)59 / 54 / 5
⑫ 2 / 27)80 / 54 / 26



月　日 名前

わり算（÷2けた）⑤

## 仮商修正なし（あまりなし）

次の計算をしましょう。

① 8 / 32)256 / 256 / 0
② 6 / 42)252 / 252 / 0
③ 3 / 74)222 / 222 / 0
④ 7 / 57)399 / 399 / 0
⑤ 4 / 46)184 / 184 / 0
⑥ 3 / 56)168 / 168 / 0
⑦ 7 / 34)238 / 238 / 0
⑧ 6 / 67)402 / 402 / 0



月　日 名前

わり算（÷2けた）⑥

## 仮商修正なし（あまりあり）

次の計算をしましょう。

① 3 / 46)156 / 138 / 18
② 2 / 79)197 / 158 / 39
③ 4 / 93)381 / 372 / 9
④ 6 / 67)411 / 402 / 9
⑤ 9 / 55)498 / 495 / 3
⑥ 7 / 31)239 / 217 / 22
⑦ 7 / 62)453 / 434 / 19
⑧ 5 / 87)452 / 435 / 17

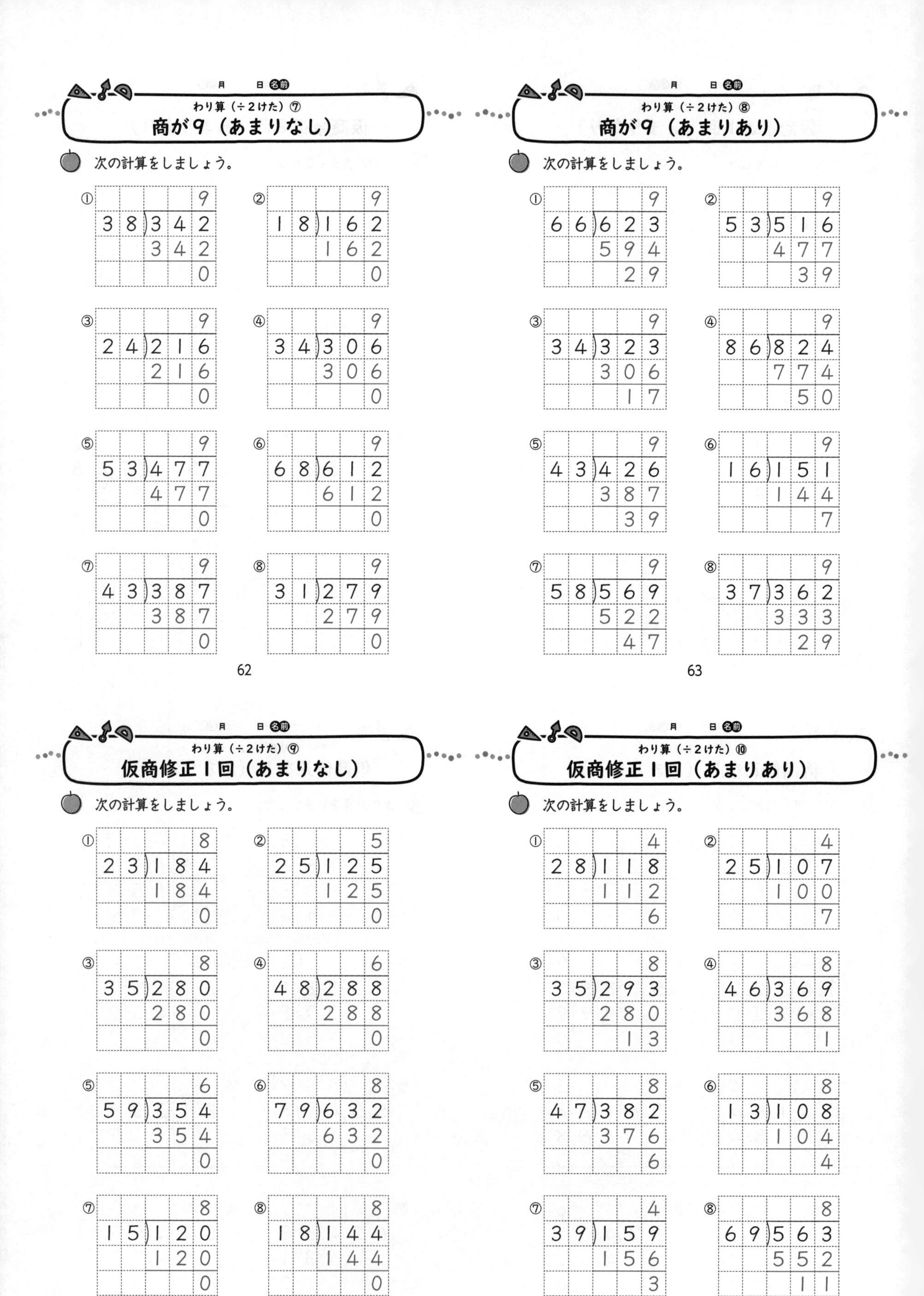
月 日 名前
わり算（÷２けた）⑦
商が９（あまりなし）
次の計算をしましょう。
① 9 38)342 342 0
② 9 18)162 162 0
③ 9 24)216 216 0
④ 9 34)306 306 0
⑤ 9 53)477 477 0
⑥ 9 68)612 612 0
⑦ 9 43)387 387 0
⑧ 9 31)279 279 0
62
月 日 名前
わり算（÷２けた）⑧
商が９（あまりあり）
次の計算をしましょう。
① 9 66)623 594 29
② 9 53)516 477 39
③ 9 34)323 306 17
④ 9 86)824 774 50
⑤ 9 43)426 387 39
⑥ 9 16)151 144 7
⑦ 9 58)569 522 47
⑧ 9 37)362 333 29
63
月 日 名前
わり算（÷２けた）⑨
仮商修正１回（あまりなし）
次の計算をしましょう。
① 8 23)184 184 0
② 5 25)125 125 0
③ 8 35)280 280 0
④ 6 48)288 288 0
⑤ 6 59)354 354 0
⑥ 8 79)632 632 0
⑦ 8 15)120 120 0
⑧ 8 18)144 144 0
64
月 日 名前
わり算（÷２けた）⑩
仮商修正１回（あまりあり）
次の計算をしましょう。
① 4 28)118 112 6
② 4 25)107 100 7
③ 8 35)293 280 13
④ 8 46)369 368 1
⑤ 8 47)382 376 6
⑥ 8 13)108 104 4
⑦ 4 39)159 156 3
⑧ 8 69)563 552 11
65

月　日 名前

わり算（÷2けた）⑪

# 仮商修正２回（あまりなし）

次の計算をしましょう。

①
```
      7
17)119
   119
     0
```

②
```
      7
18)126
   126
     0
```

③
```
      7
29)203
   203
     0
```

④
```
      7
19)133
   133
     0
```

⑤
```
      7
39)273
   273
     0
```

⑥
```
      6
28)168
   168
     0
```

⑦
```
      6
27)162
   162
     0
```

⑧
```
      5
29)145
   145
     0
```



月　日 名前

わり算（÷2けた）⑫

# 仮商修正２回（あまりあり）

次の計算をしましょう。

①
```
      6
26)169
   156
    13
```

②
```
      7
39)284
   273
    11
```

③
```
      7
38)287
   266
    21
```

④
```
      5
29)154
   145
     9
```

⑤
```
      5
28)148
   140
     8
```

⑥
```
      7
27)193
   189
     4
```

⑦
```
      7
19)149
   133
    16
```

⑧
```
      7
16)120
   112
     8
```



月　日 名前

わり算（÷2けた）⑬

# 仮商修正２～３回

次の計算をしましょう。

①
```
      6
19)114
   114
     0
```

②
```
      6
18)108
   108
     0
```

③
```
      6
17)102
   102
     0
```

④
```
      6
27)162
   162
     0
```

⑤
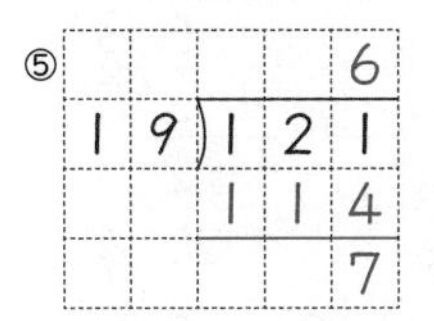
```
      6
19)121
   114
     7
```

⑥
```
      6
29)191
   174
    17
```

⑦
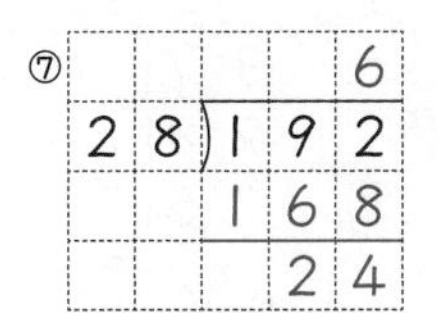
```
      6
28)192
   168
    24
```

⑧
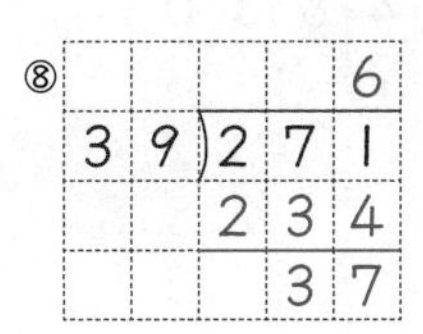
```
      6
39)271
   234
    37
```



月　日 名前

わり算（÷2けた）⑭

# 文章題

① 189まいの色紙を、27人で同じ数ずつ分けます。
１人分は何まいになりますか。

式 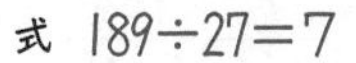 189÷27＝7

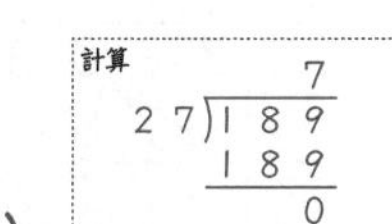
計算
```
      7
27)189
   189
     0
```

答え　7まい

② ビー玉が140こあります。17人に同じ数ずつ分けます。
１人分は何こになりますか。また、何こあまりますか。

式 140÷17＝8あまり4

計算
```
      8
17)140
   136
     4
```

答え　1人分は8こで，4こあまる

③ 108本のえんぴつを12本ずつケースに入れていきます。
ケースは何箱になりますか。

式 108÷12＝9

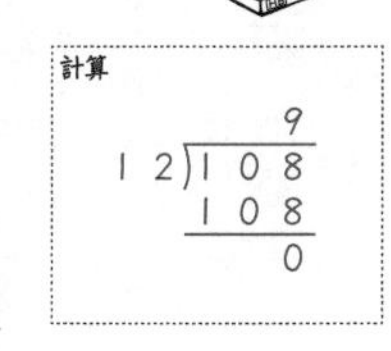
計算
```
      9
12)108
   108
     0
```

答え　9箱

月　日 名前

わり算（÷2けた）⑮

## 仮商修正なし（あまりなし）

次の計算をしましょう。

| ① | | | 1 | 3 |
|---|---|---|---|---|
| 4 | 5 | )5 | 8 | 5 |
| | | 4 | 5 | |
| | | 1 | 3 | 5 |
| | | 1 | 3 | 5 |
| | | | | 0 |

| ② | | | 1 | 2 |
|---|---|---|---|---|
| 7 | 2 | )8 | 6 | 4 |
| | | 7 | 2 | |
| | | 1 | 4 | 4 |
| | | 1 | 4 | 4 |
| | | | | 0 |

| ③ | | | 1 | 1 |
|---|---|---|---|---|
| 2 | 2 | )2 | 4 | 2 |
| | | 2 | 2 | |
| | | | 2 | 2 |
| | | | 2 | 2 |
| | | | | 0 |

| ④ | | | 1 | 1 |
|---|---|---|---|---|
| 6 | 8 | )7 | 4 | 8 |
| | | 6 | 8 | |
| | | | 6 | 8 |
| | | | 6 | 8 |
| | | | | 0 |

| ⑤ | | | 2 | 3 |
|---|---|---|---|---|
| 4 | 3 | )9 | 8 | 9 |
| | | 8 | 6 | |
| | | 1 | 2 | 9 |
| | | 1 | 2 | 9 |
| | | | | 0 |

| ⑥ | | | 2 | 5 |
|---|---|---|---|---|
| 3 | 1 | )7 | 7 | 5 |
| | | 6 | 2 | |
| | | 1 | 5 | 5 |
| | | 1 | 5 | 5 |
| | | | | 0 |



月　日 名前

わり算（÷2けた）⑯

## 仮商修正なし（あまりあり）

次の計算をしましょう。

| ① | | | 3 | 3 |
|---|---|---|---|---|
| 1 | 2 | )3 | 9 | 8 |
| | | 3 | 6 | |
| | | | 3 | 8 |
| | | | 3 | 6 |
| | | | | 2 |

| ② | | | 2 | 6 |
|---|---|---|---|---|
| 3 | 2 | )8 | 4 | 4 |
| | | 6 | 4 | |
| | | 2 | 0 | 4 |
| | | 1 | 9 | 2 |
| | | | 1 | 2 |

| ③ | | | 2 | 3 |
|---|---|---|---|---|
| 3 | 8 | )8 | 7 | 8 |
| | | 7 | 6 | |
| | | 1 | 1 | 8 |
| | | 1 | 1 | 4 |
| | | | | 4 |

| ④ | | | 2 | 2 |
|---|---|---|---|---|
| 2 | 1 | )4 | 6 | 6 |
| | | 4 | 2 | |
| | | | 4 | 6 |
| | | | 4 | 2 |
| | | | | 4 |

| ⑤ | | | 1 | 1 |
|---|---|---|---|---|
| 7 | 2 | )8 | 0 | 4 |
| | | 7 | 2 | |
| | | | 8 | 4 |
| | | | 7 | 2 |
| | | | 1 | 2 |

| ⑥ | | | 2 | 1 |
|---|---|---|---|---|
| 3 | 9 | )8 | 2 | 1 |
| | | 7 | 8 | |
| | | | 4 | 1 |
| | | | 3 | 9 |
| | | | | 2 |



月　日 名前

わり算（÷2けた）⑰

## 仮商修正あり（あまりあり）

次の計算をしましょう。

| ① | | | 2 | 3 |
|---|---|---|---|---|
| 3 | 9 | )9 | 0 | 4 |
| | | 7 | 8 | |
| | | 1 | 2 | 4 |
| | | 1 | 1 | 7 |
| | | | | 7 |

| ② | | | 2 | 2 |
|---|---|---|---|---|
| 2 | 8 | )6 | 3 | 2 |
| | | 5 | 6 | |
| | | | 7 | 2 |
| | | | 5 | 6 |
| | | | 1 | 6 |

| ③ | | | 2 | 4 |
|---|---|---|---|---|
| 3 | 8 | )9 | 3 | 5 |
| | | 7 | 6 | |
| | | 1 | 7 | 5 |
| | | 1 | 5 | 2 |
| | | | 2 | 3 |

| ④ | | | 1 | 6 |
|---|---|---|---|---|
| 4 | 9 | )8 | 0 | 6 |
| | | 4 | 9 | |
| | | 3 | 1 | 6 |
| | | 2 | 9 | 4 |
| | | | 2 | 2 |

| ⑤ | | | 1 | 7 |
|---|---|---|---|---|
| 4 | 7 | )8 | 0 | 7 |
| | | 4 | 7 | |
| | | 3 | 3 | 7 |
| | | 3 | 2 | 9 |
| | | | | 8 |

| ⑥ | | | 2 | 3 |
|---|---|---|---|---|
| 2 | 7 | )6 | 2 | 6 |
| | | 5 | 4 | |
| | | | 8 | 6 |
| | | | 8 | 1 |
| | | | | 5 |



月　日 名前

わり算（÷2けた）⑱

## 仮商修正あり（あまりあり）

次の計算をしましょう。

| ① | | | 3 | 1 |
|---|---|---|---|---|
| 2 | 6 | )8 | 2 | 4 |
| | | 7 | 8 | |
| | | | 4 | 4 |
| | | | 2 | 6 |
| | | | 1 | 8 |

| ② | | | 2 | 6 |
|---|---|---|---|---|
| 3 | 6 | )9 | 5 | 1 |
| | | 7 | 2 | |
| | | 2 | 3 | 1 |
| | | 2 | 1 | 6 |
| | | | 1 | 5 |

| ③ | | | 2 | 6 |
|---|---|---|---|---|
| 3 | 8 | )9 | 9 | 8 |
| | | 7 | 6 | |
| | | 2 | 3 | 8 |
| | | 2 | 2 | 8 |
| | | | 1 | 0 |

| ④ | | | 1 | 5 |
|---|---|---|---|---|
| 2 | 7 | )4 | 2 | 8 |
| | | 2 | 7 | |
| | | 1 | 5 | 8 |
| | | 1 | 3 | 5 |
| | | | 2 | 3 |

| ⑤ | | | 1 | 6 |
|---|---|---|---|---|
| 4 | 8 | )8 | 0 | 4 |
| | | 4 | 8 | |
| | | 3 | 2 | 4 |
| | | 2 | 8 | 8 |
| | | | 3 | 6 |

| ⑥ | | | 1 | 7 |
|---|---|---|---|---|
| 3 | 7 | )6 | 5 | 7 |
| | | 3 | 7 | |
| | | 2 | 8 | 7 |
| | | 2 | 5 | 9 |
| | | | 2 | 8 |

月　日 名前

わり算（÷２けた）⑲

## 仮商修正あり（あまりあり）

次の計算をしましょう。

① 924÷37

|  |  |  |  | 2 | 4 |
|---|---|---|---|---|---|
| 3 | 7 | ) | 9 | 2 | 4 |
|  |  |  | 7 | 4 |  |
|  |  |  | 1 | 8 | 4 |
|  |  |  | 1 | 4 | 8 |
|  |  |  |  | 3 | 6 |

② 827÷48

|  |  |  |  | 1 | 7 |
|---|---|---|---|---|---|
| 4 | 8 | ) | 8 | 2 | 7 |
|  |  |  | 4 | 8 |  |
|  |  |  | 3 | 4 | 7 |
|  |  |  | 3 | 3 | 6 |
|  |  |  |  | 1 | 1 |

③ 975÷38

|  |  |  |  | 2 | 5 |
|---|---|---|---|---|---|
| 3 | 8 | ) | 9 | 7 | 5 |
|  |  |  | 7 | 6 |  |
|  |  |  | 2 | 1 | 5 |
|  |  |  | 1 | 9 | 0 |
|  |  |  |  | 2 | 5 |

④ 800÷29

|  |  |  |  | 2 | 7 |
|---|---|---|---|---|---|
| 2 | 9 | ) | 8 | 0 | 0 |
|  |  |  | 5 | 8 |  |
|  |  |  | 2 | 2 | 0 |
|  |  |  | 2 | 0 | 3 |
|  |  |  |  | 1 | 7 |

⑤ 760÷29

|  |  |  |  | 2 | 6 |
|---|---|---|---|---|---|
| 2 | 9 | ) | 7 | 6 | 0 |
|  |  |  | 5 | 8 |  |
|  |  |  | 1 | 8 | 0 |
|  |  |  | 1 | 7 | 4 |
|  |  |  |  |  | 6 |

⑥ 448÷17

|  |  |  |  | 2 | 6 |
|---|---|---|---|---|---|
| 1 | 7 | ) | 4 | 4 | 8 |
|  |  |  | 3 | 4 |  |
|  |  |  | 1 | 0 | 8 |
|  |  |  | 1 | 0 | 2 |
|  |  |  |  |  | 6 |



月　日 名前

わり算（÷２けた）⑳

## 文章題

① 952このキャンディーを、34人で同じ数ずつ分けます。
１人分は何こになりますか。

式　952÷34＝28

計算

|  |  |  | 2 | 8 |
|---|---|---|---|---|
| 3 | 4 | 9 | 5 | 2 |
|  |  | 6 | 8 |  |
|  |  | 2 | 7 | 2 |
|  |  | 2 | 7 | 2 |
|  |  |  |  | 0 |

答え　28こ

② 350本のバラを24本ずつ花たばにしていきます。
花たばは何たばできて、バラは何本あまりますか。

式　350÷24＝14あまり14

計算

|  |  |  | 1 | 4 |
|---|---|---|---|---|
| 2 | 4 | 3 | 5 | 0 |
|  |  | 2 | 4 |  |
|  |  | 1 | 1 | 0 |
|  |  |  | 9 | 6 |
|  |  |  | 1 | 4 |

答え　14たばできて　バラは14本あまる

③ 荷物が500こあります。１回に14こずつ運びます。
全部運び終わるのに、何回かかりますか。

式　500÷14＝35あまり10
35＋１＝36

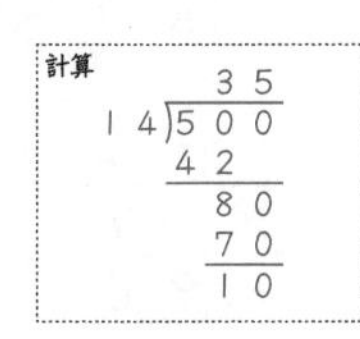

計算

|  |  |  | 3 | 5 |
|---|---|---|---|---|
| 1 | 4 | 5 | 0 | 0 |
|  |  | 4 | 2 |  |
|  |  |  | 8 | 0 |
|  |  |  | 7 | 0 |
|  |  |  | 1 | 0 |

答え　36回



まとめテスト　月　日 名前

まとめ ⑨

## わり算（÷２けた）

／50点

次の計算をしましょう。（各５点／50点）

① 630÷90＝7　　② 480÷80＝6

③ 98÷32

|  |  |  |  | 3 |
|---|---|---|---|---|
| 3 | 2 | ) | 9 | 8 |
|  |  |  | 9 | 6 |
|  |  |  |  | 2 |

④ 83÷27

|  |  |  |  | 3 |
|---|---|---|---|---|
| 2 | 7 | ) | 8 | 3 |
|  |  |  | 8 | 1 |
|  |  |  |  | 2 |

⑤ 379÷54

|  |  |  |  |  | 7 |
|---|---|---|---|---|---|
| 5 | 4 | ) | 3 | 7 | 9 |
|  |  |  | 3 | 7 | 8 |
|  |  |  |  |  | 1 |

⑥ 354÷21

|  |  |  |  | 1 | 6 |
|---|---|---|---|---|---|
| 2 | 1 | ) | 3 | 5 | 4 |
|  |  |  | 2 | 1 |  |
|  |  |  | 1 | 4 | 4 |
|  |  |  | 1 | 2 | 6 |
|  |  |  |  | 1 | 8 |

⑦ 762÷49

|  |  |  |  | 1 | 5 |
|---|---|---|---|---|---|
| 4 | 9 | ) | 7 | 6 | 2 |
|  |  |  | 4 | 9 |  |
|  |  |  | 2 | 7 | 2 |
|  |  |  | 2 | 4 | 5 |
|  |  |  |  | 2 | 7 |

⑧ 602÷32

|  |  |  |  | 1 | 8 |
|---|---|---|---|---|---|
| 3 | 2 | ) | 6 | 0 | 2 |
|  |  |  | 3 | 2 |  |
|  |  |  | 2 | 8 | 2 |
|  |  |  | 2 | 5 | 6 |
|  |  |  |  | 2 | 6 |

⑨ 885÷42

|  |  |  |  | 2 | 1 |
|---|---|---|---|---|---|
| 4 | 2 | ) | 8 | 8 | 5 |
|  |  |  | 8 | 4 |  |
|  |  |  |  | 4 | 5 |
|  |  |  |  | 4 | 2 |
|  |  |  |  |  | 3 |

⑩ 825÷25

|  |  |  |  | 3 | 3 |
|---|---|---|---|---|---|
| 2 | 5 | ) | 8 | 2 | 5 |
|  |  |  | 7 | 5 |  |
|  |  |  |  | 7 | 5 |
|  |  |  |  | 7 | 5 |
|  |  |  |  |  | 0 |



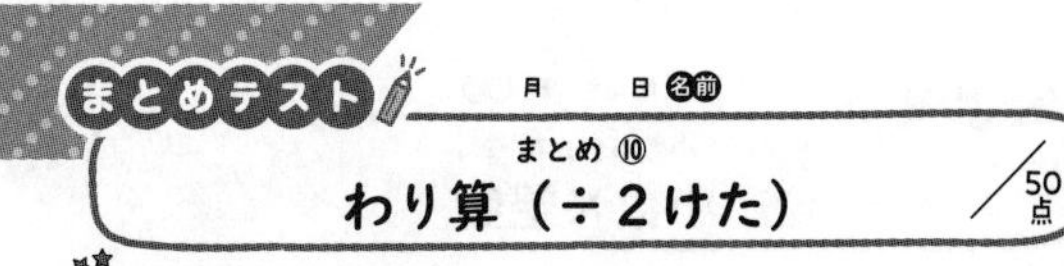

まとめテスト　月　日 名前

まとめ ⑩

## わり算（÷２けた）

／50点

① 次のわり算を計算して、けん算もしましょう。（答え10点・けん算10点／20点）

|  |  |  |  | 1 | 8 |
|---|---|---|---|---|---|
| 4 | 6 | ) | 8 | 5 | 2 |
|  |  |  | 4 | 6 |  |
|  |  |  | 3 | 9 | 2 |
|  |  |  | 3 | 6 | 8 |
|  |  |  |  | 2 | 4 |

けん算

46×18＋24＝852

② 230このりんごを、１箱に24こずつつめると、何箱できて何こあまりますか。（式５点、答え５点／10点）

式　230÷24＝9あまり14

計算

|  |  |  |  | 9 |
|---|---|---|---|---|
| 2 | 4 | 2 | 3 | 0 |
|  |  | 2 | 1 | 6 |
|  |  |  | 1 | 4 |

答え　9箱できて，14こあまる

③ ある数を24でわったら、商が16であまりは18になりました。（式５点、答え５点／20点）

① ある数を求めましょう。

式　24×16＋18＝402

答え　402

② この数を64でわると、答えはどうなりますか。

式　402÷64＝6あまり18

答え　6あまり18

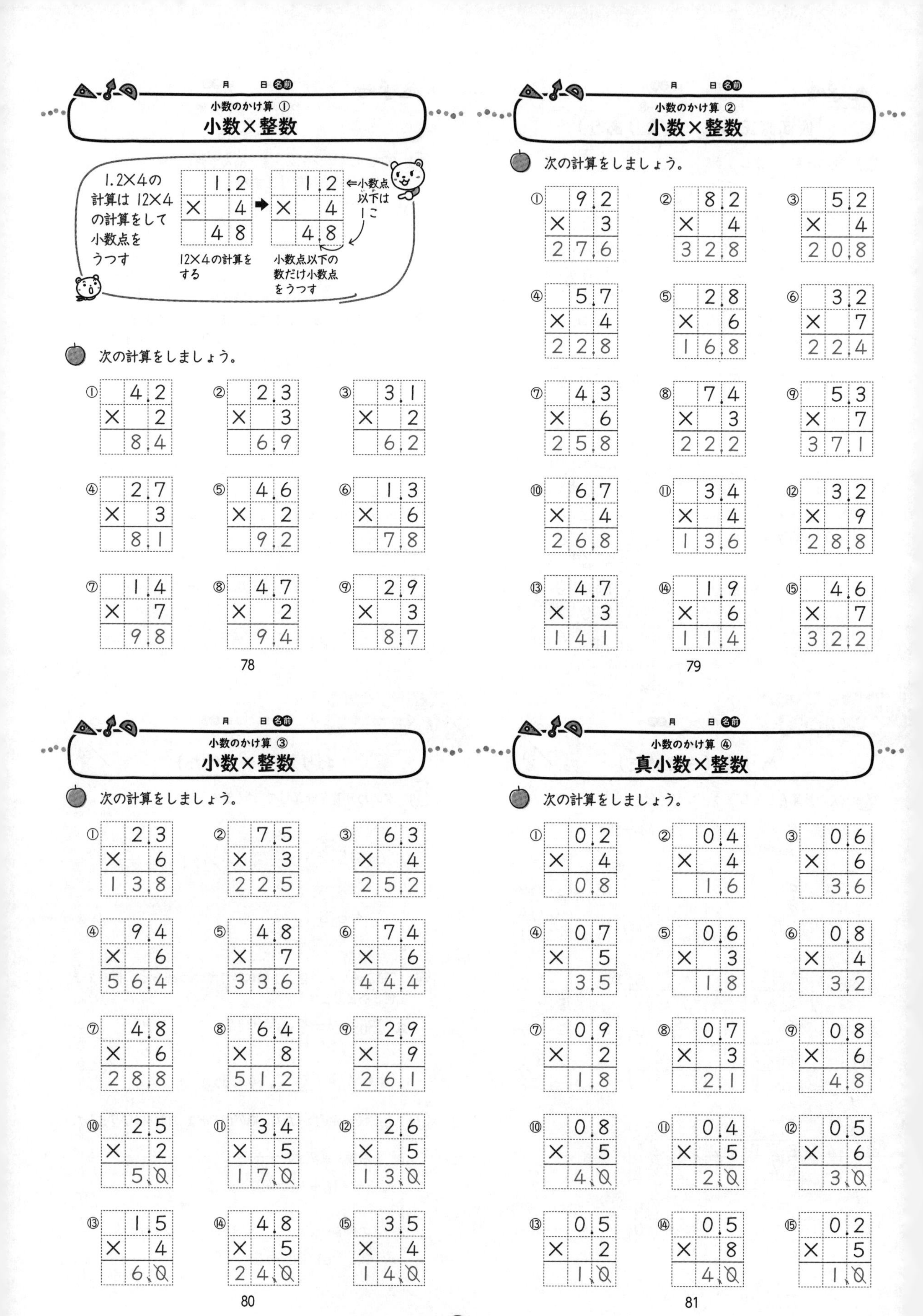

月　日 名前

小数のかけ算 ①

## 小数×整数

1.2×4の計算は 12×4の計算をして小数点をうつす

| | 1 | 2 |
|---|---|---|
| × | | 4 |
| | 4 | 8 |

→

| | 1. | 2 |
|---|---|---|
| × | | 4 |
| | 4. | 8 |

12×4の計算をする

⇐小数点以下は1に

小数点以下の数だけ小数点をうつす

次の計算をしましょう。

① 4.2 × 2 = 8.4
② 2.3 × 3 = 6.9
③ 3.1 × 2 = 6.2
④ 2.7 × 3 = 8.1
⑤ 4.6 × 2 = 9.2
⑥ 1.3 × 6 = 7.8
⑦ 1.4 × 7 = 9.8
⑧ 4.7 × 2 = 9.4
⑨ 2.9 × 3 = 8.7

78

月　日 名前

小数のかけ算 ②

## 小数×整数

次の計算をしましょう。

① 9.2 × 3 = 27.6
② 8.2 × 4 = 32.8
③ 5.2 × 4 = 20.8
④ 5.7 × 4 = 22.8
⑤ 2.8 × 6 = 16.8
⑥ 3.2 × 7 = 22.4
⑦ 4.3 × 6 = 25.8
⑧ 7.4 × 3 = 22.2
⑨ 5.3 × 7 = 37.1
⑩ 6.7 × 4 = 26.8
⑪ 3.4 × 4 = 13.6
⑫ 3.2 × 9 = 28.8
⑬ 4.7 × 3 = 14.1
⑭ 1.9 × 6 = 11.4
⑮ 4.6 × 7 = 32.2

79

月　日 名前

小数のかけ算 ③

## 小数×整数

次の計算をしましょう。

① 2.3 × 6 = 13.8
② 7.5 × 3 = 22.5
③ 6.3 × 4 = 25.2
④ 9.4 × 6 = 56.4
⑤ 4.8 × 7 = 33.6
⑥ 7.4 × 6 = 44.4
⑦ 4.8 × 6 = 28.8
⑧ 6.4 × 8 = 51.2
⑨ 2.9 × 9 = 26.1
⑩ 2.5 × 2 = 5.~~0~~
⑪ 3.4 × 5 = 17.~~0~~
⑫ 2.6 × 5 = 13.~~0~~
⑬ 1.5 × 4 = 6.~~0~~
⑭ 4.8 × 5 = 24.~~0~~
⑮ 3.5 × 4 = 14.~~0~~

80

月　日 名前

小数のかけ算 ④

## 真小数×整数

次の計算をしましょう。

① 0.2 × 4 = 0.8
② 0.4 × 4 = 1.6
③ 0.6 × 6 = 3.6
④ 0.7 × 5 = 3.5
⑤ 0.6 × 3 = 1.8
⑥ 0.8 × 4 = 3.2
⑦ 0.9 × 2 = 1.8
⑧ 0.7 × 3 = 2.1
⑨ 0.8 × 6 = 4.8
⑩ 0.8 × 5 = 4.~~0~~
⑪ 0.4 × 5 = 2.~~0~~
⑫ 0.5 × 6 = 3.~~0~~
⑬ 0.5 × 2 = 1.~~0~~
⑭ 0.5 × 8 = 4.~~0~~
⑮ 0.2 × 5 = 1.~~0~~

81

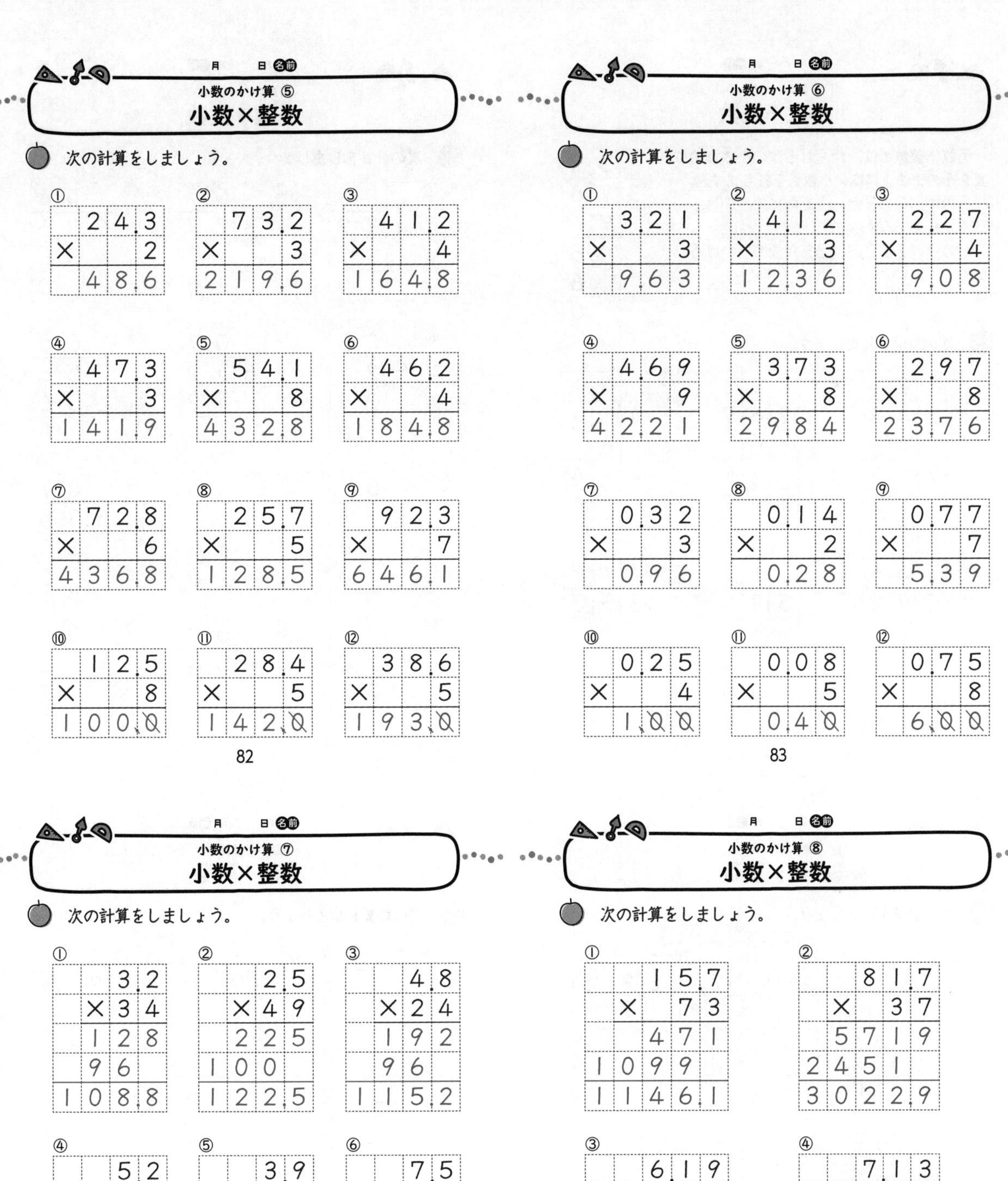

月　日 名前

小数のかけ算 ⑤

## 小数×整数

次の計算をしましょう。

① 2.43 × 2 = 4.86
② 7.32 × 3 = 21.96
③ 4.12 × 4 = 16.48
④ 4.73 × 3 = 14.19
⑤ 5.41 × 8 = 43.28
⑥ 4.62 × 4 = 18.48
⑦ 7.28 × 6 = 43.68
⑧ 2.57 × 5 = 12.85
⑨ 9.23 × 7 = 64.61
⑩ 1.25 × 8 = 10.0~~0~~
⑪ 2.84 × 5 = 14.2~~0~~
⑫ 3.86 × 5 = 19.3~~0~~



月　日 名前

小数のかけ算 ⑥

## 小数×整数

次の計算をしましょう。

① 3.21 × 3 = 9.63
② 4.12 × 3 = 12.36
③ 2.27 × 4 = 9.08
④ 4.69 × 9 = 42.21
⑤ 3.73 × 8 = 29.84
⑥ 2.97 × 8 = 23.76
⑦ 0.32 × 3 = 0.96
⑧ 0.14 × 2 = 0.28
⑨ 0.77 × 7 = 5.39
⑩ 0.25 × 4 = 1.~~00~~
⑪ 0.08 × 5 = 0.4~~0~~
⑫ 0.75 × 8 = 6.~~00~~



月　日 名前

小数のかけ算 ⑦

## 小数×整数

次の計算をしましょう。

① 3.2 × 34 → 128, 96 → 108.8
② 2.5 × 49 → 225, 100 → 122.5
③ 4.8 × 24 → 192, 96 → 115.2
④ 5.2 × 23 → 156, 104 → 119.6
⑤ 3.9 × 54 → 156, 195 → 210.6
⑥ 7.5 × 63 → 225, 450 → 472.5
⑦ 6.5 × 24 → 260, 130 → 156.~~0~~
⑧ 2.8 × 45 → 140, 112 → 126.~~0~~
⑨ 7.6 × 25 → 380, 152 → 190.~~0~~



月　日 名前

小数のかけ算 ⑧

## 小数×整数

次の計算をしましょう。

① 1.57 × 73 → 471, 1099 → 114.61
② 8.17 × 37 → 5719, 2451 → 302.29
③ 6.19 × 52 → 1238, 3095 → 321.88
④ 7.13 × 48 → 5704, 2852 → 342.24
⑤ 4.18 × 65 → 2090, 2508 → 271.7~~0~~
⑥ 5.06 × 45 → 2530, 2024 → 227.7~~0~~

月　日 名前

小数のわり算 ①

## 小数÷整数

小数÷整数では、わられる数の小数点の位置をそのまま上に商の小数点を打ちます。
9の中に3は3回。3をたてて、かける、ひく。6を下ろす。
6の中に3は2回。2をたてて、かける、ひく。

```
   3.2
3)9↑6
  9
    6
    6
    0
```

次の計算をしましょう。

①
```
  2.1
2)4.2
  4
    2
    2
    0
```
②
```
  2.3
3)6.9
  6
    9
    9
    0
```
③
```
  2.1
4)8.4
  8
    4
    4
    0
```
④
```
  4.6
2)9.2
  8
  1 2
  1 2
    0
```
⑤
```
  1.7
5)8.5
  5
  3 5
  3 5
    0
```
⑥
```
  1.9
3)5.7
  3
  2 7
  2 7
    0
```



月　日 名前

小数のわり算 ②

## 小数÷整数

次の計算をしましょう。

①
```
  0.8
4)3.2
  3 2
    0
```
②
```
  0.9
3)2.7
  2 7
    0
```
③
```
  0.4
9)3.6
  3 6
    0
```
④
```
  0.5
5)2.5
  2 5
    0
```
⑤
```
  0.7
6)4.2
  4 2
    0
```
⑥
```
  0.8
7)5.6
  5 6
    0
```
⑦
```
  0.4
4)1.6
  1 6
    0
```
⑧
```
  0.8
8)6.4
  6 4
    0
```
⑨
```
  0.7
5)3.5
  3 5
    0
```
⑩
```
  0.7
4)2.8
  2 8
    0
```
⑪
```
  0.9
6)5.4
  5 4
    0
```
⑫
```
  0.8
9)7.2
  7 2
    0
```



月　日 名前

小数のわり算 ③

## 小数÷整数

次の計算をしましょう。

①
```
    7.6
2)1 5.2
  1 4
    1 2
    1 2
      0
```
②
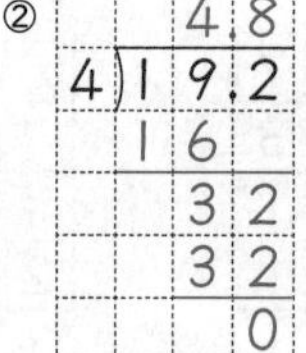
```
    4.8
4)1 9.2
  1 6
    3 2
    3 2
      0
```
③
```
    5.4
6)3 2.4
  3 0
    2 4
    2 4
      0
```
④
```
    7.3
5)3 6.5
  3 5
    1 5
    1 5
      0
```
⑤
```
    6.2
7)4 3.4
  4 2
    1 4
    1 4
      0
```
⑥
```
    8.9
3)2 6.7
  2 4
    2 7
    2 7
      0
```
⑦
```
    3.4
8)2 7.2
  2 4
    3 2
    3 2
      0
```
⑧
```
    5.6
4)2 2.4
  2 0
    2 4
    2 4
      0
```
⑨
```
    8.4
9)7 5.6
  7 2
    3 6
    3 6
      0
```



月　日 名前

小数のわり算 ④

## 小数÷整数

次の計算をしましょう。

①
```
  4 2.3
2)8 4.6
  8
    4
    4
      6
      6
      0
```
②
```
  1 2.3
6)7 3.8
  6
  1 3
  1 2
    1 8
    1 8
      0
```
③
```
  2 3.1
4)9 2.4
  8
  1 2
  1 2
      4
      4
      0
```
④
```
  1 2.4
7)8 6.8
  7
  1 6
  1 4
    2 8
    2 8
      0
```
⑤
```
  1 9.4
3)5 8.2
  3
  2 8
  2 7
    1 2
    1 2
      0
```
⑥
```
  1 9.3
5)9 6.5
  5
  4 6
  4 5
    1 5
    1 5
      0
```

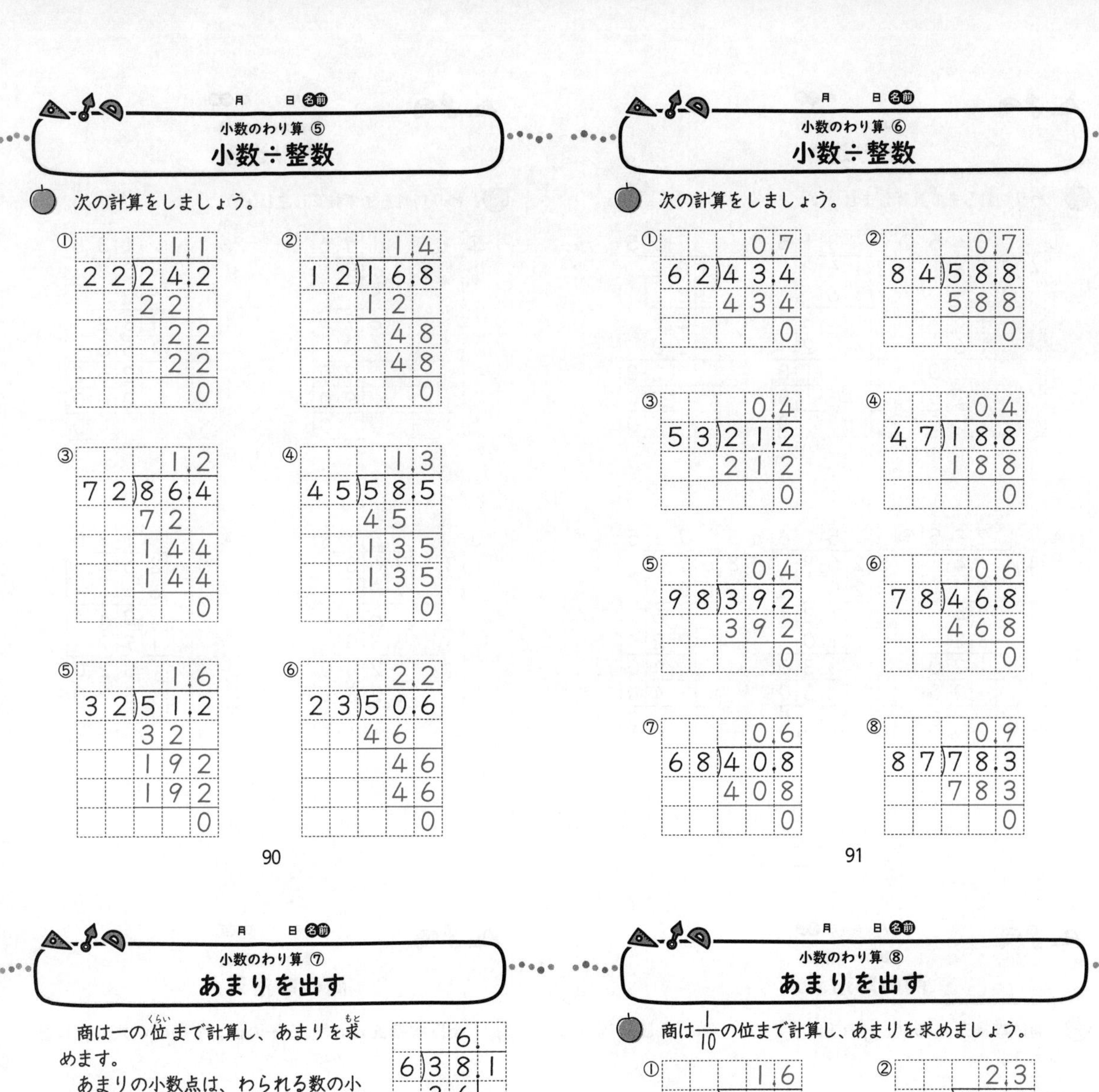

月　日 名前

小数のわり算 ⑤

## 小数÷整数

次の計算をしましょう。

① 22)24.2　商 1.1（22 / 22 / 22 / 0）

② 12)16.8　商 1.4（12 / 48 / 48 / 0）

③ 72)86.4　商 1.2（72 / 144 / 144 / 0）

④ 45)58.5　商 1.3（45 / 135 / 135 / 0）

⑤ 32)51.2　商 1.6（32 / 192 / 192 / 0）

⑥ 23)50.6　商 2.2（46 / 46 / 46 / 0）



月　日 名前

小数のわり算 ⑥

## 小数÷整数

次の計算をしましょう。

① 62)43.4　商 0.7（434 / 0）

② 84)58.8　商 0.7（588 / 0）

③ 53)21.2　商 0.4（212 / 0）

④ 47)18.8　商 0.4（188 / 0）

⑤ 98)39.2　商 0.4（392 / 0）

⑥ 78)46.8　商 0.6（468 / 0）

⑦ 68)40.8　商 0.6（408 / 0）

⑧ 87)78.3　商 0.9（783 / 0）



月　日 名前

小数のわり算 ⑦

## あまりを出す

商は一の位（くらい）まで計算し、あまりを求（もと）めます。

あまりの小数点は、わられる数の小数点をそのまま下に下ろします。

商6　あまり2.1

6)38.1　商 6.（36 / 2.1）

商は一の位まで計算し、あまりを求めましょう。

① 8)17.3　商 2（16 / 1.3）

② 7)15.1　商 2（14 / 1.1）

③ 6)33.7　商 5（30 / 3.7）

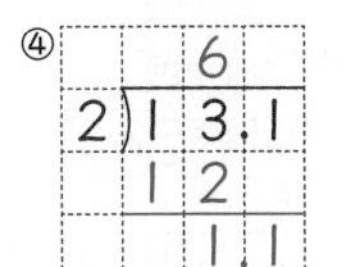

④ 2)13.1　商 6（12 / 1.1）

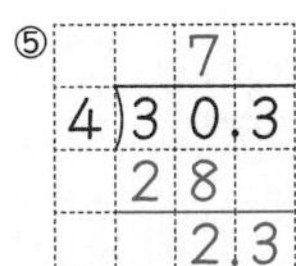

⑤ 4)30.3　商 7（28 / 2.3）

⑥ 9)31.2　商 3（27 / 4.2）

⑦ 3)25.1　商 8（24 / 1.1）

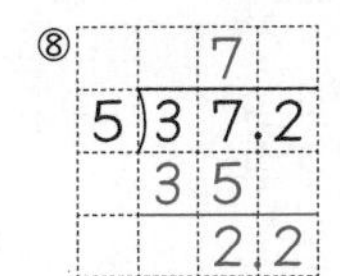

⑧ 5)37.2　商 7（35 / 2.2）

⑨ 7)57.3　商 8（56 / 1.3）



月　日 名前

小数のわり算 ⑧

## あまりを出す

商は $\frac{1}{10}$ の位まで計算し、あまりを求めましょう。

① 61)98.1　商 1.6（61 / 371 / 366 / 0.5）

② 33)76.5　商 2.3（66 / 105 / 99 / 0.6）

③ 53)69.4　商 1.3（53 / 164 / 159 / 0.5）

④ 76)83.9　商 1.1（76 / 79 / 76 / 0.3）

⑤ 67)99.7　商 1.4（67 / 327 / 268 / 5.9）

⑥ 49)81.7　商 1.6（49 / 327 / 294 / 3.3）

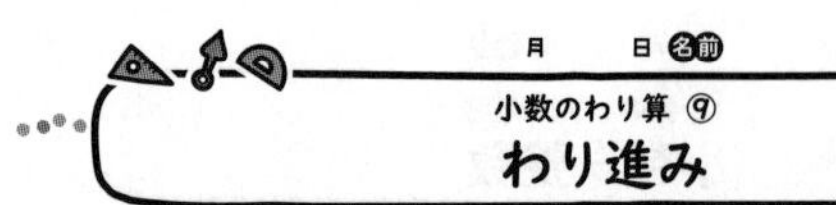

月　日　名前

小数のわり算 ⑨

## わり進み

わり切れるまで計算しましょう。

① 6.45
4)25.8
24
18
16
20
20
0

② 8.15
2)16.3
16
3
2
10
10
0

③ 7.55
4)30.2
28
22
20
20
20
0

④ 2.85
4)11.4
8
34
32
20
20
0

⑤ 5.26
5)26.3
25
13
10
30
30
0

⑥ 7.95
8)63.6
56
76
72
40
40
0



月　日　名前

小数のわり算 ⑩

## わり進み

わり切れるまで計算しましょう。

① 1.46
15)21.9
15
69
60
90
90
0

② 1.35
52)70.2
52
182
156
260
260
0

③ 2.18
35)76.3
70
63
35
280
280
0

④ 1.35
64)86.4
64
224
192
320
320
0



月　日　名前

小数のわり算 ⑪

## 商の四捨五入

商は四捨五入(ししゃごにゅう)して、$\frac{1}{10}$の位(くらい)までのがい数で表しましょう。

① 6.17
2)12.35
12
3
2
15
14
1

商 6.17 → 6.2

② 7.42
8)59.43
56
34
32
23
16
7

商 7.42 → 7.4

③ 3.42
5)17.12
15
21
20
12
10
2

商 3.42 → 3.4

④ 6.88
4)27.55
24
35
32
35
32
3

商 6.88 → 6.9



月　日　名前

小数のわり算 ⑫

## 商の四捨五入

商は四捨五入して、$\frac{1}{10}$の位までのがい数で表しましょう。

① 2.12
45)95.71
90
57
45
121
90
31

商 2.12 → 2.1

② 2.27
34)77.51
68
95
68
271
238
33

商 2.27 → 2.3

③ 1.19
63)75.42
63
124
63
612
567
45

商 1.19 → 1.2

④ 1.43
51)73.27
51
222
204
187
153
34

商 1.43 → 1.4

まとめテスト　月　日 名前

まとめ ⑪

## 小数のかけ算・わり算

50点

① 次の計算をしましょう。（各5点／30点）

①

| | 2 | .4 |
|---|---|---|
| × | | 7 |
| 1 | 6 | .8 |

②

| | 3 | .6 |
|---|---|---|
| × | | 5 |
| 1 | 8 | .0̸ |

③

| | 4 | .8 | 2 |
|---|---|---|---|
| × | | | 5 |
| 2 | 4 | .1 | 0̸ |

④

| | 3 | .9 |
|---|---|---|
| × | 1 | 8 |
| 3 | 1 | 2 |
| 3 | 9 | |
| 7 | 0 | .2 |

⑤

| | | 5 | 2 | .3 |
|---|---|---|---|---|
| | × | | 3 | 1 |
| | | 5 | 2 | 3 |
| 1 | 5 | 6 | 9 | |
| 1 | 6 | 2 | 1 | .3 |

⑥

| | | 6 | .0 | 5 |
|---|---|---|---|---|
| | × | | 6 | 4 |
| | 2 | 4 | 2 | 0 |
| 3 | 6 | 3 | 0 | |
| 3 | 8 | 7 | .2 | 0̸ |

② わり切れるまで計算しましょう。（各5点／10点）

① 6)53.4

| | | 8 | .9 |
|---|---|---|---|
| 6 | 5 | 3 | .4 |
| | 4 | 8 | |
| | | 5 | 4 |
| | | 5 | 4 |
| | | | 0 |

② 28)72.8

| | | | 2 | .6 |
|---|---|---|---|---|
| 2 | 8 | 7 | 2 | .8 |
| | | 5 | 6 | |
| | | 1 | 6 | 8 |
| | | 1 | 6 | 8 |
| | | | | 0 |

③ 商は一の位（くらい）まで求（もと）めて、あまりを出しましょう。（各5点／10点）

① 9)11.3

| | | | 1 | |
|---|---|---|---|---|
| 9 | 1 | 1 | .3 |
| | | 9 | |
| | | 2 | .3 |

② 24)59.2

| | | | 2 | |
|---|---|---|---|---|
| 2 | 4 | 5 | 9 | .2 |
| | | 4 | 8 | |
| | | 1 | 1 | .2 |



まとめテスト　月　日 名前

まとめ ⑫

## 小数のかけ算・わり算

50点

① 24×3＝72 です。次の□に数をかきましょう。（各10点／20点）

① 2.4×3＝ 7.2　　② 0.24×3＝ 0.72

② 長さが 1.8 mのテープを30本使います。テープは全部で何mいりますか。（式5点、答え5点／10点）

式 1.8×30＝54

答え 54m

計算
```
  1.8
× 3 0
  0 0
 5 4
 5 4.0
```

③ 赤リボンは2m、黄リボンは7mです。
黄リボンの長さは、赤リボンの長さの何倍ですか。（式5点、答え5点／10点）

式 7÷2＝3.5

答え 3.5倍

計算
```
  3.5
2)7
  6
  1 0
  1 0
    0
```

④ 34.7mのリボンがあります。このリボンから4mのリボンは何本取れて、何mあまりますか。（式5点、答え5点／10点）

式 34.7÷4＝8あまり2.7

答え 8本とれ、2.7mあまる

計算
```
    8
4)3 4.7
  3 2
    2.7
```



月　日 名前

計算のきまり ①

## 計算の順番

計算は
（　）⇒ ×÷ ⇒ ＋－ の順（じゅん）
にすすめます。

次の計算をしましょう。

① 26＋8－4＝30
② 45－29＋13＝29
③ 42－39＋29＝32
④ 63＋21－37＝47
⑤ 12×3－2＝34
⑥ 18＋63÷9＝25
⑦ 400－60×5＝100
⑧ 200＋350÷7＝250
⑨ 25×(8－4)＝100
⑩ (80－45)÷5＝7
⑪ 81÷(13－4)＝9
⑫ (61－7)×5＝270



月　日 名前

計算のきまり ②

## 計算の順番

次の計算をしましょう。

① 6×8＋3×4＝48＋12
＝60

② 24÷4＋36÷9＝6＋4
＝10

③ 48÷6＋7×2＝8＋14
＝22

④ 7×9－21÷3＝63－7
＝56

⑤ 28÷7＋7×6＝4＋42
＝46

⑥ 8×8－24÷8＝64－3
＝61

⑦ (14－8)×(21－16)＝6×5
＝30

⑧ (6＋8)÷(5＋2)＝14÷7
＝2

⑨ 35＋45÷(7＋2)＝35＋45÷9
＝35＋5＝40

⑩ (60－30)÷6－5＝30÷6－5
＝5－5＝0

⑪ 8×7＋8×5＝56＋40
＝96

月　日 名前

計算のきまり ③

## 分配のきまり

① 図のように、形のちがうクッキーがあります。

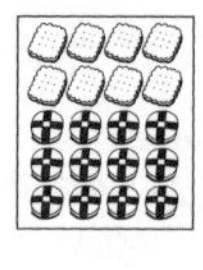

の数　(5−3)×4＝5×4−3×4

の数　(5−2)×4＝5×4−2×4

全部の数　(3＋2)×4＝3×4＋2×4

(2＋3)×4＝2×4＋3×4

のように、いろいろな考え方で、数を求(もと)めることができます。

(■＋▲)×○＝■×○＋▲×○

(■−▲)×○＝■×○−▲×○　というきまりがあります。

② くふうして計算しましょう。

① 97＝100−3 と考えて

97×12＝(100−3)×12

＝ 100 ×12− 3 ×12

＝ 1164

② 204×25＝ 200 ×25＋ 4 ×25

＝ 5100

③ 98×44＝100×44−2×44

＝4312

④ 404×25＝400×25＋4×25

＝10100



月　日 名前

計算のきまり ④

## 分配のきまり

● くふうして計算しましょう。

① 38×6−8×6 ＝( 38− 8 )×6

＝ 180

② 185×37−85×37＝( 185− 85 )×37

＝ 3700

③ 68×72＋32×72 ＝( 68＋ 32 )×72

＝ 7200

④ 175×43＋25×43＝( 175＋ 25 )×43

＝ 8600

⑤ 29×83＋29×17 ＝29×( 83＋ 17 )

＝ 2900

⑥ 99×109−99×9 ＝99×( 109− 9 )

＝ 9900



月　日 名前

計算のきまり ⑤

## 25を使って

① 48×25＝1200 をもとにして、次のかけ算の積(せき)を求(もと)めましょう。

① 4.8×2.5＝12　② 4.8×0.25＝1.2

③ 0.48×2.5＝1.2　④ 0.48×0.25＝0.12

⑤ 0.48×25＝12　⑥ 48×2.5＝120

② 4×25＝100 を利用して、計算しましょう。

① 4×0.7×25＝0.7×4×25
＝0.7×100
＝70

② 25×0.9×4＝0.9×25×4
＝0.9×100
＝90

③ 0.24×25＝0.06×4×25
＝0.06×100
＝6

④ 0.48×25＝0.12×4×25
＝0.12×100
＝12



月　日 名前

計算のきまり ⑥

## 文章題

● 問題を1つの式に表して、答えを求めましょう。

① 160円のパンと80円のジュースを買って、500円玉を出しました。おつりはいくらですか。

式　500−(160＋80)
＝500−240
＝260

答え　260円

② 80円のえんぴつを3本買って、500円玉を出しました。おつりはいくらですか。

式　500−80×3
＝500−240
＝260

答え　260円

③ 1こ80円のゼリー6こと、1こ120円のクッキーを4こ買いました。代金はいくらになりますか。

式　80×6＋120×4
＝480＋480
＝960

答え　960円

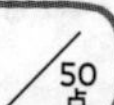

月　日 名前

まとめ ⑬

## 計算のきまり

/50点

● □にあてはまる数をかきましょう。 (各5点／50点)

① 12＋15＝15＋[12]

② 6×54＝54×[6]

③ 32＋59＋41＝32＋([59]＋41)

④ 27×25×4＝27×(25×[4])

⑤ (8＋7)×6＝8×6＋[7]×6

⑥ 164＋2306＝[2306]＋164

⑦ 24×500＝[500]×24

⑧ 132＋495＋[505]＝132＋(495＋505)

⑨ [317]×50×2＝317×(50×2)

⑩ (64－14)×4＝64×4－[14]×4



まとめテスト　月　日 名前

まとめ ⑭

## 計算のきまり

/50点

① 問題を1つの式に表して、答えを求めましょう。 (各式5点、答え5点／20点)

① 1さつ150円のノートを、1さつについて20円安くしてくれたので、5さつ買いました。何円はらいましたか。

式 (150－20)×5＝130×5
＝650　　答え 650円

② 5さつ600円のノートを100円安くしてくれました。1さつあたり何円ですか。

式 (600－100)÷5＝500÷5
＝100　　答え 100円

② くふうして計算しましょう。 (各5点／30点)

① 27×4－7×4＝(27－7)×4
＝80

② 24×5＋26×5＝(24＋26)×5
＝250

③ 7×45＋7×15＝7×(45＋15)
＝420

④ 42×5＋58×5＝(42＋58)×5
＝500

⑤ 38×4－18×4＝(38－18)×4
＝80

⑥ 4×302－4×252＝4×(302－252)
＝200



月　日 名前

分数 ①

## 帯分数→仮分数

① 数直線の㋐、㋑、㋒、㋓を帯分数で表しましょう。

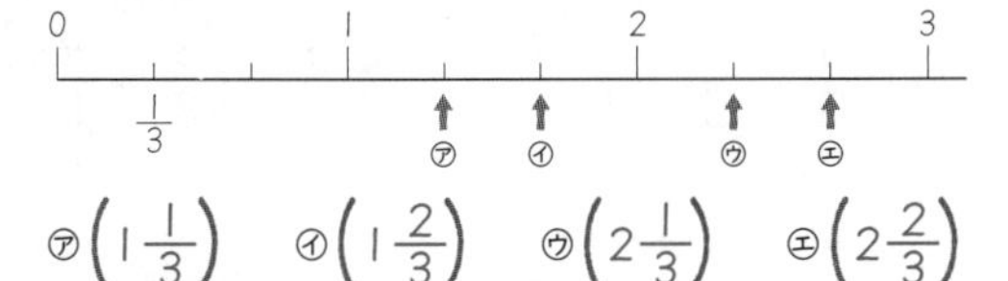


㋐($1\frac{1}{3}$)　㋑($1\frac{2}{3}$)　㋒($2\frac{1}{3}$)　㋓($2\frac{2}{3}$)

② 帯分数を仮分数に直しましょう。

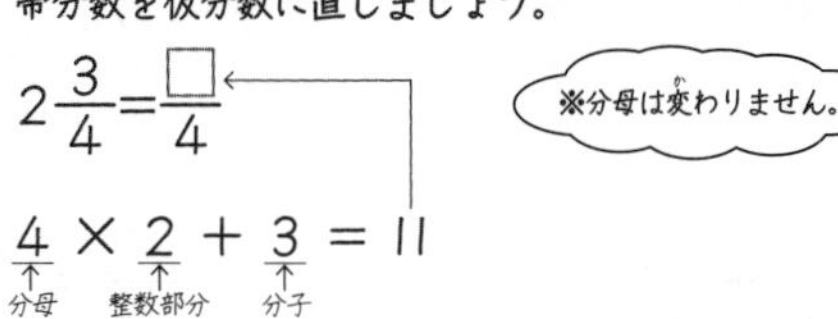


① $2\frac{1}{5}=\frac{11}{5}$　② $2\frac{5}{6}=\frac{17}{6}$

③ $3\frac{2}{7}=\frac{23}{7}$　④ $3\frac{3}{4}=\frac{15}{4}$

⑤ $1\frac{3}{4}=\frac{7}{4}$　⑥ $4\frac{3}{5}=\frac{23}{5}$

⑦ $2\frac{3}{8}=\frac{19}{8}$　⑧ $4\frac{5}{9}=\frac{41}{9}$



月　日 名前

分数 ②

## 仮分数→帯分数

① 数直線の㋐、㋑、㋒、㋓を仮分数で表しましょう。

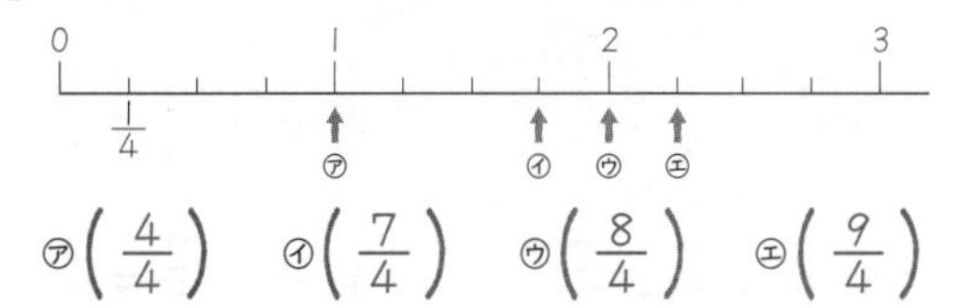


㋐($\frac{4}{4}$)　㋑($\frac{7}{4}$)　㋒($\frac{8}{4}$)　㋓($\frac{9}{4}$)

② 仮分数を帯分数に直しましょう。

$\frac{7}{3}=2\frac{1}{3}$

※分母は変わりません。

7 ÷ 3 ＝ 2あまり1
分子　分母

① $\frac{8}{3}=2\frac{2}{3}$　② $\frac{7}{4}=1\frac{3}{4}$

③ $\frac{11}{4}=2\frac{3}{4}$　④ $\frac{8}{5}=1\frac{3}{5}$

⑤ $\frac{12}{5}=2\frac{2}{5}$　⑥ $\frac{13}{6}=2\frac{1}{6}$

⑦ $\frac{10}{7}=1\frac{3}{7}$　⑧ $\frac{19}{8}=2\frac{3}{8}$

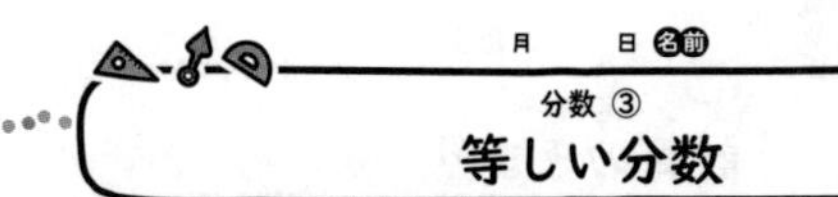

月　日 名前

分数 ③

## 等しい分数

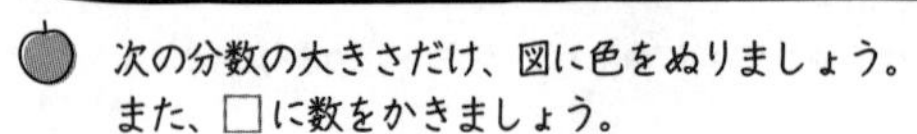

次の分数の大きさだけ、図に色をぬりましょう。
また、□に数をかきましょう。

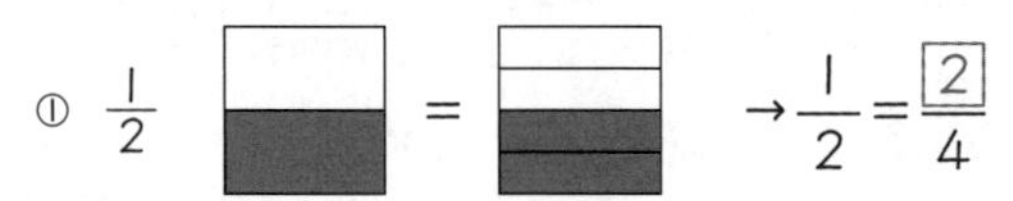

① $\frac{1}{2}$ → $\frac{1}{2}=\frac{\boxed{2}}{4}$

② $\frac{1}{3}$ → $\frac{1}{3}=\frac{\boxed{2}}{6}$

③ $\frac{2}{4}$ → $\frac{2}{4}=\frac{\boxed{4}}{8}$

④ $\frac{1}{2}$ → $\frac{1}{2}=\frac{\boxed{3}}{6}$

⑤ $\frac{2}{3}$ → $\frac{2}{3}=\frac{\boxed{4}}{6}$



月　日 名前

分数 ④

## 等しい分数

1 □にあてはまる数をかきましょう。

① $\frac{1}{6}=\frac{\boxed{2}}{12}$　② $\frac{1}{5}=\frac{\boxed{3}}{15}$　③ $\frac{2}{5}=\frac{\boxed{10}}{25}$

④ $\frac{3}{7}=\frac{\boxed{12}}{28}$　⑤ $\frac{5}{6}=\frac{\boxed{15}}{18}$　⑥ $\frac{1}{3}=\frac{2}{\boxed{6}}$

⑦ $\frac{2}{5}=\frac{6}{\boxed{15}}$　⑧ $\frac{2}{3}=\frac{10}{\boxed{15}}$　⑨ $\frac{3}{7}=\frac{12}{\boxed{28}}$

2 等しい分数をつくりましょう。

① $\frac{1}{2}=\frac{2}{\boxed{4}}=\frac{\boxed{3}}{6}=\frac{4}{\boxed{8}}=\frac{\boxed{5}}{10}=\frac{6}{\boxed{12}}$

② $\frac{3}{7}=\frac{\boxed{6}}{14}=\frac{9}{\boxed{21}}=\frac{\boxed{12}}{28}=\frac{15}{\boxed{35}}=\frac{\boxed{18}}{42}$

③ $\frac{18}{30}=\frac{\boxed{15}}{25}=\frac{12}{\boxed{20}}=\frac{\boxed{9}}{15}=\frac{6}{\boxed{10}}=\frac{\boxed{3}}{5}$



月　日 名前

分数 ⑤

## たし算

1 次の計算をしましょう。

① $\frac{1}{3}+\frac{1}{3}=\frac{2}{3}$ （1＋1、そのまま）　② $\frac{1}{5}+\frac{2}{5}=\frac{3}{5}$

③ $\frac{2}{8}+\frac{5}{8}=\frac{7}{8}$　④ $\frac{4}{7}+\frac{2}{7}=\frac{6}{7}$

⑤ $\frac{3}{9}+\frac{5}{9}=\frac{8}{9}$　⑥ $\frac{2}{10}+\frac{7}{10}=\frac{9}{10}$

2 次の計算をしましょう。

① $\frac{5}{6}+\frac{1}{6}=\frac{6}{6}=1$　② $\frac{2}{5}+\frac{3}{5}=\frac{5}{5}=1$

③ $\frac{3}{8}+\frac{5}{8}=\frac{8}{8}=1$　④ $\frac{3}{7}+\frac{4}{7}=\frac{7}{7}=1$

⑤ $\frac{2}{9}+\frac{7}{9}=\frac{9}{9}=1$　⑥ $\frac{1}{10}+\frac{9}{10}=\frac{10}{10}=1$



月　日 名前

分数 ⑥

## たし算

次の計算をしましょう。（答えは仮分数(かぶんすう)のままでよい。）

① $\frac{3}{5}+\frac{4}{5}=\frac{7}{5}$　② $\frac{6}{8}+\frac{3}{8}=\frac{9}{8}$

③ $\frac{5}{9}+\frac{6}{9}=\frac{11}{9}$　④ $\frac{4}{7}+\frac{5}{7}=\frac{9}{7}$

⑤ $\frac{3}{4}+\frac{2}{4}=\frac{5}{4}$　⑥ $\frac{6}{8}+\frac{7}{8}=\frac{13}{8}$

⑦ $\frac{7}{6}+\frac{4}{6}=\frac{11}{6}$　⑧ $\frac{4}{10}+\frac{9}{10}=\frac{13}{10}$

⑨ $\frac{8}{9}+\frac{5}{9}=\frac{13}{9}$　⑩ $\frac{4}{10}+\frac{7}{10}=\frac{11}{10}$

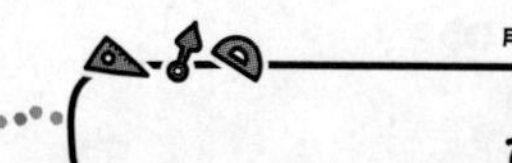

月　日 名前

分数 ⑦
## ひき算

1 次の計算をしましょう。

① $\frac{2}{3}-\frac{1}{3}=\frac{1}{3}$ （2−1，そのまま）

② $\frac{3}{5}-\frac{2}{5}=\frac{1}{5}$

③ $\frac{7}{8}-\frac{2}{8}=\frac{5}{8}$

④ $\frac{5}{7}-\frac{2}{7}=\frac{3}{7}$

⑤ $\frac{8}{9}-\frac{4}{9}=\frac{4}{9}$

⑥ $\frac{9}{10}-\frac{6}{10}=\frac{3}{10}$

2 次の計算をしましょう。

① $1-\frac{1}{6}=\frac{6}{6}-\frac{1}{6}=\frac{5}{6}$

② $1-\frac{1}{3}=\frac{3}{3}-\frac{1}{3}=\frac{2}{3}$

③ $1-\frac{3}{5}=\frac{5}{5}-\frac{3}{5}=\frac{2}{5}$

④ $1-\frac{4}{7}=\frac{7}{7}-\frac{4}{7}=\frac{3}{7}$

⑤ $1-\frac{5}{8}=\frac{8}{8}-\frac{5}{8}=\frac{3}{8}$

⑥ $1-\frac{5}{9}=\frac{9}{9}-\frac{5}{9}=\frac{4}{9}$



月　日 名前

分数 ⑧
## ひき算

次の計算をしましょう。

① $1\frac{2}{5}-\frac{3}{5}=\frac{7}{5}-\frac{3}{5}=\frac{4}{5}$

② $1\frac{1}{3}-\frac{2}{3}=\frac{4}{3}-\frac{2}{3}=\frac{2}{3}$

③ $1\frac{2}{7}-\frac{5}{7}=\frac{9}{7}-\frac{5}{7}=\frac{4}{7}$

④ $1\frac{1}{5}-\frac{4}{5}=\frac{6}{5}-\frac{4}{5}=\frac{2}{5}$

⑤ $1\frac{4}{8}-\frac{7}{8}=\frac{12}{8}-\frac{7}{8}=\frac{5}{8}$

⑥ $1\frac{4}{9}-\frac{5}{9}=\frac{13}{9}-\frac{5}{9}=\frac{8}{9}$

⑦ $1\frac{8}{10}-\frac{9}{10}=\frac{18}{10}-\frac{9}{10}=\frac{9}{10}$

⑧ $1\frac{6}{9}-\frac{8}{9}=\frac{15}{9}-\frac{8}{9}=\frac{7}{9}$



月　日 名前

分数 ⑨
## 帯分数のたし算

次の計算をしましょう。

① $1\frac{1}{3}+\frac{1}{3}=1\frac{2}{3}$

② $\frac{2}{7}+1\frac{4}{7}=1\frac{6}{7}$

③ $1\frac{4}{15}+1\frac{7}{15}=2\frac{11}{15}$

④ $2\frac{1}{7}+3\frac{3}{7}=5\frac{4}{7}$

⑤ $4\frac{1}{5}+3\frac{2}{5}=7\frac{3}{5}$

⑥ $1\frac{7}{10}+3\frac{2}{10}=4\frac{9}{10}$

⑦ $2\frac{1}{4}+2=4\frac{1}{4}$

⑧ $3\frac{5}{6}+1=4\frac{5}{6}$

⑨ $1\frac{4}{6}+1\frac{2}{6}=2\frac{6}{6}=3$

⑩ $2\frac{5}{9}+1\frac{4}{9}=3\frac{9}{9}=4$

⑪ $1\frac{5}{7}+\frac{3}{7}=1\frac{8}{7}=2\frac{1}{7}$

⑫ $2\frac{2}{4}+3\frac{3}{4}=5\frac{5}{4}=6\frac{1}{4}$



月　日 名前

分数 ⑩
## 帯分数のひき算

次の計算をしましょう。

① $3\frac{2}{3}-2\frac{1}{3}=1\frac{1}{3}$

② $2\frac{2}{5}-1\frac{1}{5}=1\frac{1}{5}$

③ $1\frac{4}{8}-1\frac{1}{8}=\frac{3}{8}$

④ $1\frac{7}{10}-1\frac{4}{10}=\frac{3}{10}$

⑤ $2\frac{4}{6}-1\frac{4}{6}=1$

⑥ $3\frac{7}{9}-2\frac{2}{9}=1\frac{5}{9}$

⑦ $2\frac{7}{10}-1\frac{4}{10}=1\frac{3}{10}$

⑧ $8\frac{5}{17}-\frac{2}{17}=8\frac{3}{17}$

⑨ $4\frac{2}{9}-2\frac{7}{9}=3\frac{11}{9}-2\frac{7}{9}=1\frac{4}{9}$

⑩ $3\frac{4}{6}-1\frac{5}{6}=2\frac{10}{6}-1\frac{5}{6}=1\frac{5}{6}$

⑪ $4-1\frac{4}{5}=3\frac{5}{5}-1\frac{4}{5}=2\frac{1}{5}$

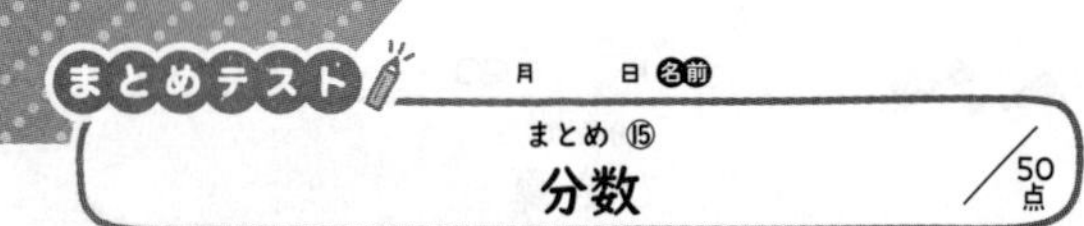

まとめ ⑮
# 分数
／50点

① ㋐、㋑がしめす分数を帯分数と仮分数で答えましょう。 (各5点／20点)

㋐ 帯分数 ( $1\frac{3}{6}$ ) 仮分数 ( $\frac{9}{6}$ )
㋑ 帯分数 ( $2\frac{1}{6}$ ) 仮分数 ( $\frac{13}{6}$ )

② 次の計算をしましょう。 (各5点／30点)

① $2\frac{4}{7}+1\frac{2}{7}=3\frac{6}{7}$
② $3\frac{3}{5}+\frac{4}{5}=3\frac{7}{5}=4\frac{2}{5}$
③ $1\frac{3}{8}+\frac{5}{8}=1\frac{8}{8}=2$
④ $2\frac{2}{3}-1\frac{1}{3}=1\frac{1}{3}$
⑤ $3\frac{4}{9}-\frac{7}{9}=2\frac{13}{9}-\frac{7}{9}=2\frac{6}{9}$
⑥ $3-\frac{3}{4}=2\frac{4}{4}-\frac{3}{4}=2\frac{1}{4}$



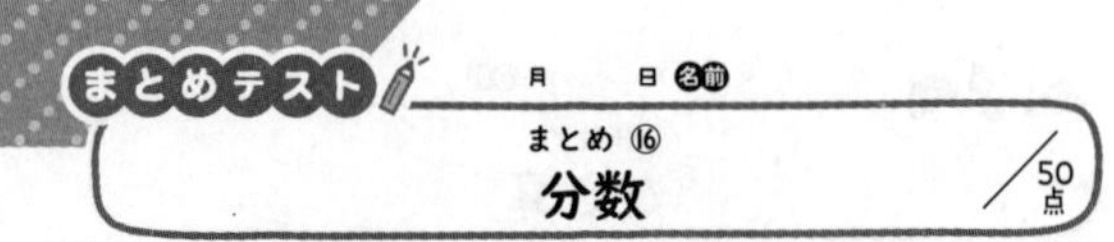

まとめ ⑯
# 分数
／50点

① 仮分数は帯分数か整数に、帯分数は仮分数にしましょう。 (各5点／15点)

① $\frac{21}{8}$ ( $2\frac{5}{8}$ )
② $4\frac{5}{6}$ ( $\frac{29}{6}$ )
③ $\frac{56}{7}$ ( 8 )

② 次の□にあてはまる不等号をかきましょう。 (各5点／10点)

① $2\frac{4}{9}$ [>] $\frac{20}{9}$
② $\frac{17}{3}$ [<] $6\frac{1}{3}$

③ 白いリボンが$1\frac{2}{5}$m、赤いリボンが$\frac{4}{5}$mあります。

① どちらのリボンが長いですか。 (5点)

答え 白いリボン

② 長さのちがいは何mですか。 (式5点、答え5点／10点)

式 $1\frac{2}{5}-\frac{4}{5}=\frac{7}{5}-\frac{4}{5}=\frac{3}{5}$

答え $\frac{3}{5}$m

③ つないだ長さは何mですか。 (式5点、答え5点／10点)

式 $1\frac{2}{5}+\frac{4}{5}=1\frac{6}{5}=2\frac{1}{5}$

答え $2\frac{1}{5}$m



月 日 名前

角度 ①
# 大きさをはかる

● 分度器を使って、角度をはかりましょう。

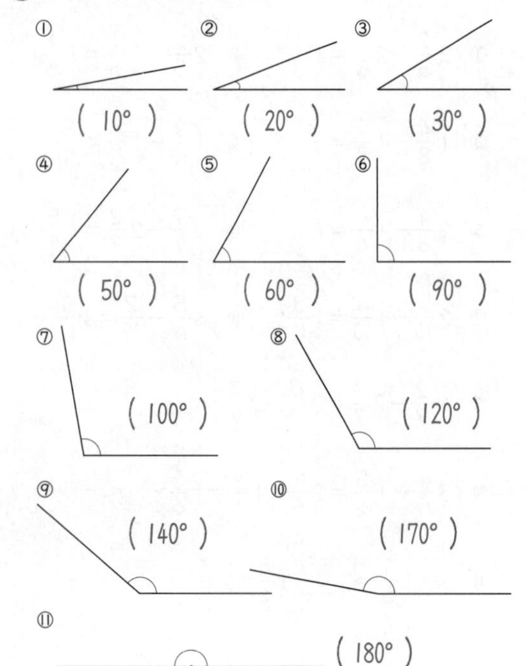




月 日 名前

角度 ②
# 大きさをはかる

● 分度器を使って、角度をはかりましょう。

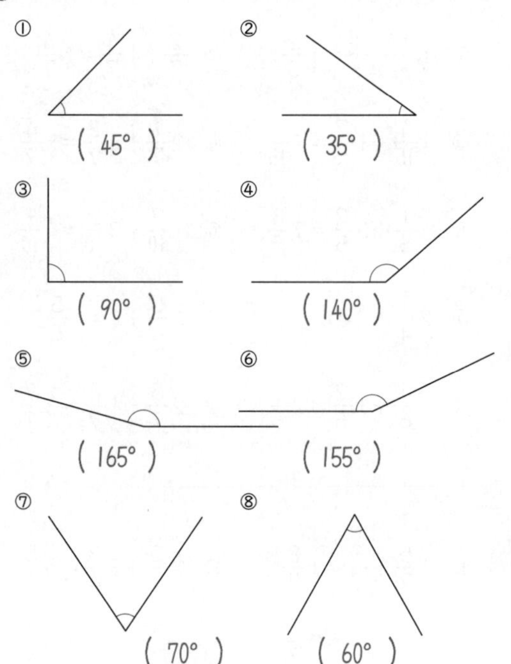

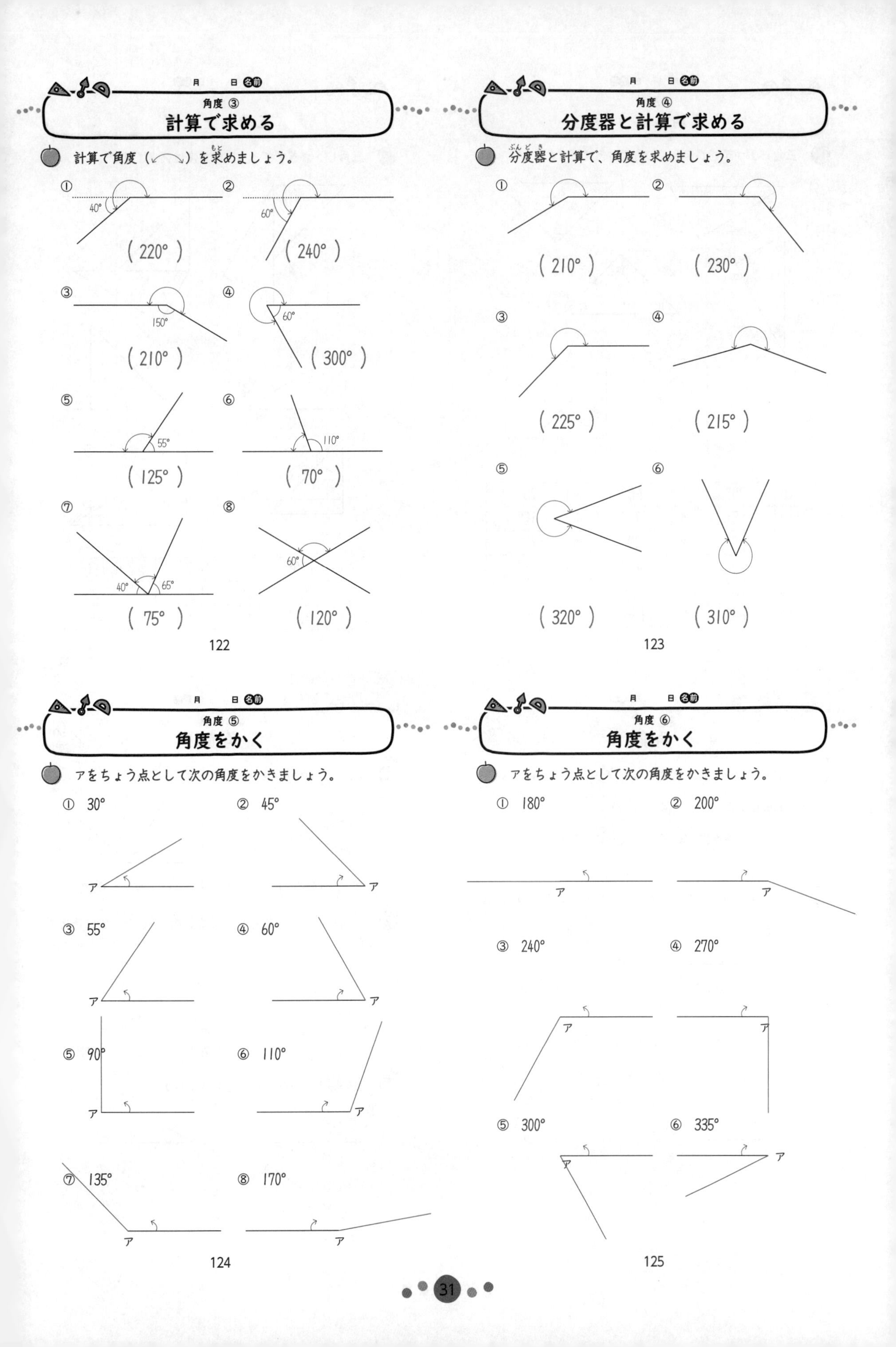

月　日 名前

角度 ③

## 計算で求める

計算で角度（⌒）を求めましょう。





月　日 名前

角度 ④

## 分度器と計算で求める

分度器と計算で、角度を求めましょう。





月　日 名前

角度 ⑤

## 角度をかく

アをちょう点として次の角度をかきましょう。





月　日 名前

角度 ⑥

## 角度をかく

アをちょう点として次の角度をかきましょう。

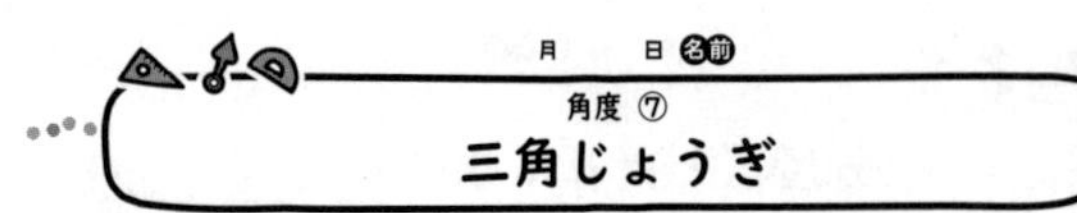

月　日 名前

角度 ⑦

# 三角じょうぎ

三角じょうぎでできる次の角度は何度ですか。

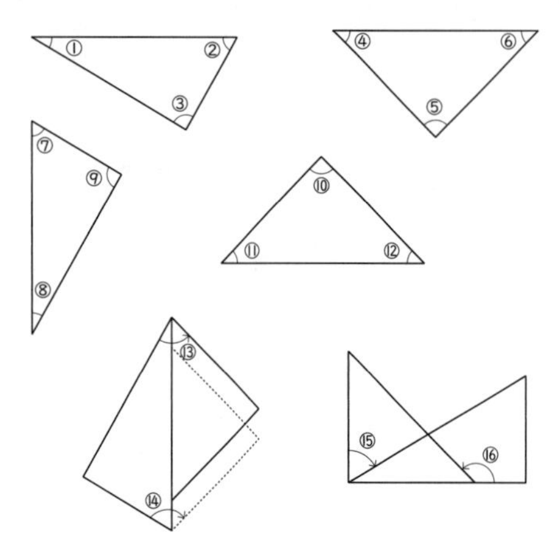

| ① | 30° | ② | 60° | ③ | 90° |
|---|---|---|---|---|---|
| ④ | 45° | ⑤ | 90° | ⑥ | 45° |
| ⑦ | 60° | ⑧ | 30° | ⑨ | 90° |
| ⑩ | 90° | ⑪ | 45° | ⑫ | 45° |
| ⑬ | 75° | ⑭ | 105° | | |
| ⑮ | 60° | ⑯ | 135° | | |

月　日 名前

角度 ⑧

# 三角じょうぎ

三角じょうぎでできる次の角度は何度ですか。

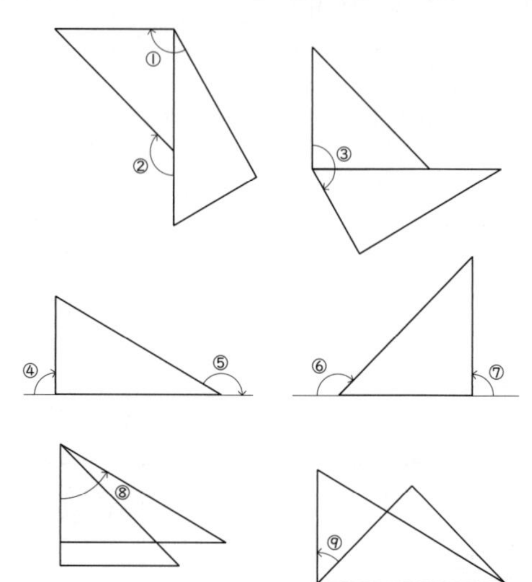

| ① | 120° | ② | 135° | ③ | 150° |
|---|---|---|---|---|---|
| ④ | 90° | ⑤ | 150° | ⑥ | 135° |
| ⑦ | 90° | ⑧ | 15° | ⑨ | 45° |



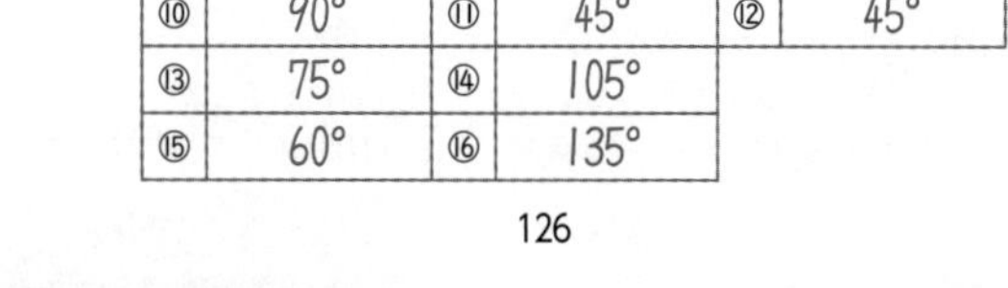

まとめテスト　月　日 名前

まとめ ⑰

# 角度

50点

1 □にあてはまる数をかきましょう。（完答・各5点／10点）

① 半回転の角度は 2 直角で 180° です。

② 1回転の角度は 4 直角で 360° です。

2 分度器を使って、次の角度をはかりましょう。（各10点／20点）

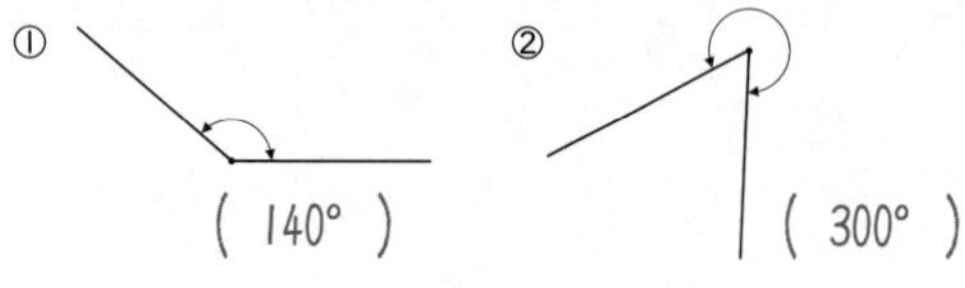

①（140°）　②（300°）

3 分度器とじょうぎで、次の大きさの角をかきましょう。（各10点／20点）

① 75°　② 280°

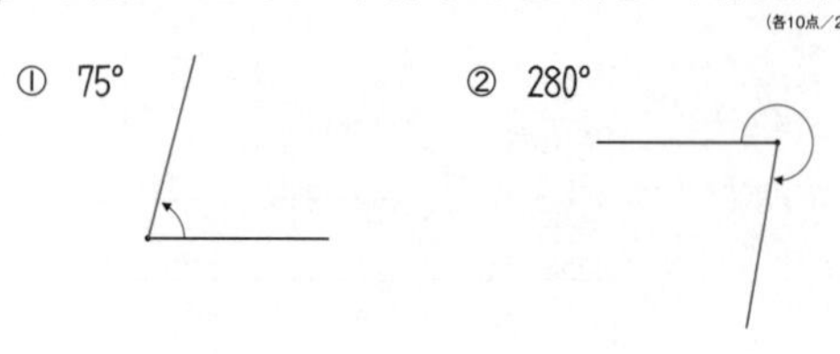



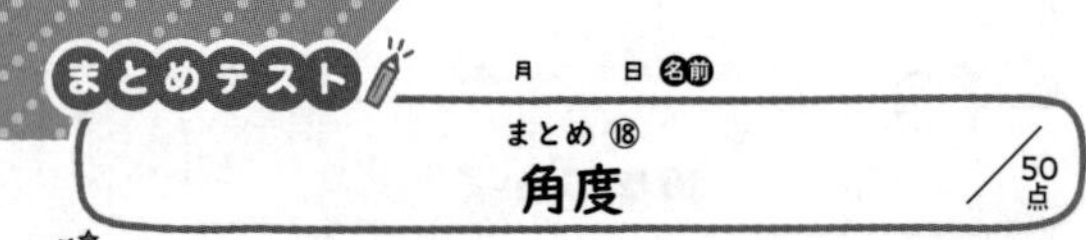

まとめテスト　月　日 名前

まとめ ⑱

# 角度

50点

1 ア、イ、ウの角度を分度器を使わずに求めましょう。（各5点／15点）

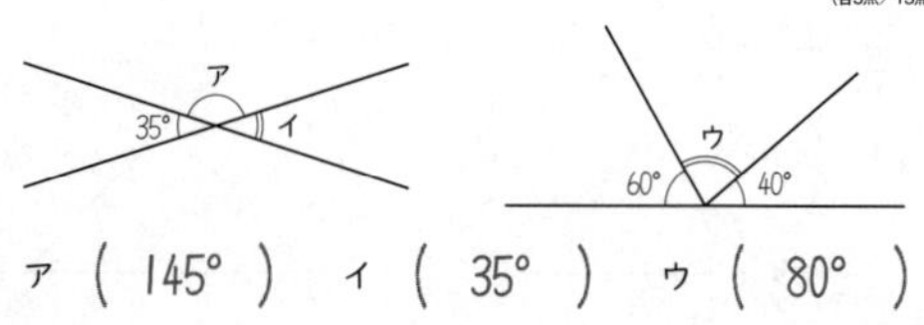


ア（145°）　イ（35°）　ウ（80°）

2 三角じょうぎを組み合わせました。㋕、㋖、㋗は何度ですか。（各5点／15点）

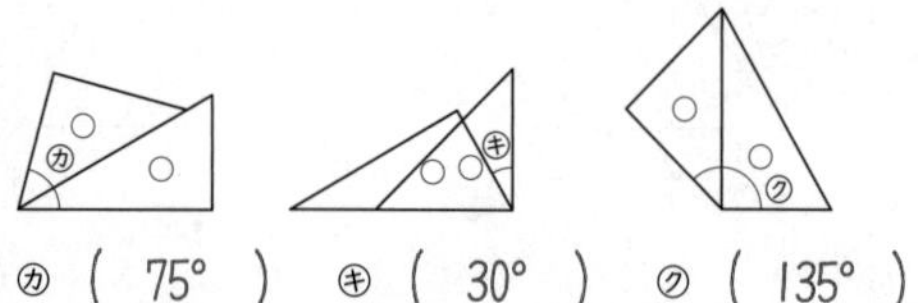

㋕（75°）　㋖（30°）　㋗（135°）

3 次の図のような三角形をかきましょう。（各10点／20点）

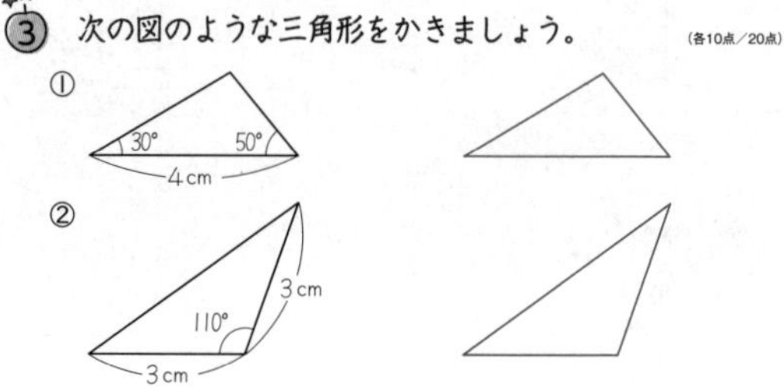

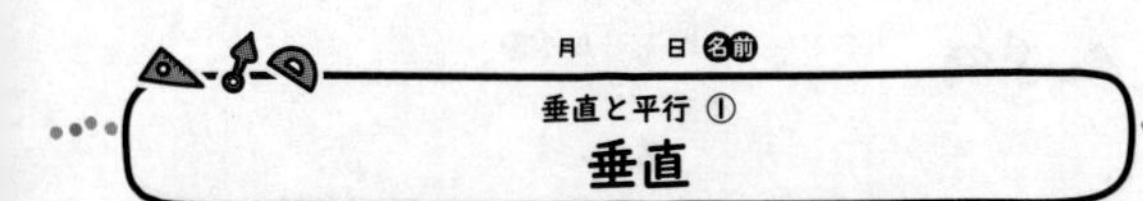

月　日 名前

垂直と平行 ①

# 垂直

２本の直線が交わってできる角が直角のとき、この２本の直線は、**垂直**(すいちょく)**である** といいます。

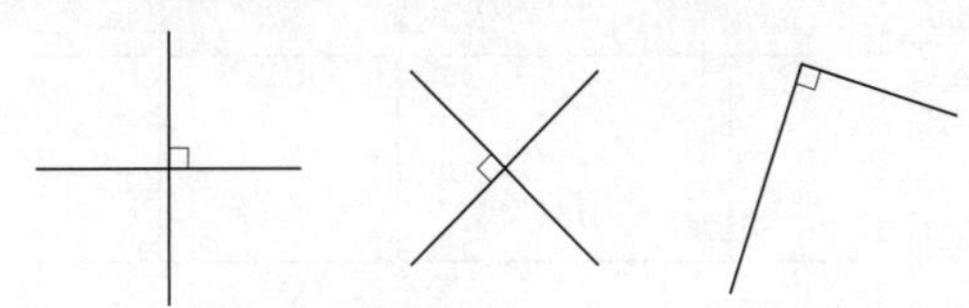

直角は、角の大きさが90°のことだから、2本の直線が90°に交わるともいいます。

２本の直線が交わっていなくても、直線をのばしていくと、直角に交わるときも、**垂直である** といいます。

垂直に交わっているのはどれですか。

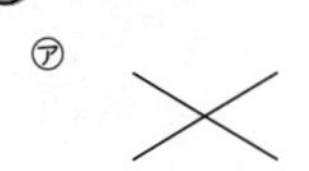

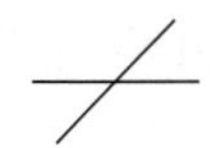
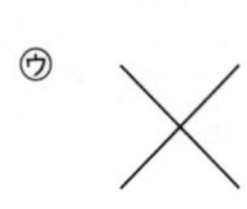



（　㋒　）



月　日 名前

垂直と平行 ②

# 垂直

① 垂直になっているのはどれですか。

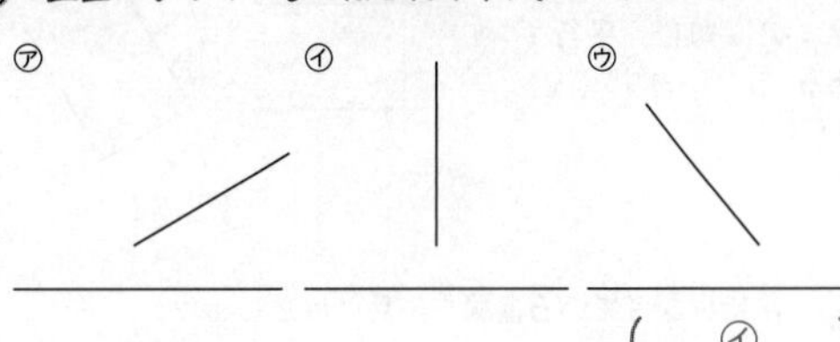


（　㋑　）

② 直線アに垂直な直線はどれとどれですか。

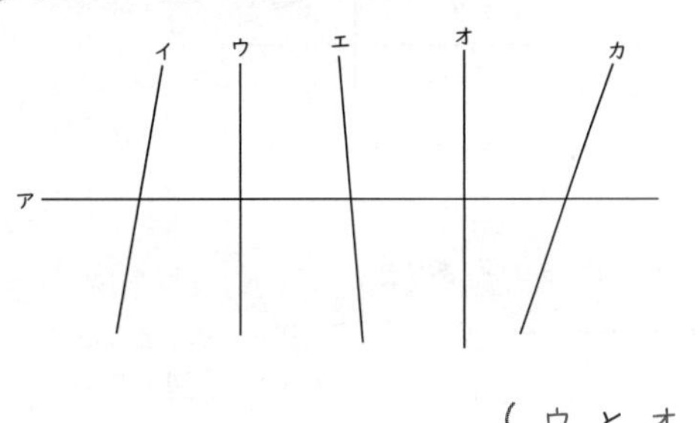


（　ウ　と　オ　）



月　日 名前

垂直と平行 ③

# 垂直な直線の引き方

垂直(すいちょく)な線のかき方

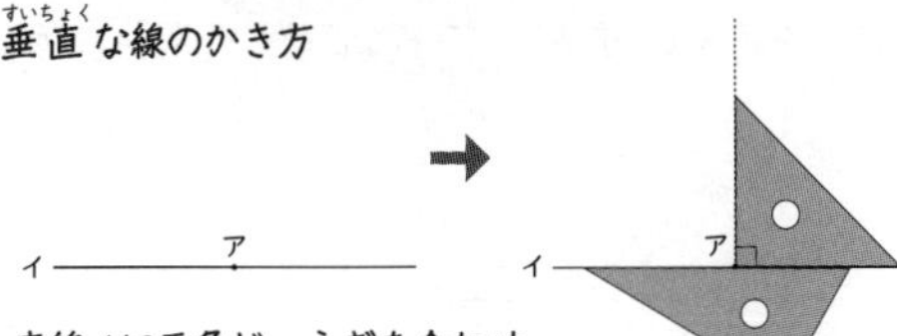


直線イに三角じょうぎを合わせ、
別の三角じょうぎを垂直に合わせ、線を引く。

点アを通って、直線イに垂直な直線を引きましょう。

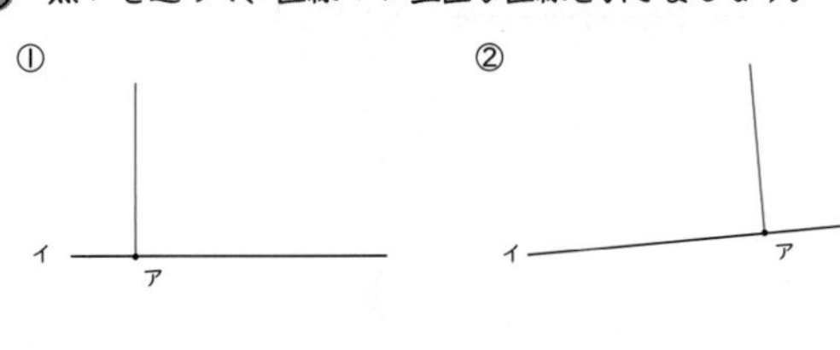


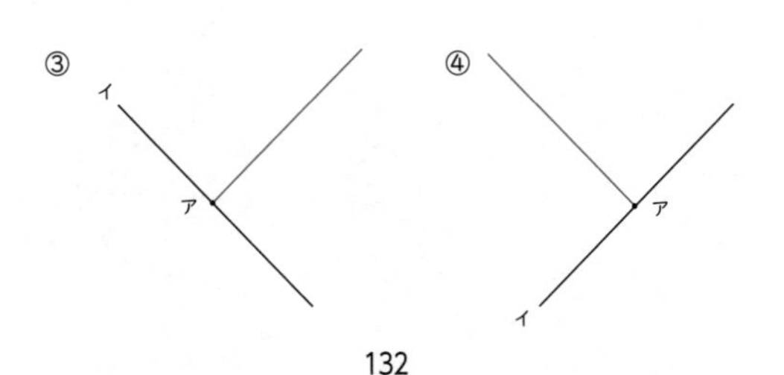




月　日 名前

垂直と平行 ④

# 垂直な直線の引き方

垂直な線のかき方

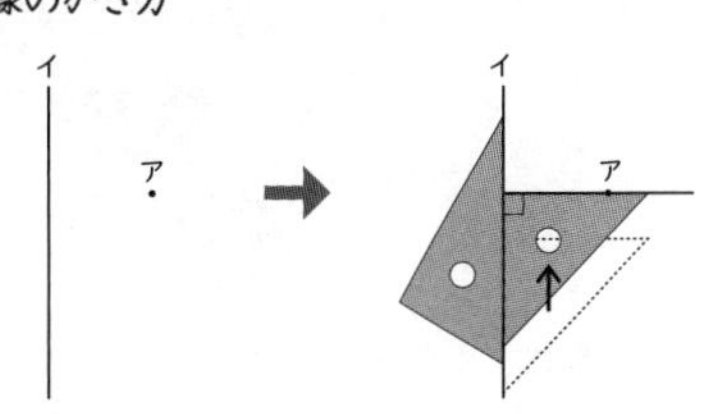


点アを通って、直線イに垂直な直線を引きましょう。

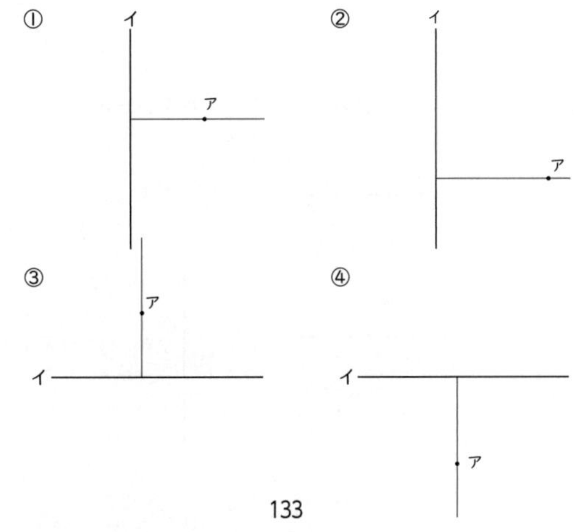

月　　日 名前

垂直と平行 ⑤

## 平行

1本の直線に垂直(すいちょく)な2本の直線は、**平行である** といいます。

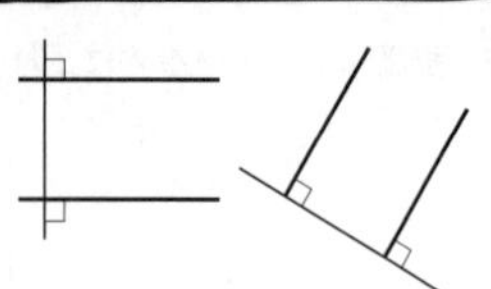

① 平行になっている直線を、見つけましょう。

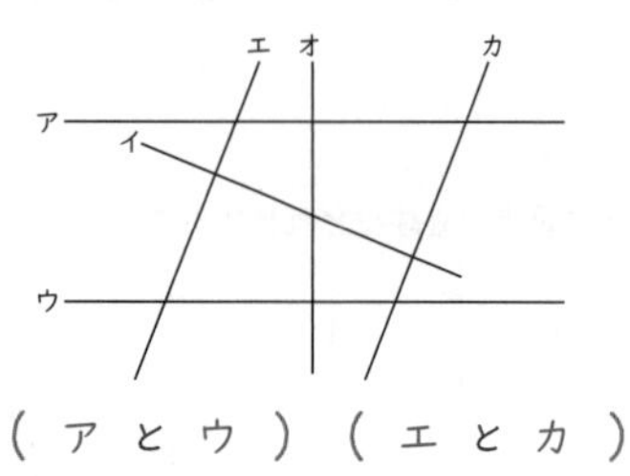


（ ア と ウ ）（ エ と カ ）

② 長方形ＡＢＣＤがあります。

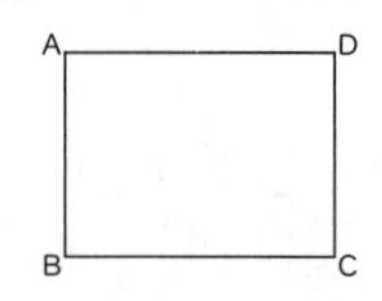


① 辺(へん)ＡＢと垂直な辺はどれですか。（辺AD, 辺BC）

② 辺ＡＢと平行な辺はどれですか。（ 辺DC ）



月　　日 名前

垂直と平行 ⑥

## 平行

① 平行な２本の直線アとイのはばを調べます。

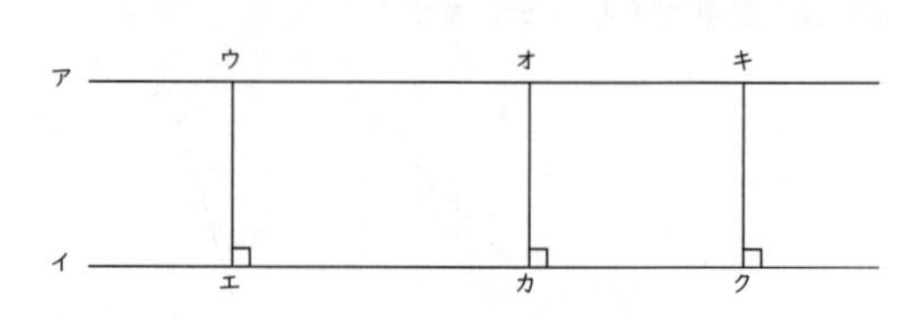


ウエが３cmのとき、オカとキクは何cmですか。

オカ（ 3cm ）　キク（ 3cm ）

② 直線アと直線イが平行なとき、ウオとオカはそれぞれ何cmですか。

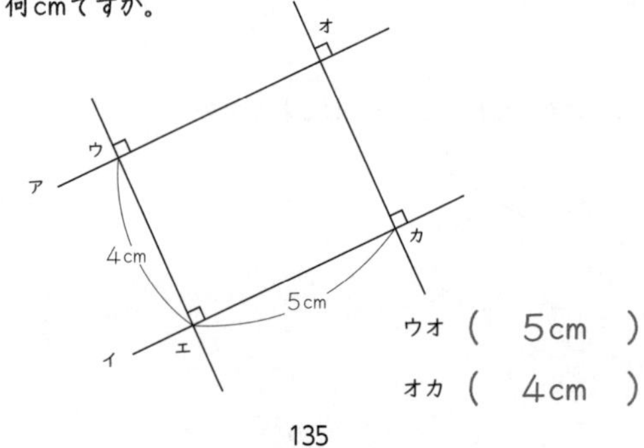


ウオ（ 5cm ）

オカ（ 4cm ）

月　　日 名前

垂直と平行 ⑦

## 平行な直線の引き方

平行な線のかき方

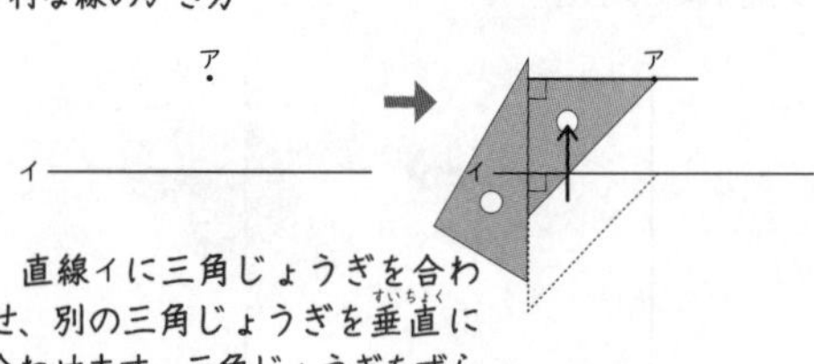


直線イに三角じょうぎを合わせ、別の三角じょうぎを垂直(すいちょく)に合わせます。三角じょうぎをずらして線を引きます。

点アを通って、直線イに平行な直線を引きましょう。

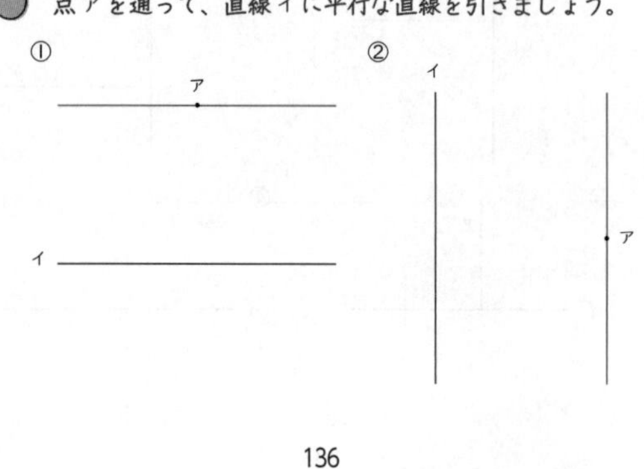

月　　日 名前

垂直と平行 ⑧

## 平行な直線の引き方

点アを通って、直線イに平行な直線を引きましょう。

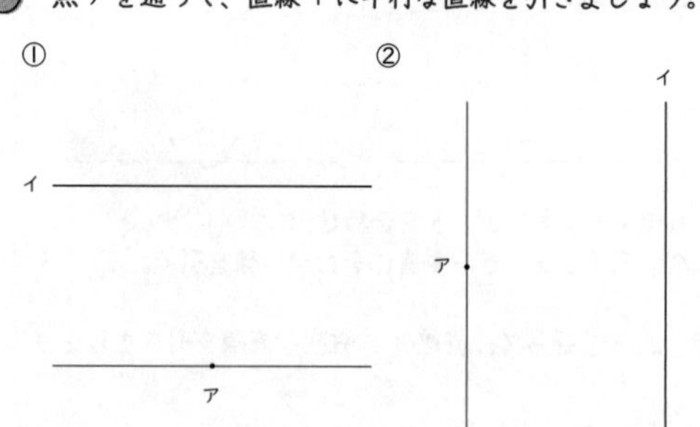


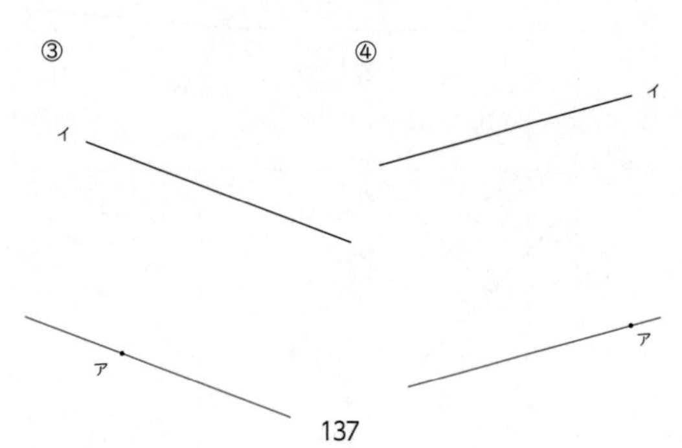

月　　日 名前

垂直と平行 ⑨

## 平行線のせいしつ

3本の平行な直線に角が50°になるように、ななめの直線を引きました。角ア、角イ、角ウはそれぞれ何度か、分度器(ぶんどき)を使ってはかりましょう。

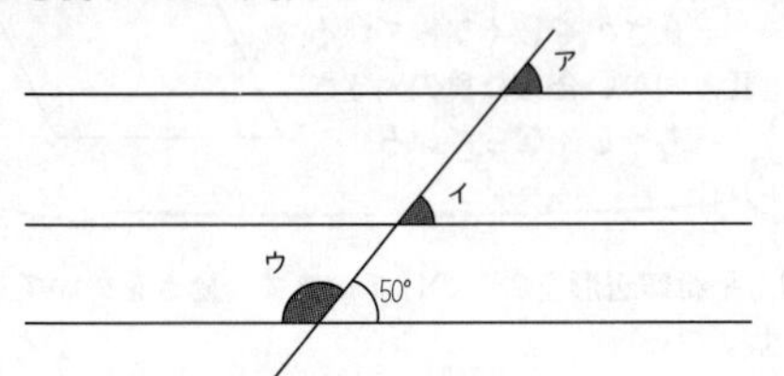


角ア（　50°　）　角イ（　50°　）　角ウ（　130°　）

この問題により、次のせいしつがわかります。

**平行線のせいしつ**
直線あ　と　直線い
が平行
⇒
角ア　＝　角イ

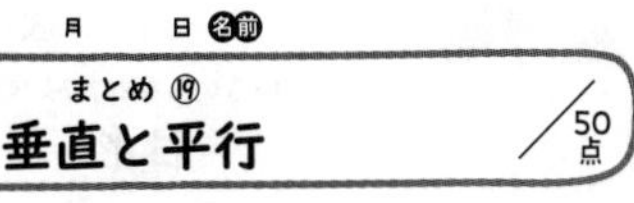




月　　日 名前

垂直と平行 ⑩

## 平行線のせいしつ

① 2本の直線あと直線いは平行です。角アと角イを求(もと)めましょう。

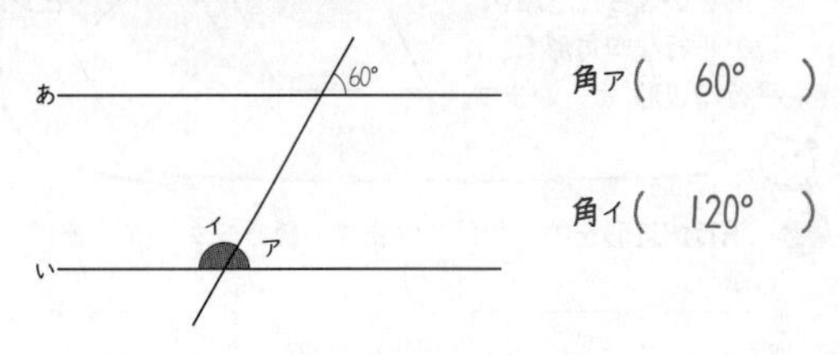


角ア（　60°　）

角イ（　120°　）

② 直線あと直線い、直線うと直線えはそれぞれ平行です。角ア、イ、ウはそれぞれ何度ですか。

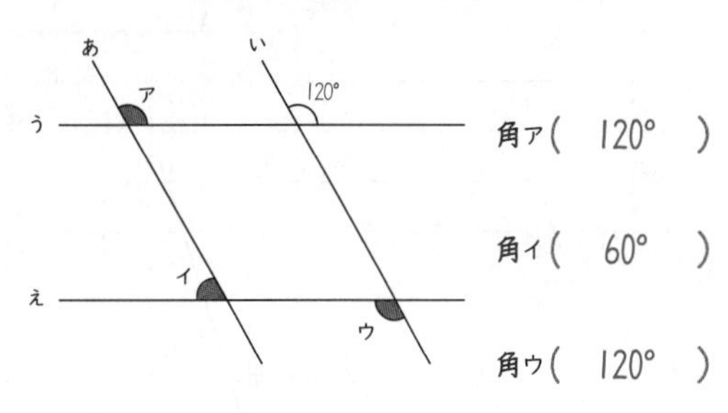


角ア（　120°　）

角イ（　60°　）

角ウ（　120°　）



まとめテスト　月　　日 名前

まとめ ⑲

## 垂直と平行

50点

① 次の直線について答えましょう。（各10点／30点）

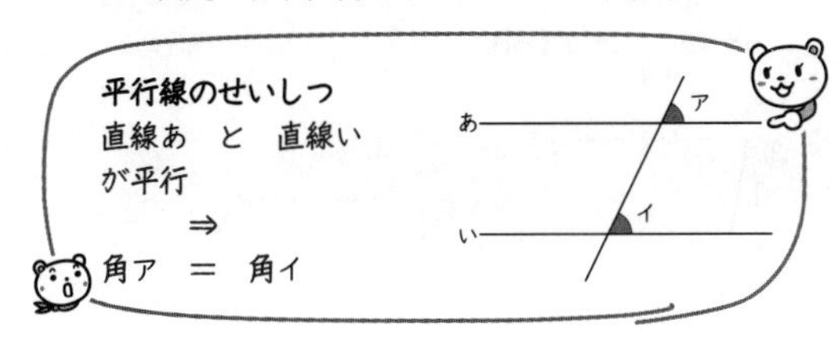


① ㋐の直線に垂直(すいちょく)な直線はどれですか。
（　直線㋕　）
② ㋐の直線に平行な直線はどれですか。
（　直線㋓　）
③ ㋓と㋕の直線の関係(かんけい)は何であるといえますか。
（　垂直　）

② 図のように、2組の平行な直線が交わっています。角㋚、角㋛の大きさは何度ですか。（各10点／20点）

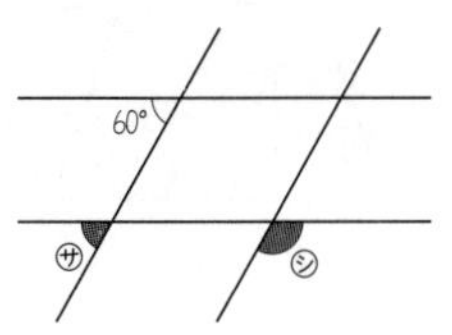


角㋚（　60°　）

角㋛（　120°　）



まとめテスト　月　　日 名前

まとめ ⑳

## 垂直と平行

50点

① 点Aを通って、直線Bに垂直な直線をかきましょう。（各10点／20点）

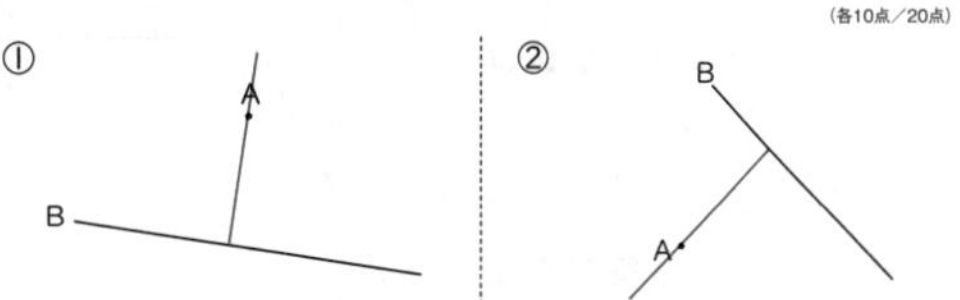


② 点Cを通って、直線Dに平行な直線をかきましょう。（各10点／20点）

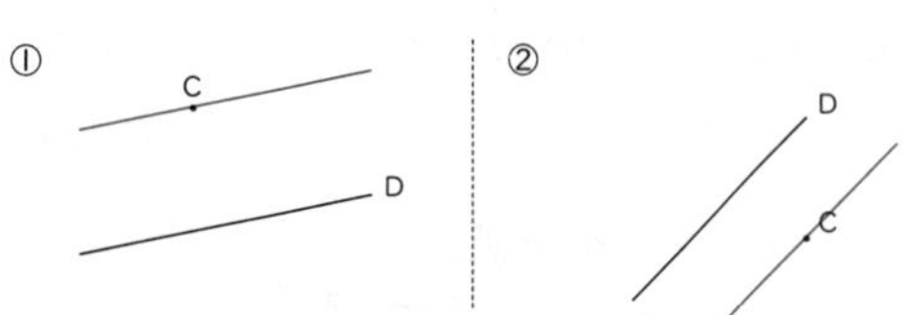


③ 1組の三角じょうぎを使って、たて5cm、横7cmの長方形をかきましょう。（10点）

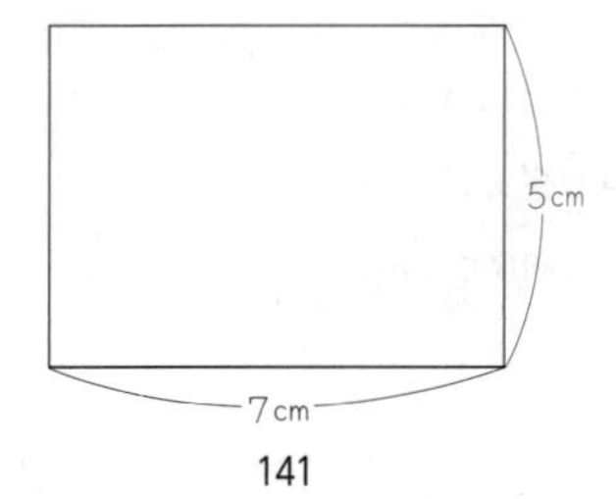

月　日 名前

いろいろな四角形 ①

## 平行四辺形

向かい合った２組の辺が平行な四角形を、平行四辺形（へいこうしへんけい）といいます。

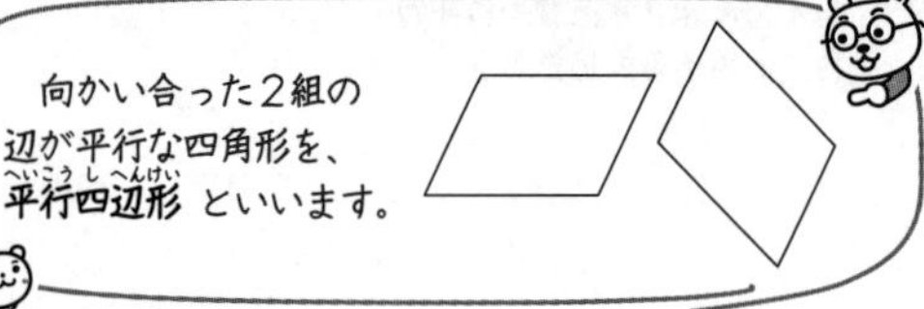

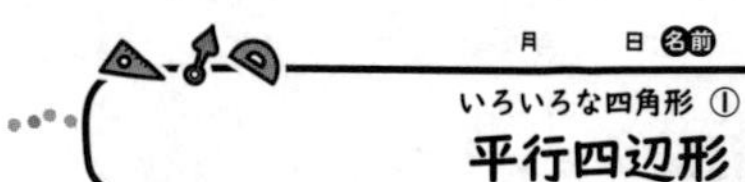

● 平行四辺形をかきかけています。続きをかいてしあげましょう。

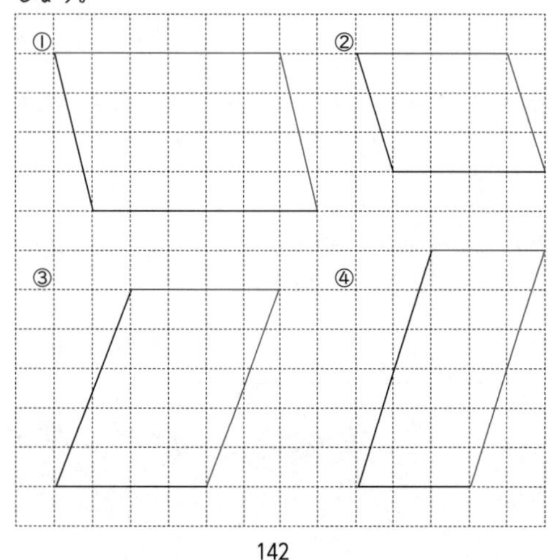




月　日 名前

いろいろな四角形 ②

## 平行四辺形

平行四辺形には、次のせいしつがあります。

Ⅰ. 向かい合った辺の長さが等しくなっている
Ⅱ. 向かい合った角の大きさも等しくなっている

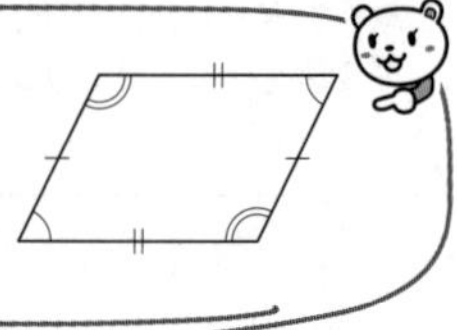

● 平行四辺形をかきかけています。続きをかいてしあげましょう。

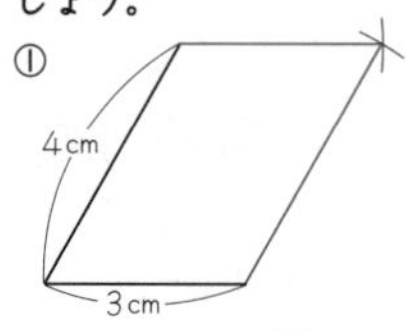


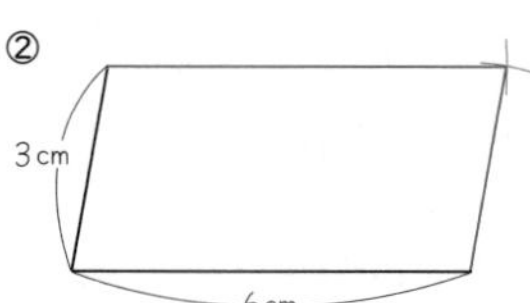


コンパスを使って印（しるし）をつけ、辺をかきます。

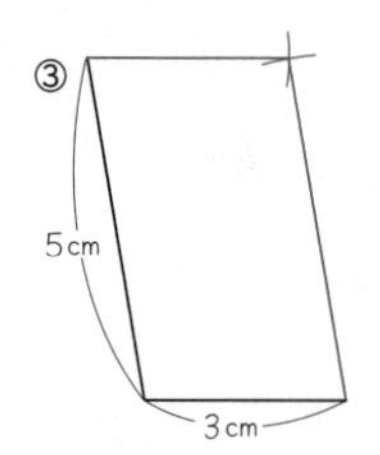


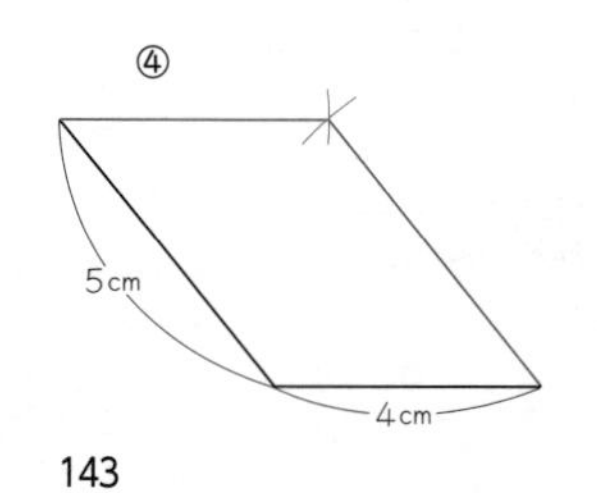




月　日 名前

いろいろな四角形 ③

## 平行四辺形

① 平行四辺形アイウエがあります。

ア、エ、イ、ウ　5cm　60°　4cm

① 辺エウと平行な辺はどれですか。　（辺アイ）

② 辺アエと平行な辺はどれですか。　（辺イウ）

③ 角エは何度ですか。　（60°）

④ 角ウは何度ですか。　（120°）

② 平行四辺形アイウエがあります。

ア、エ、イ、ウ　3cm　130°　5cm

① 辺エウは何cmですか。（3cm）

② 辺アエは何cmですか。（5cm）

③ 角エは何度ですか。　（130°）

④ 角ウは何度ですか。　（50°）



月　日 名前

いろいろな四角形 ④

## 台形

向かい合う１組の辺が平行な四角形を **台形** といいます。
平行な１組の辺の１つを **上底**（じょうてい）、１つを **下底**（かてい）といいます。

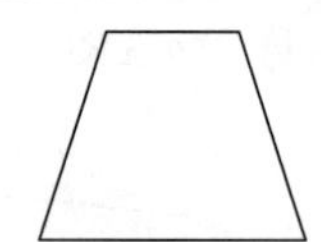

① 台形をかいています。続きをかいてしあげましょう。

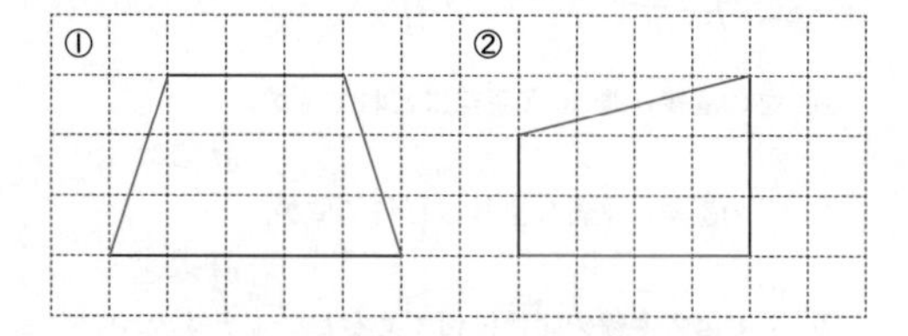


② 同じ台形を右にかきましょう。

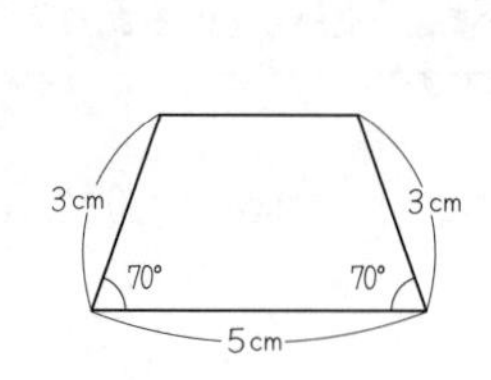


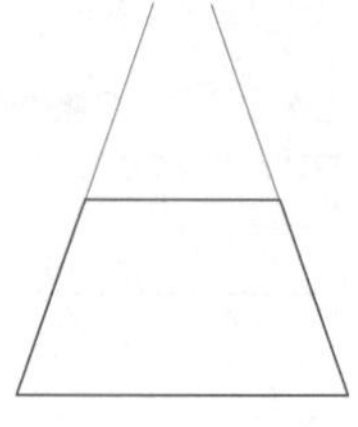

月　　日 名前

いろいろな四角形 ⑤

## ひし形

4つの辺の長さが等しい四角形を ひし形 といいます。
ひし形の向かい合う辺は平行で、向かい合う角も等しくなります。

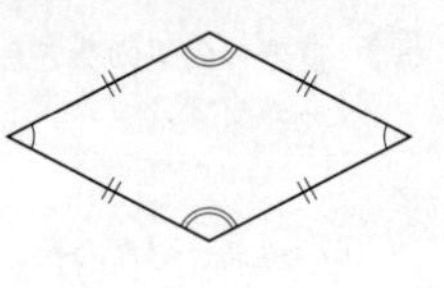

① ひし形をかいています。続きをかいてしあげましょう。

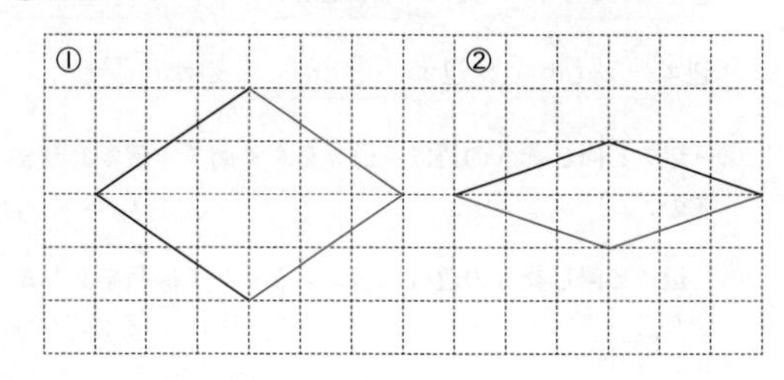

② 同じひし形を右にかきましょう。

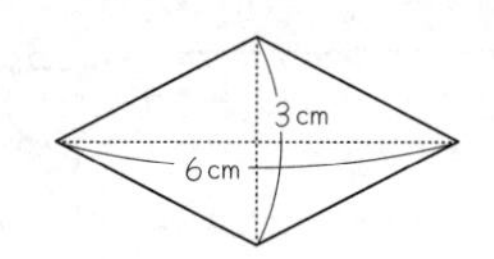


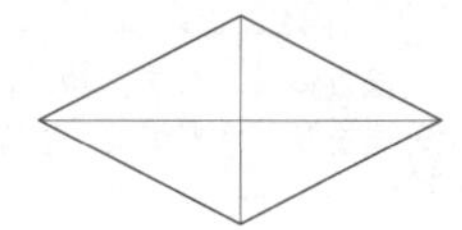



月　　日 名前

いろいろな四角形 ⑥

## 四角形の対角線

● 正方形、長方形、平行四辺形、台形、ひし形があります。これらのうち、次にあてはまる四角形をかきましょう。

① 対角線の長さが同じ四角形

（ 正方形 ）（ 長方形 ）

② 対角線が直角に交わる四角形

（ 正方形 ）（ ひし形 ）

③ 対角線がそれぞれたがいの中心で交わる四角形

（ 正方形 ）（ 長方形 ）
（ 平行四辺形 ）（ ひし形 ）

④ 対角線の長さが同じで、直角に交わり、それぞれたがいの中心で交わる四角形

（ 正方形 ）

まとめテスト　月　　日 名前

まとめ ㉑

## いろいろな四角形

/50点

① ①~④の特ちょうについて、あてはまる四角形の名前を［　］から選んでかきましょう。（各10点／40点）

① 4つの辺の長さが等しい

（ 正方形, ひし形 ）

② 向かい合った角の大きさが等しい

（ 正方形, 長方形, 平行四辺形, ひし形 ）

③ 対角線が直角に交わる

（ 正方形, ひし形 ）

④ 対角線の長さが等しい

（ 正方形, 長方形 ）

［長方形、正方形、平行四辺形、ひし形、台形］

② 図のような平行四辺形があります。角Aと角Bの角度をかきましょう。（各5点／10点）

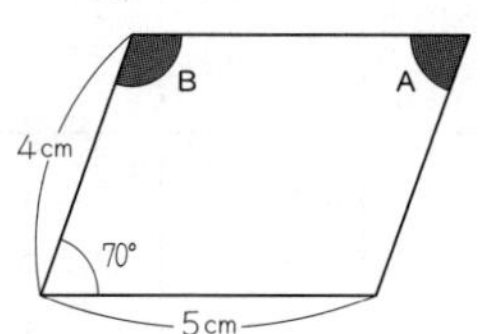


角A（ 70° ）

角B（ 110° ）



まとめテスト　月　　日 名前

まとめ ㉒

## いろいろな四角形

/50点

① 次の四角形に、それぞれ1本だけ対角線を引きました。あとの問いに記号で答えましょう。（各10点／20点）

㋐ 長方形　㋑ 正方形　㋒ 平行四辺形　㋓ ひし形　㋔ 台形

① 二等辺三角形ができるのはどれですか。

（ ㋑, ㋓ ）

② 形も大きさも同じ2つの三角形ができるのはどれですか。

（ ㋐, ㋑, ㋒, ㋓ ）

② 図のような四角形をかきましょう。（各10点／30点）

① 平行四辺形　② ひし形　③ 正方形

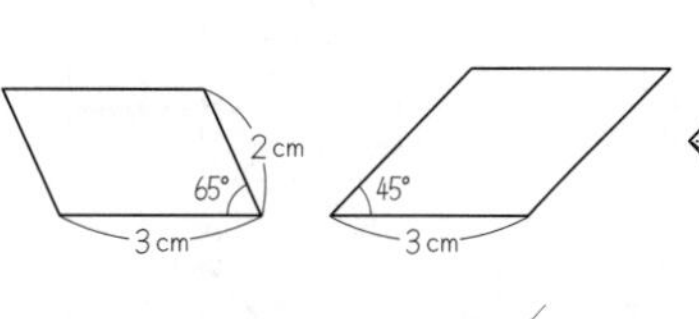


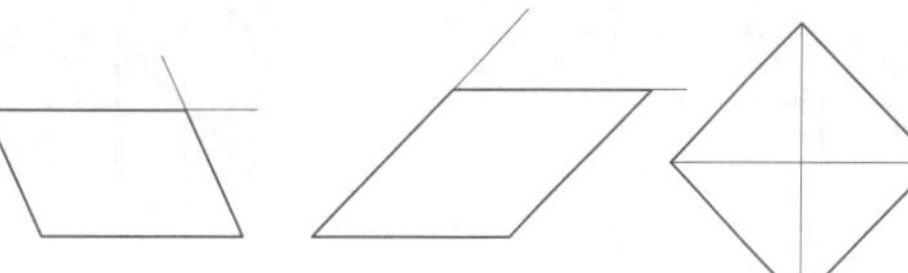

月　日 名前

立体 ①

## 直方体と立方体

長方形だけでかこまれた形や長方形と正方形でかこまれた形を **直方体** といいます。

同じ大きさの正方形だけでかこまれた形を **立方体** といいます。

直方体や立方体のことを **立体** といいます。

直方体の平らなところを **面**といい、角のところを **ちょう点**、面のはしの直線を **辺** といいます。

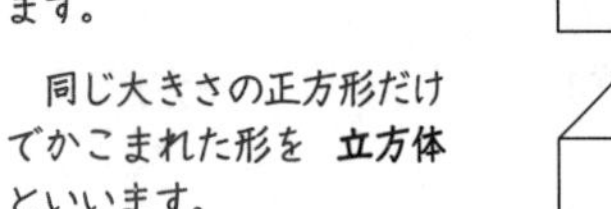

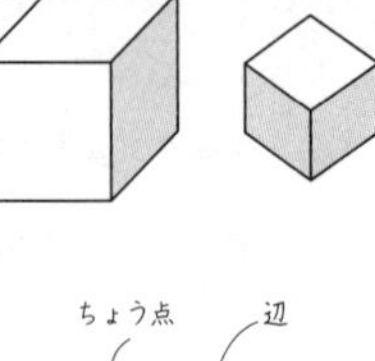

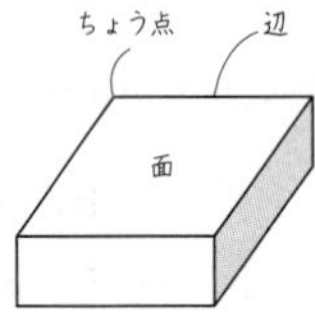


直方体と立方体の面の数、辺の数、ちょう点の数をかきましょう。

| | 面の数 | 辺の数 | ちょう点の数 |
|---|---|---|---|
| 直方体 | 6 | 12 | 8 |
| 立方体 | 6 | 12 | 8 |



月　日 名前

立体 ②

## 直方体と立方体

直方体の辺の長さをくらべます。

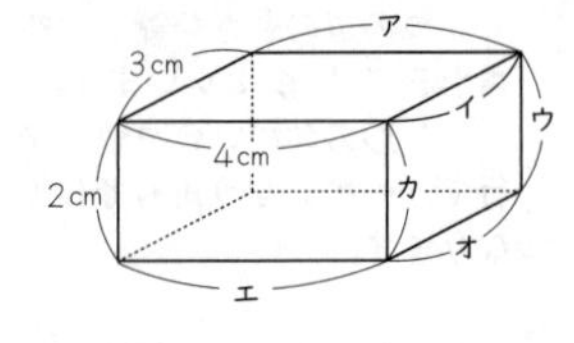


① 辺ア～辺カの長さをかきましょう。

辺ア　4cm　、辺イ　3cm　、辺ウ　2cm

辺エ　4cm　、辺オ　3cm　、辺カ　2cm

② 辺アと同じ長さの辺は、辺アをふくめて、何本ありますか。　（　4本　）

③ 辺イと同じ長さの辺は、辺イをふくめて、何本ありますか。　（　4本　）

④ 辺ウと同じ長さの辺は、辺ウをふくめて、何本ありますか。　（　4本　）

直方体は、たて、横、高さの３つの辺の長さで決まり、立方体は、１辺の長さで決まります。



月　日 名前

立体 ③

## 見取り図

続きをかいて、直方体や立方体の見取り図を完成させましょう。

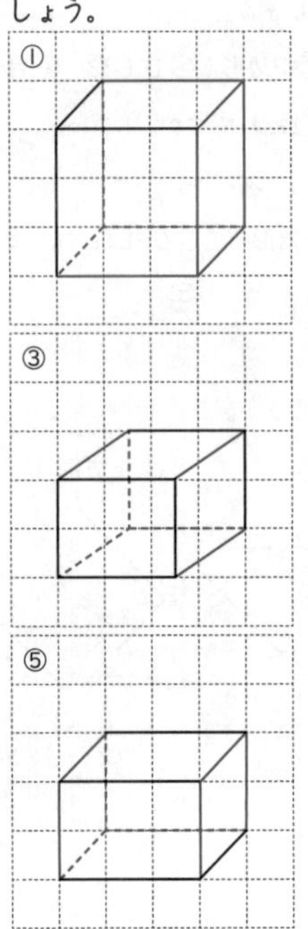


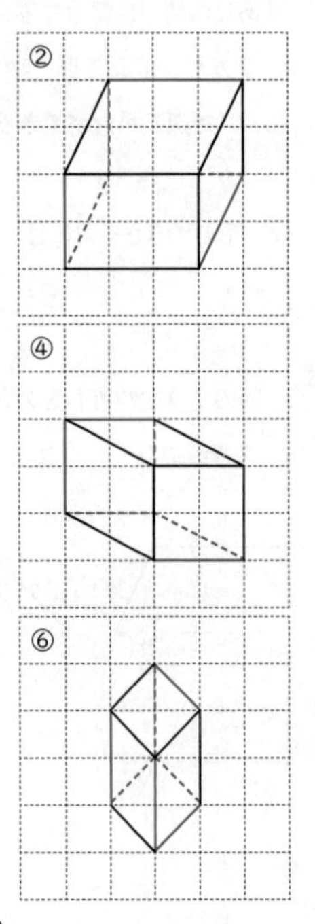




月　日 名前

立体 ④

## 展開図

次の立体の展開図の続きをかきましょう。

① 　②

〔単位はともにcm〕

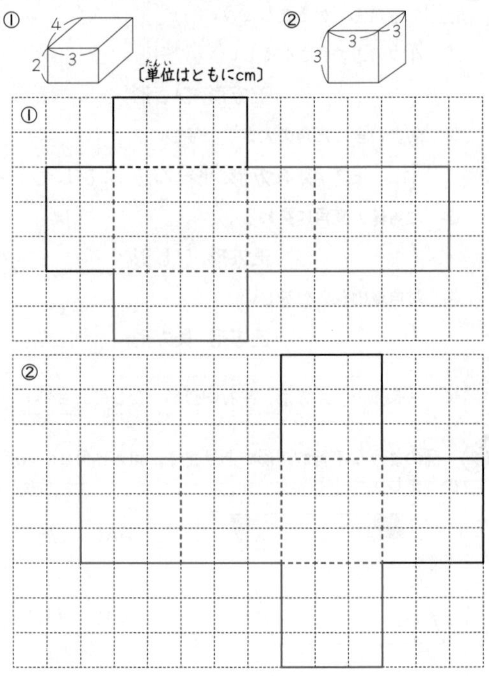

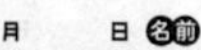

月　日 名前

立体 ⑤

## 辺や面の垂直と平行

① 直方体について答えましょう。

① 面あに垂直な面はどれですか。

( 面い )( 面う )
( 面え )( 面お )

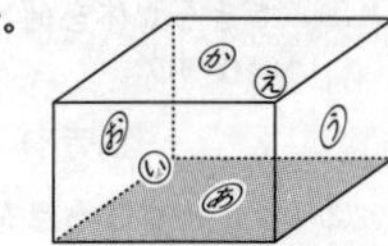

(あ〜かは、それぞれの面の中央にあります。)

② 面あと平行な面はどれですか。

( 面か )

③ 面うに垂直な面と、平行な面をかきましょう。

垂直な面 ( 面い, 面あ, 面か, 面え )

平行な面 ( 面お )

④ 面かに垂直な面はいくつありますか。

( 4つ )

⑤ 平行な面はいくつずつ、何組ありますか。

( 2 つずつ 3 組 )

② 次の展開図を組み立てたとき、面ウと平行になる面はどれですか。

( 面カ )

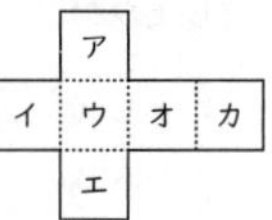




月　日 名前

立体 ⑥

## 辺や面の垂直と平行

① 直方体について答えましょう。

① 辺アイに垂直な辺を全部かきましょう。

( 辺アエ )( 辺アカ )
( 辺イウ )( 辺イキ )

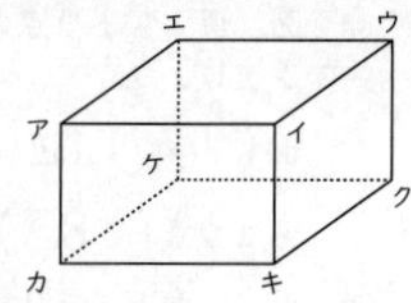


② 辺ウクに垂直な辺を全部かきましょう。

( 辺ウイ, 辺ウエ, 辺クキ, 辺クケ )

③ 辺アイと平行な辺を全部かきましょう。

( 辺カキ )( 辺ケク )( 辺エウ )

④ 辺アエと平行な辺を全部かきましょう。

( 辺イウ, 辺キク, 辺カケ )

② 直方体について答えましょう。

① 面あ＝(面カキクケ) に垂直な辺を全部かきましょう。

( 辺アカ )( 辺イキ )
( 辺ウク )( 辺エケ )

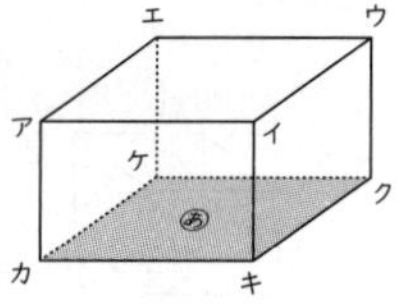


② 面アカケエに平行な辺を全部かきましょう。

( 辺イキ, 辺ウク, 辺イウ, 辺キク )

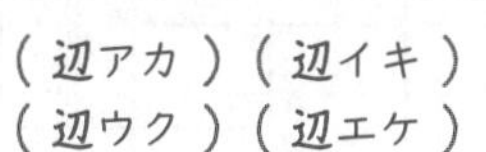



月　日 名前

立体 ⑦

## ものの位置の表し方

● 平面上の位置の表し方について考えましょう。

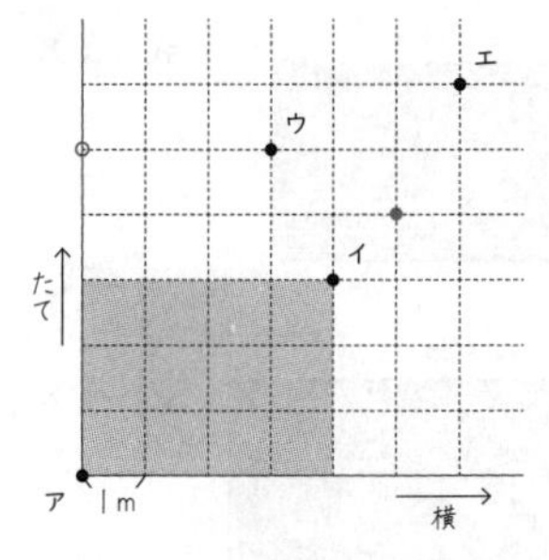


① 点イの位置を、点アをもとにして表しましょう。

( 横 4 m, たて 3 m )

② 点ウの位置を、点アをもとにして表しましょう。

( 横 3 m, たて 5 m )

③ 点エの位置を、点アをもとにして表しましょう。

( 横 6 m, たて 6 m )

④ ( 横５m、たて４m )の位置に • 印をつけましょう。

⑤ ( 横０m、たて５m )の位置に ◦ 印をつけましょう。



月　日 名前

立体 ⑧

## ものの位置の表し方

① 部屋にある電灯イと電灯ウの位置を、点アをもとにして表しましょう。

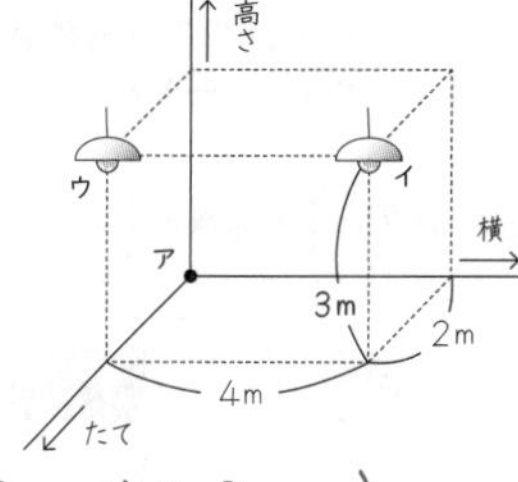


イ( 横 4 m, たて 2 m, 高さ 3 m )

ウ( 横 0 m, たて 2 m, 高さ 3 m )

② 1辺が1mの立方体の箱が、図のように積んであります。点アをもとにしたときの点イ、ウ、エの位置をそれぞれ表しましょう。

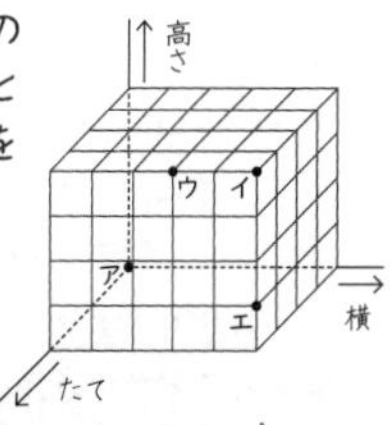


点イ( 横 5 m, たて 4 m, 高さ 4 m )

点ウ( 横 3 m, たて 4 m, 高さ 4 m )

点エ( 横 5 m, たて 4 m, 高さ 1 m )

月　日 名前

まとめ ㉓

## 立体

50点

**1** 直方体について答えましょう。（各5点／30点）

① 面、辺、ちょう点の数をかきましょう。

面（ 6 ）辺（ 12 ）

ちょう点（ 8 ）

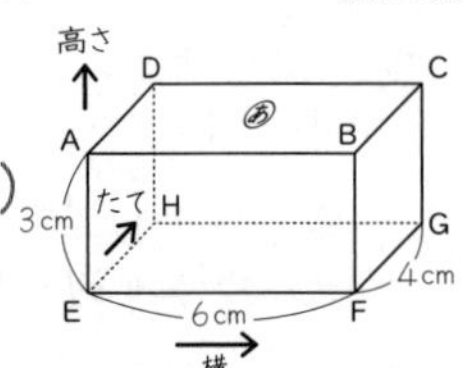


② 面あに垂直な辺はどれですか。全部かきましょう。

（ 辺AE，辺BF，辺CG，辺DH ）

③ 点Bを通って、辺BFに垂直な辺はどれですか。

（ 辺BA，辺BC ）

④ 点Eをもとにして、点Bの位置を表しましょう。

点B（ 横 6cm, たて 0cm, 高さ 3cm ）

**2** 次の直方体の見取図をかきましょう。（20点）

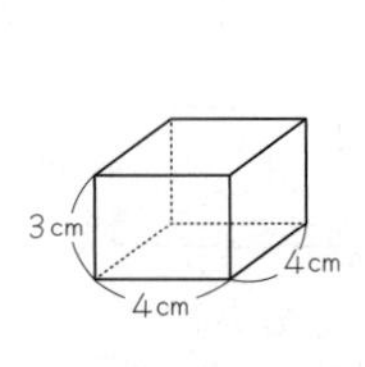


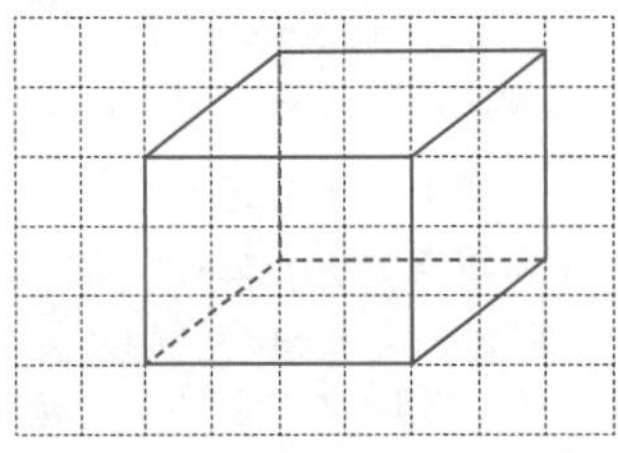



月　日 名前

まとめ ㉔

## 立体

50点

**1** 次の展開図を組み立てます。（各7点／28点）

① できる立体を何といいますか。

（ 立方体 ）

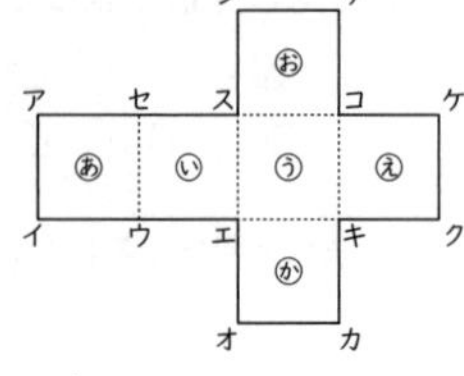


② 点アと重なる点を2つかきましょう。

（ 点サ ）（ 点ケ ）

③ 面いに垂直な面をかきましょう。

（ 面あ，面う，面お，面か ）

④ 辺クケに平行な面を2つかきましょう。

（ 面い ）（ 面う ）

**2** 図のようにあつ紙が何まいかずつあります。

㋐のあつ紙を2まい使った直方体の箱をつくるためには、あと㋑～㋓のどのあつ紙が何まいあればいいでしょうか。（各11点／22点）

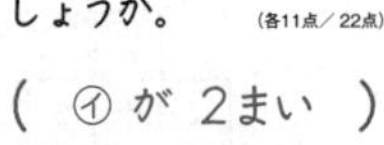
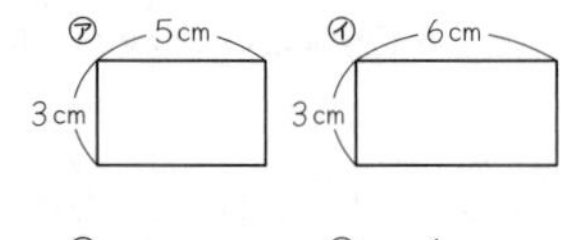


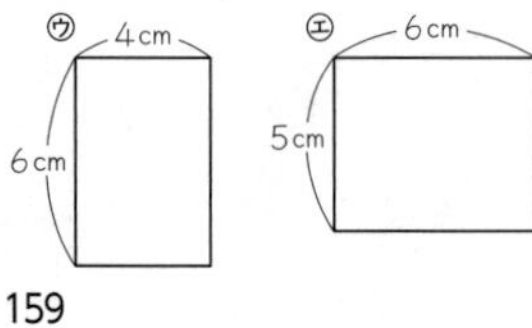


（ ㋑ が 2まい ）

（ ㋓ が 2まい ）



月　日 名前

面積 ①

## 面積（1cm²）

1辺が1cmの正方形の面積を **1cm²** と表し、**1平方センチメートル** といいます。

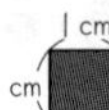
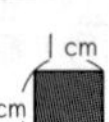


次の図形の面積を求めましょう。

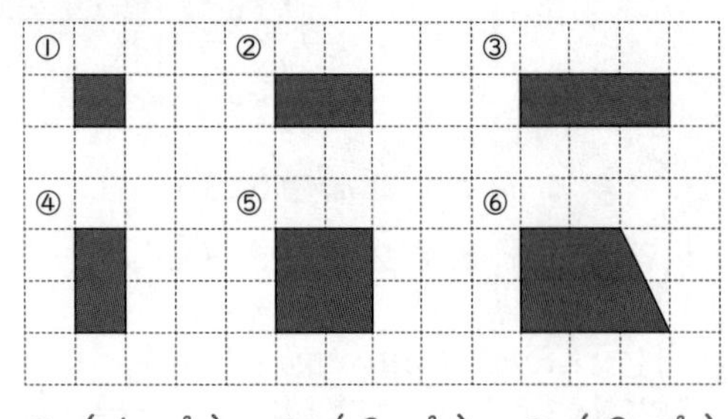


① （ 1cm² ）　② （ 2cm² ）　③ （ 3cm² ）

④ （ 2cm² ）　⑤ （ 4cm² ）　⑥ （ 5cm² ）

※⑥から⑤を引いたのこりの三角形は2マスの半分で1マス分。

これより、長方形の面積は、たてと横の長さがわかれば求めることができ、正方形の面積は、1辺の長さがわかれば求めることができます。

**長方形＝たて×横　正方形＝1辺×1辺**



月　日 名前

面積 ②

## 長方形

長方形の面積を求めましょう。

①

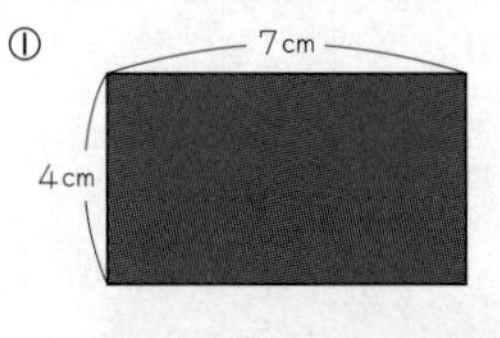


式 $4\times7=28$

答え 28cm²

②

式 $5\times8=40$

答え 40cm²

③

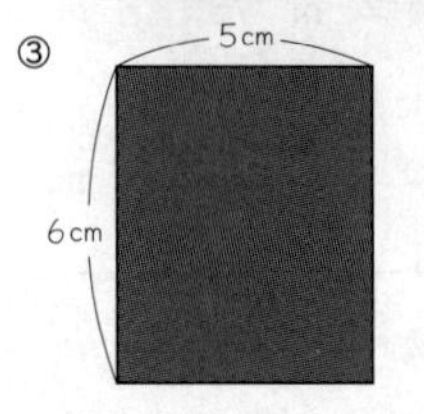


式 $6\times5=30$

答え 30cm²

④ たてが9cmで横が8cmの長方形

式 $9\times8=72$

答え 72cm²

月　日 名前

面積 ③

## 正方形

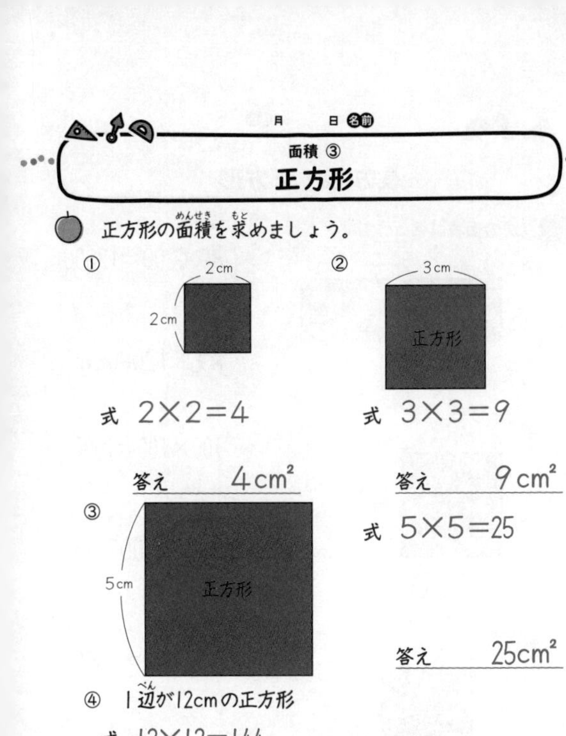

正方形の面積を求めましょう。

① 2cm 2cm

式 2×2=4

答え 4cm²

② 3cm 正方形

式 3×3=9

答え 9cm²

③ 5cm 正方形

式 5×5=25

答え 25cm²

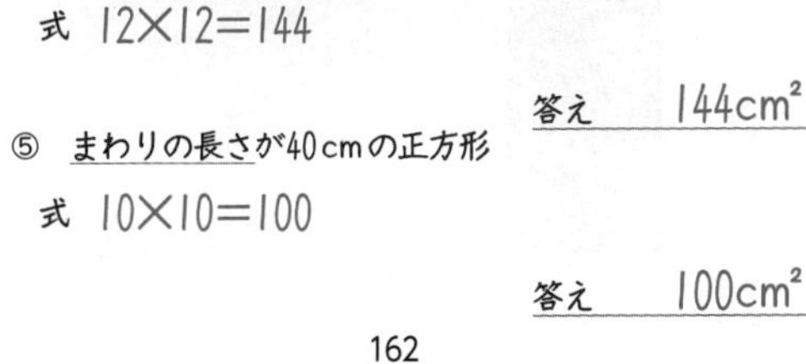

④ 1辺が12cmの正方形

式 12×12=144

答え 144cm²

⑤ まわりの長さが40cmの正方形

式 10×10=100

答え 100cm²

月　日 名前

面積 ④

## 辺の長さ

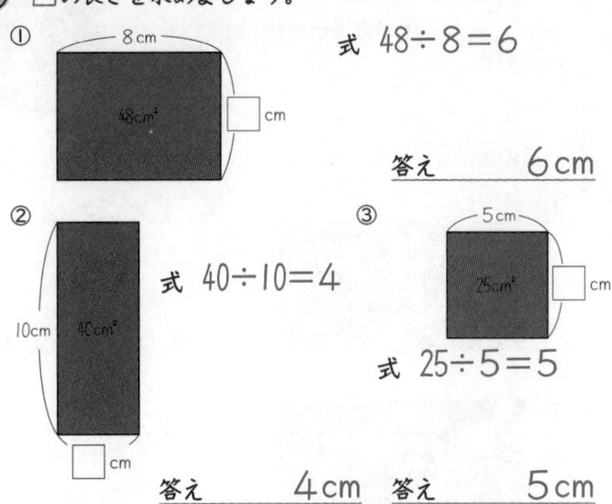

1 □の長さを求めましょう。

① 8cm 48cm² □cm

式 48÷8=6

答え 6cm

② 10cm 40cm² □cm

式 40÷10=4

答え 4cm

③ 5cm 25cm² □cm

式 25÷5=5

答え 5cm

2 面積が72cm²で、横が9cmの長方形のたての長さを求めましょう。

式 72÷9=8

答え 8cm

3 面積が84cm²で、たてが12cmの長方形の横の長さを求めましょう。

式 84÷12=7

答え 7cm



月　日 名前

面積 ⑤

## 組み合わせた図形

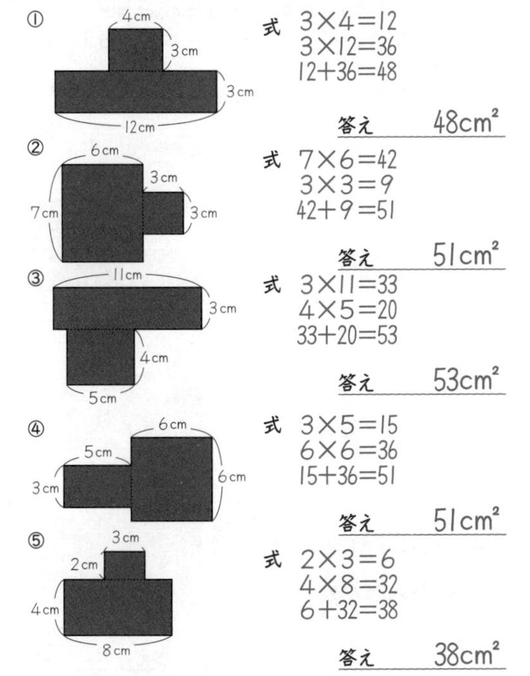

次の面積を求めましょう。(角はすべて直角です。)

①

式 3×4=12
3×12=36
12+36=48

答え 48cm²

②

式 7×6=42
3×3=9
42+9=51

答え 51cm²

③

式 3×11=33
4×5=20
33+20=53

答え 53cm²

④

式 3×5=15
6×6=36
15+36=51

答え 51cm²

⑤

式 2×3=6
4×8=32
6+32=38

答え 38cm²



月　日 名前

面積 ⑥

## 組み合わせた図形

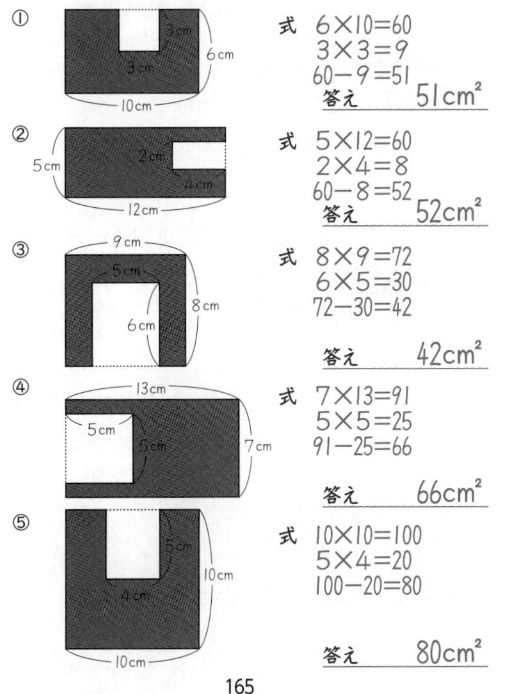

次の面積を求めましょう。(角はすべて直角です。)

①

式 6×10=60
3×3=9
60−9=51

答え 51cm²

②

式 5×12=60
2×4=8
60−8=52

答え 52cm²

③

式 8×9=72
6×5=30
72−30=42

答え 42cm²

④

式 7×13=91
5×5=25
91−25=66

答え 66cm²

⑤

式 10×10=100
5×4=20
100−20=80

答え 80cm²

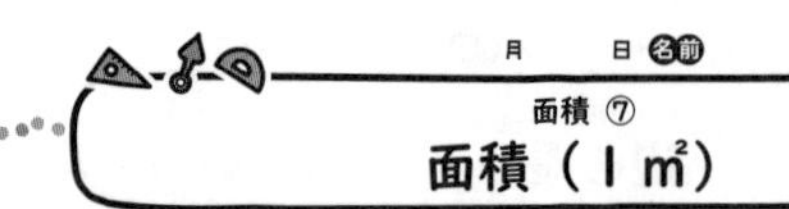

月　日 名前

面積 ⑦

## 面積（1 m²）

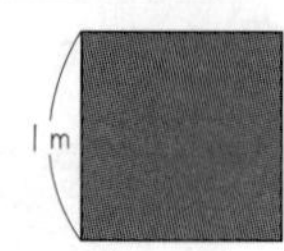


1辺(へん)が1mの正方形の面積(めんせき)を**1 m²**と表し、**1平方メートル** といいます。

次の面積を求(もと)めましょう。

①

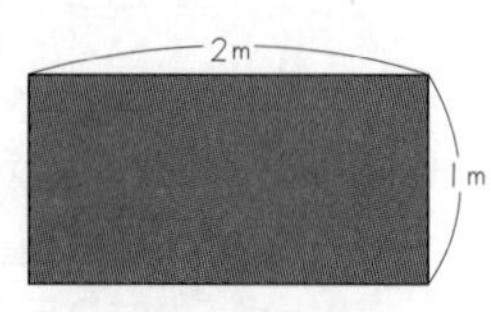


式　1×2=2

答え　2m²

②

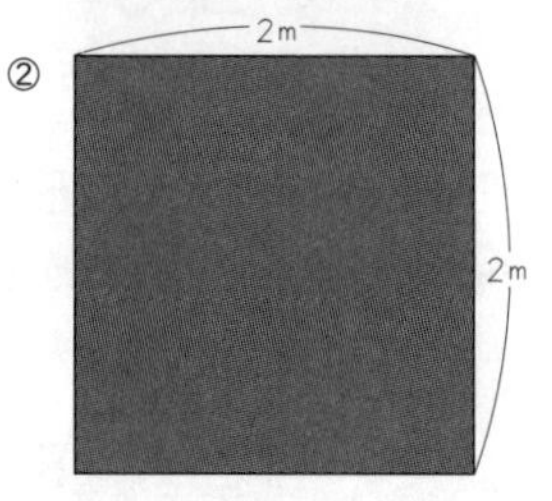


式　2×2=4

答え　4m²

③　たて8m、横6mの学級園

式　8×6=48

答え　48m²

月　日 名前

面積 ⑧

## 長方形・正方形

次の面積は何cm²ですか。

①

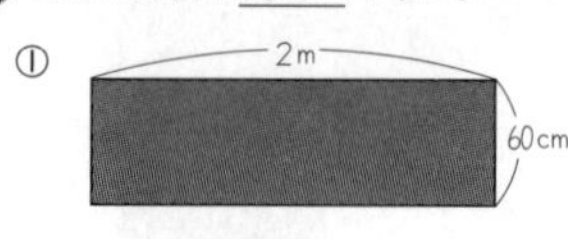


式　60×200=12000

答え　12000cm²

②

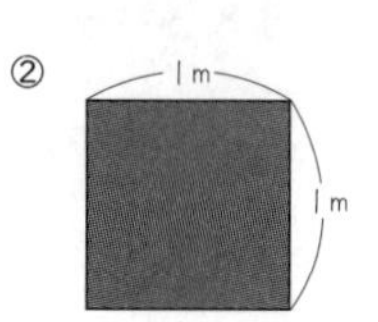


式　100×100=10000

答え　10000cm²

③

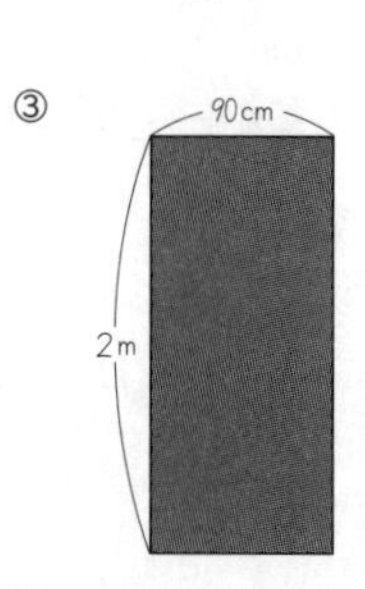


式　200×90=18000

答え　18000cm²



月　日 名前

面積 ⑨

## 面積（1 km²）

cm²、m²を学習しましたが、市町村の面積(めんせき)や国の面積を表すとき、もっと大きな単位(たんい)が必要(ひつよう)になります。

mの上の単位にkmがありました。1km=1000mです。

1辺(へん)の長さが1kmの正方形の面積を**1km²**と表し、**1平方キロメートル** といいます。

次の面積を求(もと)めましょう。

①　たてが2km、横が4kmの長方形の公園の面積。

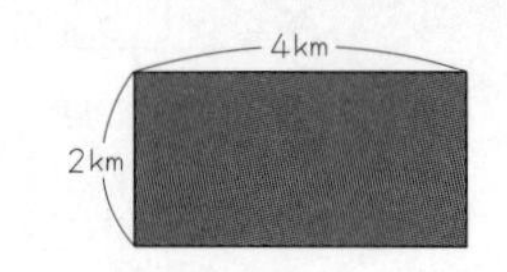


式　2×4=8

答え　8km²

②　たてが4km、横が8kmの長方形の形をした空港の面積。

式　4×8=32

答え　32km²



月　日 名前

面積 ⑩

## 1 a・1 ha

1km=1000mなので、1km²=1000×1000=1000000m²になります。0の数が多くわかりにくいですね。

そこでkm²とm²の間にa（アール）とha（ヘクタール）という単位をつくります。

1辺の長さが10mの正方形の面積を1aといいます。

10m　10m

1 a=100m²

1辺の長さが100mの正方形の面積を1haといいます。

1ha=10000m²

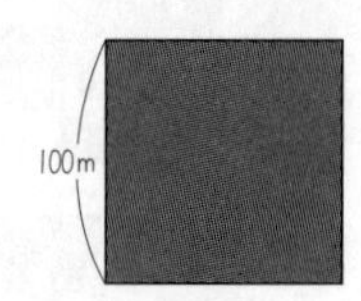


次の面積は何アールですか。

①　たて10m、横20mの長方形の面積。

式　1×2=2

答え　2a

②　1辺の長さ50mの正方形の面積。

式　5×5=25

答え　25a

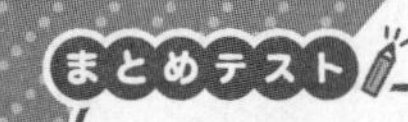

月　日 名前

まとめ ㉕

## 面積

／50点

① （　）にあてはまる数をかきましょう。（各5点／20点）

① $1m^2$ =（　10000　）$cm^2$

② 1 a =（　100　）$m^2$

③ 1 ha =（　10000　）$m^2$

④ $1km^2$ =（　1000000　）$m^2$

② 次の面積を求めましょう。（式5点、答え5点／30点）

① たてが7cm、横が9cmの長方形

式 7×9＝63

答え　$63cm^2$

② たてが14m、横が8mの長方形の畑

式 14×8＝112

答え　$112m^2$

③ 1辺が2kmの正方形の土地

式 2×2＝4

答え　$4km^2$



まとめテスト

月　日 名前

まとめ ㉖

## 面積

／50点

① たて30m、横20mの長方形の土地の面積は何$m^2$ですか。また、何aですか。（式5点、答え5点／10点）

式 30×20＝600

答え　$600m^2$

答え　6a

② まわりの長さが40cmで、たての長さが8cmの長方形があります。（式5点、答え5点／20点）

① 横の長さは何cmですか。

式 (40－8×2)÷2＝12

答え　12cm

② 面積を求めましょう。

式 8×12＝96

答え　$96cm^2$

③ ■の部分の面積を求めましょう。（式5点、答え5点／20点）

①

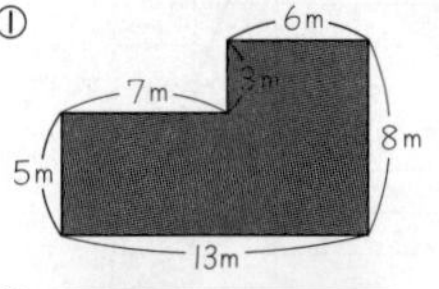


式 3×6＝18
5×13＝65
18＋65＝83

答え　$83m^2$

②

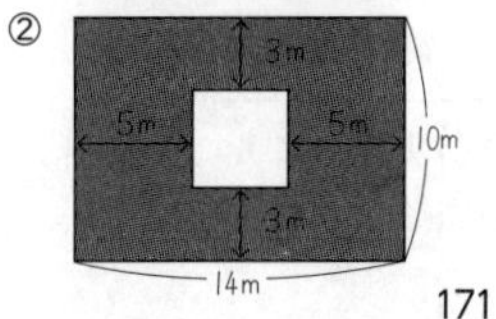


式 10×14＝140
(10－6)×(14－10)
＝4×4＝16
140－16＝124

答え　$124m^2$



月　日 名前

折れ線グラフ ①

## グラフを読む

折れ線グラフを見て、あとの問いに答えましょう。

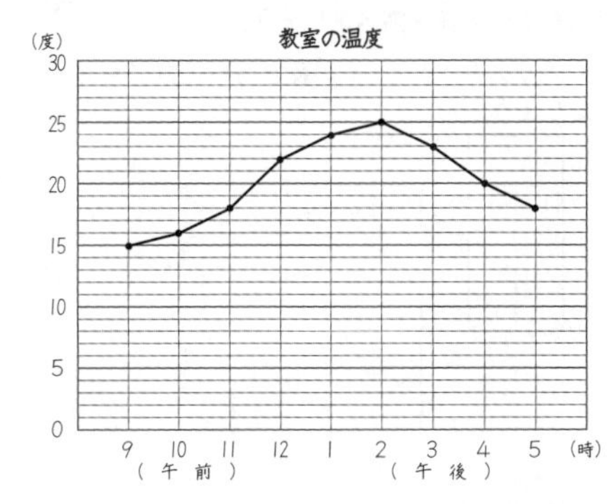


① このグラフの表題は何ですか。（　教室の温度　）

② 横じくの目もりは何を表していますか。（時こく）

③ たてじくの目もりは何を表していますか。（　温度　）

④ たての1目もりは何度を表していますか。（　1度　）

⑤ 温度が最も高いのは、何時ですか。（　午後2時　）

⑥ 温度の上がり方が最も大きかったのは、何時から何時までですか。

（　午前11時から午前12時まで　）



月　日 名前

折れ線グラフ ②

## グラフを読む

折れ線グラフを見て、あとの問いに答えましょう。

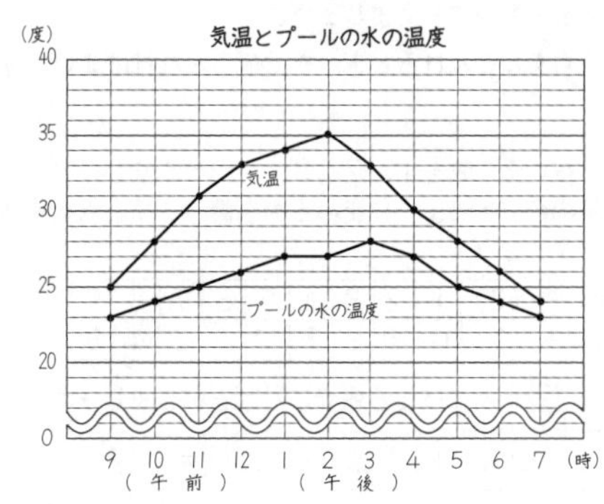


① このグラフの表題は何ですか。

（　気温とプールの水の温度　）

② 気温が最も高かったのは何時ですか。（　午後2時　）

③ プールの水の温度が最も高かったのは何時ですか。

（　午後3時　）

④ 気温とプールの水の温度の差が最も大きかったのは何時ですか。（　午後2時　）

⑤ 差が最も小さかったのは何時ですか。（　午後7時　）

月　日 名前

折れ線グラフ ③

## グラフをかく

次の表を折れ線グラフに表しましょう。

気温調べ

| 時こく(時) | 午前9 | 10 | 11 | 12 | 午後1 | 2 | 3 |
|---|---|---|---|---|---|---|---|
| 気 温(度) | 8 | 11 | 14 | 15 | 15 | 12 | 7 |

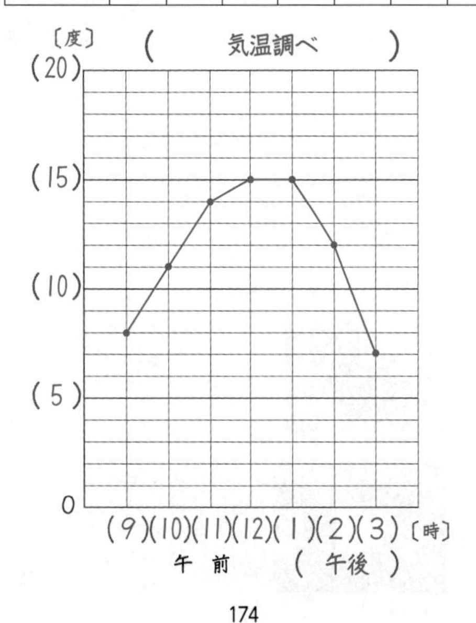




月　日 名前

折れ線グラフ ④

## グラフをかく

次の表を折れ線グラフに表しましょう。

だいすけさんの体重の変化

| 学 年(年) | 1 | 2 | 3 | 4 | 5 | 6 |
|---|---|---|---|---|---|---|
| 体 重(kg) | 19 | 21 | 23 | 26 | 30 | 34 |

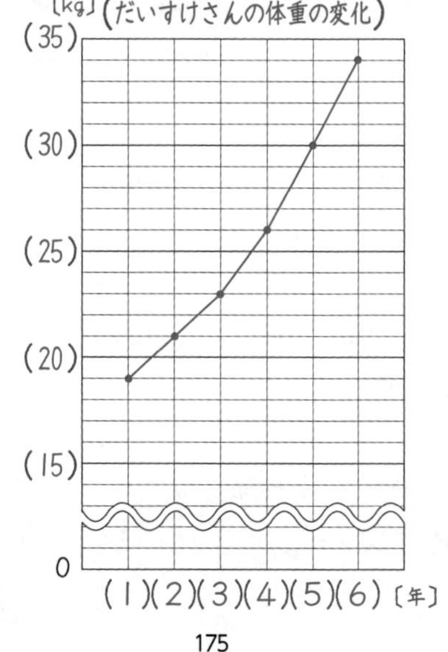




月　日 名前

変わり方 ①

## 表を使って

**1** ふくろの中に、白と赤の玉を合わせて12こ入れます。あとの問いに答えましょう。

① 白を4こ入れるとき、赤は何こ入れればよいですか。

( 8 こ )

② 白い玉の数を1、2、3、……とふやしたとき、赤い玉の数がどのように変わるかを調べます。表の続きをかきましょう。

| 白い玉（こ） | 1 | 2 | 3 | 4 | 5 | 6 | 7 | 8 | 9 | 10 | 11 |
|---|---|---|---|---|---|---|---|---|---|---|---|
| 赤い玉（こ） | 11 | 10 | 9 | 8 | 7 | 6 | 5 | 4 | 3 | 2 | 1 |

③ □にあてはまる数やことばをかきましょう。

白い玉の数 ＋ 赤い玉の数 ＝ 12

**2** 長さ40cmのはりがねを折り曲げて、長方形をつくります。

① たてと横の長さの和は、何cmですか。( 20cm )

② たてと横の長さの変わり方を表にしましょう。

| たて (cm) | 1 | 2 | 3 | 4 | 5 | 6 | 7 | 8 |
|---|---|---|---|---|---|---|---|---|
| 横 (cm) | 19 | 18 | 17 | 16 | 15 | 14 | 13 | 12 |

③ □にあてはまる数やことばをかきましょう。

たて ＋ 横 ＝ 20　20 − たて ＝ 横



月　日 名前

変わり方 ②

## 表を使って

周りの長さが12cmの長方形や正方形をかいて、たてと横の長さの関係を調べましょう。

① 周りの長さが12cmの長方形や正方形をあと3つかきましょう。

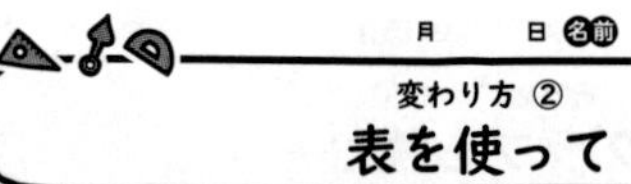

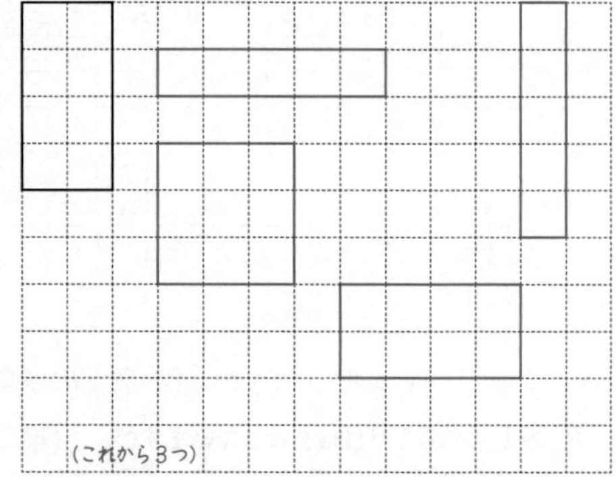


② たてと横の長さを調べて、表にかきましょう。

| たての長さ（cm） | 1 | 2 | 3 | 4 | 5 |
|---|---|---|---|---|---|
| 横の長さ（cm） | 5 | 4 | 3 | 2 | 1 |

③ 表を見て、たてと横の長さの関係を式にかきましょう。

たての長さ ＋ 横の長さ ＝ 6

月　日 名前

変わり方 ③

## 表を使って

同じ長さのストローをならべて、図のような形をつくります。ストローの数について調べましょう。

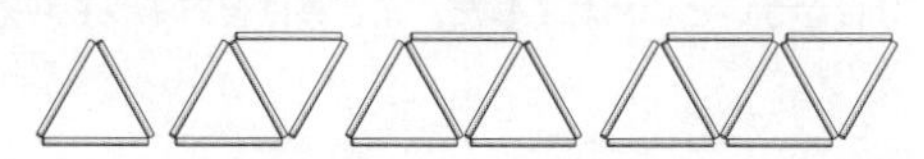

① 三角形の数が２このとき、ストローの数は何本ですか。

（ 5本 ）

② 三角形の数を順(じゅん)にふやしていったときの、ストローの数を表にしましょう。

| 三角形の数(こ) | 1 | 2 | 3 | 4 | 5 | 6 |
|---|---|---|---|---|---|---|
| ストローの数(本) | 3 | 5 | 7 | 9 | 11 | 13 |

③ □にあてはまることばをかきましょう。

[ストローの数] ＝２×[三角形の数]＋１

④ 三角形の数が８このとき、ストローの数は何本ですか。

（ 17本 ）



月　日 名前

変わり方 ④

## 表を使って

１まい15円の画用紙を何まいか買います。

① 買ったまい数と代金の関係(かんけい)を、下の表にまとめましょう。

| まい数（まい） | 1 | 2 | 3 | 4 | 5 | 6 |
|---|---|---|---|---|---|---|
| 代　金　（円） | 15 | 30 | 45 | 60 | 75 | 90 |

② まい数が２倍になると、代金は何倍になっていますか。

（ 2倍になる ）

③ 代金は、まい数の何倍になっていますか。

（ 15倍 ）

④ まい数と代金の関係をことばと数の式に表しましょう。

（ 代金＝15×まい数 ）

⑤ 画用紙を８まい買ったときの代金を求(もと)めましょう。

式 15×8＝120

答え 120円



月　日 名前

考える力をつける ①

## 図を使って考える

① 赤いおはじきの数は24こで、黄色いおはじきの数の３倍です。黄色いおはじきの数は青いおはじきの２倍です。青いおはじきの数は何こですか。

式 3×2＝6　6倍
24÷6＝4

答え 4こ

② こうきさんのお父さんの体重は60kgで、こうきさんの体重の２倍です。こうきさんの体重は、弟の体重の３倍です。弟の体重は何kgですか。

式 2×3＝6　6倍
60÷6＝10

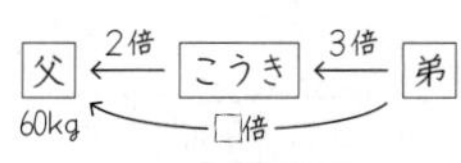


答え 10kg



月　日 名前

考える力をつける ②

## 図を使って考える

① 運動場に大きいトラックと小さいトラックがあります。妹は大きいトラックを１周(しゅう)と小さいトラックを２周して、全部で400m走りました。兄は大きいトラックを１周と小さいトラックを５周して、全部で700m走りました。小さいトラックと大きいトラックの１周の長さは、それぞれ何mですか。

妹 大 小 小 400m
兄 大 小 小 小 小 小 700m

式 (700−400)÷3＝100, 400−100×2＝200

答え 小さいトラック100m, 大きいトラック200m

② そらさんは、消しゴム１ことえんぴつ１本を買って120円はらいました。みさきさんは、同じ消しゴム１ことえんぴつ４本を買って330円はらいました。えんぴつ１本と消しゴム１このねだんは、それぞれ何円ですか。

120円
330円

式 (330−120)÷3＝70
120−70＝50

答え えんぴつ１本70円, 消しゴム１こ50円

月　　日 名前

考える力をつける ③

## 図を使って考える

① 大きい数と小さい数があります。
2つの数の和は60で、その差(さ)は12になります。
2つの数を求(もと)めましょう。

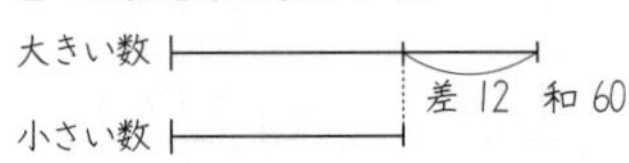


2数の和から差を引くと、小さい数の2倍

式 (60−12)÷2=24
60−24=36

答え　24, 36

② 大きい数と、小さい数があります。
2つの数の和は72で、その差は18になります。
2つの数を求めましょう。

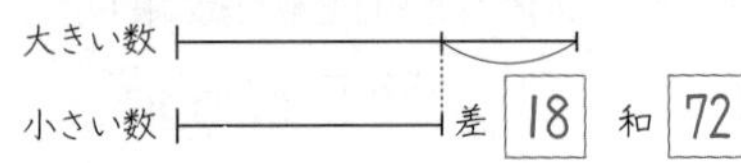


式 (72−18)÷2=27
72−27=45

答え　27, 45



月　　日 名前

考える力をつける ④

## 図を使って考える

① 兄と弟の2人が、おじさんから2人分で5000円のおこづかいをもらいました。兄は弟より800円多くなるように分けなさいといわれました。兄と弟は何円ずつもらえますか。

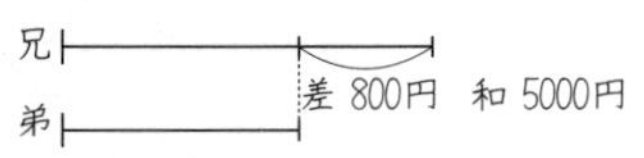


式 (5000−800)÷2=2100
5000−2100=2900

答え　兄2900円, 弟2100円

② 姉と妹の2人が、おばさんから2人分で10000円のおこづかいをもらいました。姉は妹より1000円多くなるように分けなさいといわれました。姉と妹は何円ずつもらえますか。

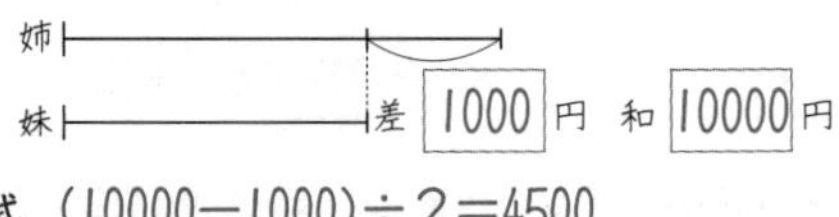


式 (10000−1000)÷2=4500
10000−4500=5500

答え　姉5500円, 妹4500円



月　　日 名前

考える力をつける ⑤

## 図を使って考える

① 2つの数26、6があります。これらの数に同じ数をたすと、大きい数は、小さい数の3倍になります。それぞれにたした数を求(もと)めましょう。

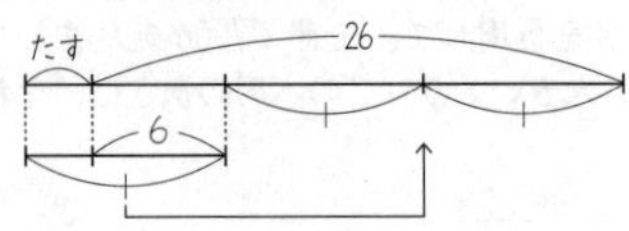


26−6は、小さい数にある数をたしたものの2倍

式 (26−6)÷2=10
10−6=4

答え　4

② 2つの数350、50があります。これらの数に同じ数をたすと、大きい数は小さい数の4倍になります。それぞれにたした数を求めましょう。

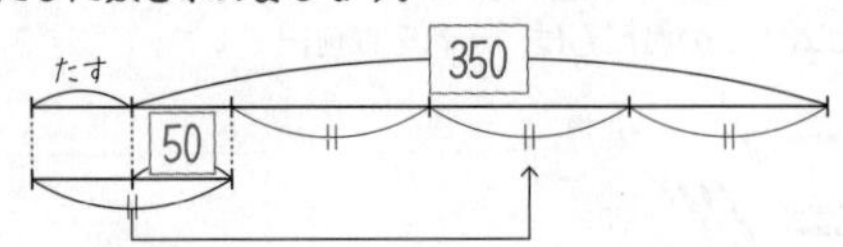


式 (350−50)÷3=100
100−50=50

答え　50



月　　日 名前

考える力をつける ⑥

## 図を使って考える

① 姉は2700円、妹は700円持っています。母から同じ金がくのお金をもらったので、姉は妹の3倍になりました。
母からもらった金がくを求めましょう。

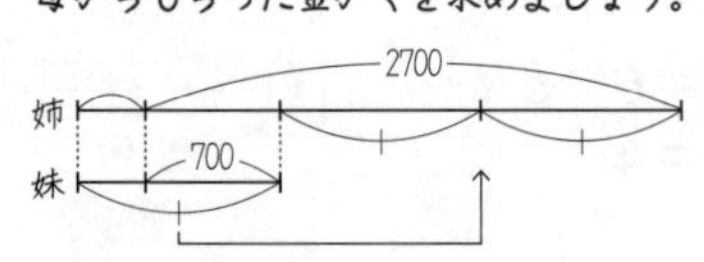


式 (2700−700)÷2=1000
1000−700=300

答え　300円

② 兄は3400円、弟は700円持っています。父から同じ金がくのお金をもらったので、兄は弟の4倍になりました。
父からもらった金がくを求めましょう。

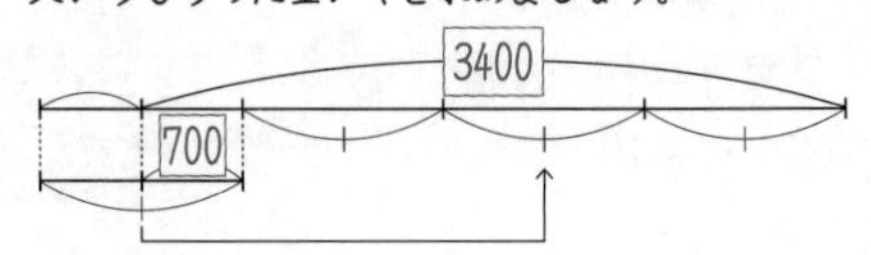


式 (3400−700)÷3=900
900−700=200

答え　200円

月　　日 名前

考える力をつける ⑦

## 時計と角度

● 時計のはりがつくる角度を求めましょう。

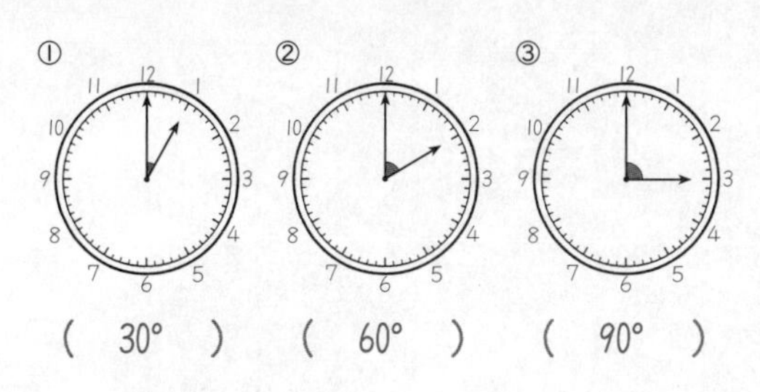


①（　30°　）　②（　60°　）　③（　90°　）

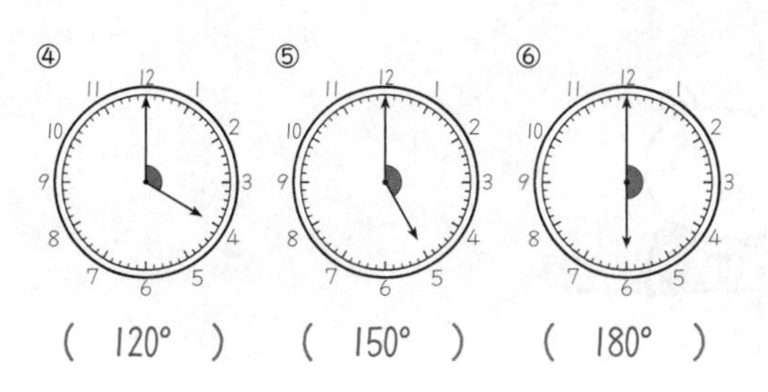


④（　120°　）　⑤（　150°　）　⑥（　180°　）



月　　日 名前

考える力をつける ⑧

## 時計と角度

① 時計の短いはりは、30分で30°の半分15°進みます。
次の角度を求めましょう。

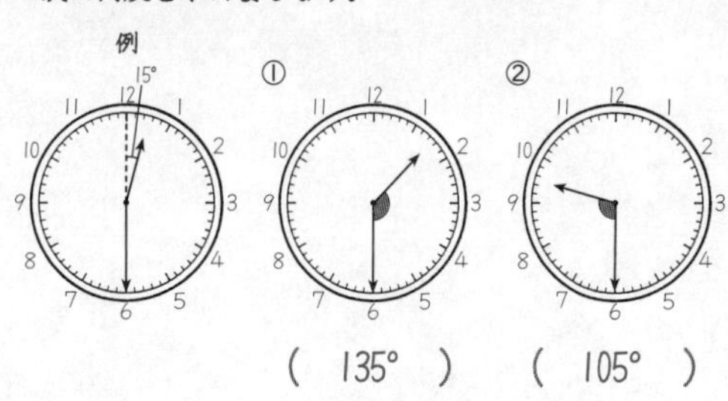


①（　135°　）　②（　105°　）

② 時計の短いはりは、10分で15°の3分の1の5°進みます。
次の角度を求めましょう。

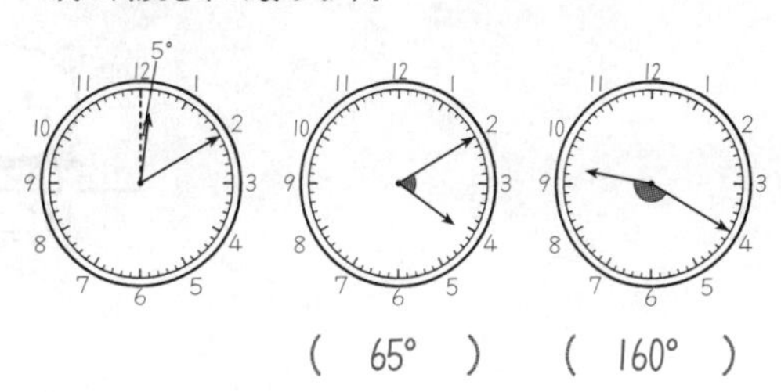


（　65°　）　（　160°　）



月　　日 名前

考える力をつける ⑨

## 三角形の面積

● 直角三角形アイウの面積を求めます。

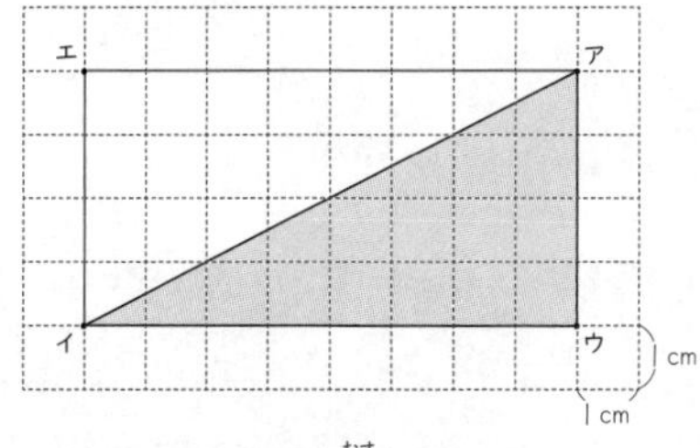


① イとエ、アとエを直線で結びましょう。

② 長方形エイウアの面積はいくらですか。

式　$4 \times 8 = 32$

答え　$32cm^2$

直角三角形アイウの面積は、長方形エイウアの半分になっています。

③ 直角三角形アイウの面積を求めましょう。

式　$32 \div 2 = 16$

答え　$16cm^2$



月　　日 名前

考える力をつける ⑩

## 三角形の面積

● 二等辺三角形アイウの面積を求めます。

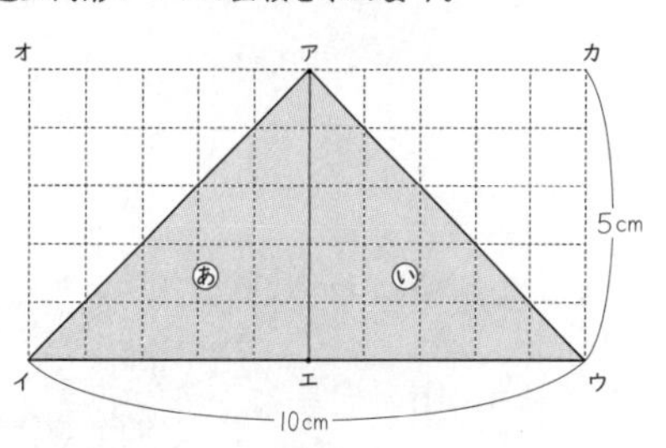


① イエとエウの長さは同じです。アとエを直線で結びましょう。

② 三角形アイエ（あ）の面積は、正方形オイエアの半分になっています。何$cm^2$ですか。

式　$5 \times 5 \div 2 = 12.5$

答え　$12.5cm^2$

③ 三角形アエウ（い）の面積は、正方形アエウカの半分になっています。何$cm^2$ですか。

式　$5 \times 5 \div 2 = 12.5$

答え　$12.5cm^2$

④ 二等辺三角形アイウの面積は何$cm^2$ですか。

式　$12.5 + 12.5 = 25$

答え　$25cm^2$